FISCHER LOGO
für den Spielraum im Kopf
Ein Kaleidoskop logischer Unterhaltung,
rätselhafter Spiele
und verständlich verfaßter Wissenschaft

Über dieses Buch Mit dieser Sammlung neuer Logikrätsel werden Freunde moderner mathematischer Unterhaltung angesprochen. Hinsichtlich des Amüsements so vergnüglichen Titeln wie ›Alice im Rätselland‹ und ›Simplicius und der Baum‹ ebenbürtig, mag es Neulingen im Fach der Unterhaltungslogik bei den ›Spottdrosseln und Metavögeln‹ schon passieren, daß sie an ihre Grenzen stoßen. Denn Smullyan hat es sich zur Aufgabe gemacht, die kombinatorische Logik mit all ihren Fallgruben und Fußangeln zu entwickeln – Stoff eines Logikseminars für Fortgeschrittene. Leser mit mathematischen Kenntnissen werden ihr Vergnügen daran haben, wie der listige Smullyan verschiedene nicht-assoziative Operationsregeln anwendet und sogar ein System ausarbeitet, das den Axiomen eines berühmten Mathematikers zur Einrichtung des natürlichen Zahlensystems entspricht.
›Spottdrosseln und Metavögel‹ wird allen Rätselfreundinnen und -freunden schöne Überraschungen bereiten, wißbegierigen Anfängern ebenso wie denen, die sich intensiv mit dem Studium von Logik, Mathematik und Informatik befassen.

Über den Autor Raymond Smullyan, 1918 auf Long Island (New York) geboren, verließ bereits mit 12 Jahren die Schule, um sich ausschließlich mit moderner Algebra und mathematischer Logik zu beschäftigen. Heute lehrt er als Professor für mathematische Logik u. a. an der City University in New York.
Als Fischer Taschenbuch lieferbar: ›Alice im Rätselland‹ (Bd. 8701), ›Dame oder Tiger?‹ (Bd. 8176), ›Simplicius und der Baum‹ (Bd. 8711).
Im Wolfgang Krüger Verlag lieferbar: ›Simplicius und der Baum‹, ›Alice im Rätselland‹, ›Dame oder Tiger?‹ sowie ›Logik-Ritter und andere Schurken‹.

Raymond Smullyan

Spottdrosseln und Metavögel

Computerrätsel, mathematische Abenteuer
und ein Ausflug
in die vogelfreie Logik

Aus dem Amerikanischen
von Thea Brandt

Fischer
Taschenbuch
Verlag

Veröffentlicht im Fischer Taschenbuch Verlag GmbH,
Frankfurt am Main, Juli 1989

Lizenzausgabe mit freundlicher Genehmigung
des Wolfgang Krüger Verlags, Frankfurt am Main
Die Originalausgabe ›To Mock a Mockingbird And Other Logic Puzzles‹
erschien im Verlag Alfred A. Knopf, Inc., New York
Copyright © 1985 Raymond Smullyan
Für die deutsche Ausgabe:
© 1986 S. Fischer Verlag, Frankfurt am Main
Umschlaggestaltung: Manfred Walch, Frankfurt am Main
unter Verwendung einer Illustration von Steven Max Singer
Druck und Bindung: Clausen & Bosse, Leck
Printed in Germany
ISBN 3-596-28712-X

Inhalt

Vorwort 7
Der Preis und andere Rätsel 9
Der zerstreute Logiker 14
Der Barbier von Sevilla 23
Das Geheimnis der Fotografie 32
Ungewöhnliche Ritter und Schurken 41
Tagesritter und Nachtritter 50
Götter, Dämonen und Sterbliche 58
Auf der Suche nach dem Jungbrunnen 65
Wie man die Spottdrossel verspottet 72
Gibt es einen weisen Vogel? 88
Vögel über Vögel 92
Spottdrosseln, Gimpel und Elstern 116
Eine Galerie weiser Vögel 127
Currys munterer Vogelwald 139
Russells Wald 146
Der Wald ohne Namen 150
Gödels Wald 153
Der Meisterwald 160
Aristokratische Vögel 171
Craigs Entdeckung 179
Das Fixpunktprinzip 182
Ein Blick in die Unendlichkeit 187
Logische Vögel 196
Vögel, die rechnen können 203
Gibt es den idealen Vogel? 216
Epilog 228
Who's Who der Vögel 231
Nachwort: Die Denk-Welten des Raymond Smullyan 233

Vorwort

Bevor ich erkläre, worum es in diesem Buch geht, möchte ich Ihnen von einer wahren und vergnüglichen Begebenheit erzählen.
Kurz nach der Veröffentlichung meines ersten Rätselbuches – mit dem Titel *Wie heißt dieses Buch?* – erhielt ich einen Brief von einer mir unbekannten Leserin, in dem sie für eines meiner Rätsel eine alternative Lösung vorschlug, die mir viel eleganter erschien als meine eigene. Sie schloß ihren Brief mit ›Liebe Grüße‹ und unterzeichnete mit ihrem Namen. Ich hatte nicht die leiseste Vorstellung, wer sie war, ob sie verheiratet war oder allein lebte. In meinem Antwortbrief gratulierte ich ihr zu ihrer geschickten Lösung und bat darum, sie in der nächsten Auflage verwenden zu dürfen. Außerdem empfahl ich ihr, sich für den Fall, daß sie das College noch nicht abgeschlossen habe, zu überlegen, ob sie nicht im Hauptfach Mathematik studieren wolle, da sie eindeutig eine mathematische Begabung habe. Kurze Zeit später kam ihre Antwort: ›Danke für Ihren freundlichen Brief. Sie dürfen meine Lösung verwenden. Ich bin neuneinhalb Jahre alt und gehe in die fünfte Klasse.‹
Sie liebte besonders Rätsel über Ritter und Schurken (Ehrliche und Lügner). Tatsächlich sind diese Rätsel bei jung und alt höchst populär, und so habe ich die ersten acht Kapitel dieses Buches neuen Rätseln dieser Art vorbehalten. Ihre Reichweite erstreckt sich von ganz elementaren bis zu dem höchst subtilen Metarätsel in Kapitel 8 über den Jungbrunnen. (Jeder, der *dieses* Rätsel lösen kann, verdient es, zum Ritter geschlagen zu werden!) Der übrige Teil des Buches nimmt eine völlig andere Richtung und wagt sich in viel tiefere logische Gewässer als meine früheren Rätselbücher. Meine Leser werden einige faszinierende Dinge über kombinatorische Logik lernen. Dieser bemerkenswerte Gegenstand spielt derzeit eine bedeutende Rolle in der Computerwissenschaft und künstlichen Intelligenz, und so ist dieses Buch sehr aktuell. (Das war von mir nicht geplant; ich

hatte einfach Glück!) Auch wenn der Gegenstand sehr tiefgründig ist, ist er nicht schwerer zu erlernen als Algebra und Geometrie. Da die Computerwissenschaft inzwischen einen Platz in den Lehrplänen der High-School gefunden hat, wird die kombinatorische Logik vielleicht bald folgen?

Kombinatorische Logik ist eine abstrakte Wissenschaft, die sich mit Gegenständen befaßt, die Kombinatoren genannt werden. Was das für Gegenstände sind, braucht nicht weiter spezifiziert zu werden; wichtig ist lediglich, welche Wirkung sie aufeinander haben. Man hat die Möglichkeit, als ›Kombinatoren‹ alles Beliebige zu benutzen (zum Beispiel Computerprogramme). Ich habe *Vögel* als meine Kombinatoren gewählt – angeregt durch die Erinnerung an den alten Professor Haskell Curry, der sowohl ein großer Meister der kombinatorischen Logik als auch ein eifriger Vogelbeobachter war. Der entscheidende Grund dafür, daß ich die kombinatorische Logik als zentrales Thema dieses Buches gewählt habe, lag nicht in den Möglichkeiten praktischer Anwendung, die zahlreich sind, sondern in dem großen Unterhaltungswert. Hier ist ein Bereich, der als hochspezialisiert gilt und doch allen zugänglich ist; er ist randvoll mit Material, aus dem man ausgezeichnete Rätsel machen kann und das gleichzeitig in Zusammenhang mit grundlegenden Fragen der modernen Logik steht. Was könnte es für ein Rätselbuch besseres geben?

Mein Dank geht an Nancy Spencer für das sachkundige Schreiben des Manuskripts und Hilfe bei den Sekretariatsarbeiten und an die Philosophische Fakultät der Indiana University, die mir ideale Arbeitsbedingungen ermöglicht hat. Mein Dank gilt ferner Professor George Boolos vom MIT, der das gesamte Manuskript gelesen und viele nützliche Anregungen beigetragen hat. Melvin Rosenthal, der Produktionsleiter, ist seiner Arbeit sehr gewissenhaft nachgekommen. Meine Herausgeberin, Ann Close, war – wie immer – großartig und bei dem ganzen Projekt eine unschätzbare Hilfe.

Elka Park, New York
November 1984

Raymond Smullyan

1
Der Preis und andere Rätsel

Drei kleine Rätsel

1. Der Blumengarten

In einem bestimmten Blumengarten war jede Blume entweder rot, gelb oder blau, und alle drei Farben waren vertreten. Eines Tages kam ein Statistiker in den Garten und machte die Beobachtung, daß unabhängig davon, welche drei Blumen man pflückte, mindestens eine von ihnen rot sein mußte. Ein zweiter Statistiker sah sich den Garten an und machte die Beobachtung, daß unabhängig davon, welche drei Blumen man pflückte, mindestens eine davon gelb sein mußte.
Dies kam drei Logikstudenten zu Ohren, die darüber in eine Debatte gerieten. Der erste Student sagte: »Es folgt also, daß unabhängig davon, welche drei Blumen man pflückt, mindestens eine blau sein muß, habe ich recht?« Der zweite Student sagte: »Natürlich nicht!«
Welcher von beiden hatte recht, und aus welchem Grund?

2. Welche Frage?

Ich könnte Ihnen eine Frage stellen, auf die es eine eindeutig richtige Antwort gibt – entweder Ja oder Nein –, aber es ist für Sie logisch unmöglich, die richtige Antwort zu geben. Es kann sein, daß Sie die richtige Antwort *kennen*, aber Sie können sie nicht geben. Jeder andere als Sie wäre vielleicht in der Lage, die richtige Antwort zu liefern, nicht aber Sie selbst!
Können Sie herausfinden, an welche Frage ich denke?

3. Wie würden Sie wetten?

Hier ist ein Oldtimer, bei dem es um Wahrscheinlichkeit geht: Suchen Sie sich unter den Fußballmannschaften Ihren Favoriten aus, und überlegen Sie, welche Spielergebnisse er in der nächsten Saison haben wird. Wenn Sie wetten würden, welche Zahl die größere sein wird, die *Summe* dieser Ergebnisse oder ihr *Produkt*, wie würden Sie setzen?

Wo wir bei Wahrscheinlichkeit und Statistik sind, fällt mir die Geschichte von dem Statistiker ein, der einem Freund erzählte, er würde grundsätzlich nicht fliegen. »Ich habe die Wahrscheinlichkeit dafür ausgerechnet, daß eine Bombe an Bord ist«, erklärte er, »und obwohl sie gering ist, ist sie für mich doch noch zu groß, als daß ich mich auf das Risiko einlassen könnte.« Zwei Wochen später traf der Freund den Statistiker in einem Flugzeug. »Wie ist es gekommen, daß Sie Ihre Theorie geändert haben?« fragte er. »Oh, ich habe meine Theorie nicht geändert; ich habe nur nachträglich noch die Wahrscheinlichkeit dafür ausgerechnet, daß gleichzeitig *zwei* Bomben an Bord sind. Und diese Wahrscheinlichkeit ist klein genug, um mich zu beruhigen. Also nehme ich jetzt einfach meine eigene Bombe mit.«

Wie können Sie den Preis gewinnen?

4. Die drei Preise

Angenommen, ich würde Ihnen den Vorschlag machen, sich einen von drei Preisen zu holen – Preis A, Preis B oder Preis C. Preis A ist der beste davon, Preis B liegt in der Mitte, und Preis C ist der *Trostpreis*. Ihre Aufgabe besteht darin, eine Aussage zu machen. Für den Fall, daß die Aussage wahr ist, verspreche ich Ihnen entweder Preis A oder Preis B. Ist Ihre Aussage falsch, bekommen Sie Preis C – den Trostpreis.

Natürlich wird es Ihnen nicht schwerfallen, sicherzugehen, daß Sie entweder Preis A oder Preis B gewinnen; Sie brauchen nur zu sagen: »Zwei plus zwei ist vier.« Aber angenommen, Sie haben sich in den Kopf gesetzt, Preis A zu bekommen. Welche Aussage könnten Sie machen, die mich zwingen würde, Ihnen Preis A zu geben?

5. Ein vierter Preis kommt hinzu

Ich füge jetzt noch einen vierten Preis hinzu – Preis D. Auch dieser Preis ist ein Trostpreis. Die Bedingungen sehen jetzt so aus, daß Sie für eine wahre Aussage entweder Preis A oder Preis B bekommen, für eine falsche Aussage jedoch einen der beiden Trostpreise, Preis C oder Preis D.
Nehmen wir nun an, daß Sie zufällig schon vorher wissen, welche die vier Preise sind, und aus irgendeinem Grund ist Ihnen Preis C lieber als alle anderen.
Übrigens ist diese Situation nicht ganz unrealistisch. Ich erinnere mich, daß ich als kleiner Junge einmal auf einer Geburtstagsfeier war, wo ich zwar einen Preis gewann, aber sehr neidisch auf das Kind war, das den Trostpreis bekommen hatte, weil mir der viel besser gefiel als mein eigener! Tatsächlich schien der Trostpreis der allgemeine Favorit zu sein, weil wir alle den größten Teil des Tages damit spielten.
Aber zurück zu unserem Rätsel. Welche Aussage könnten Sie machen, die mich zwingen würde, Ihnen Preis C zu geben?

6. Sie wollen mich matt setzen!

Wieder gibt es die vier Preise aus der letzten Aufgabe und die gleichen Bedingungen. Nehmen wir nun an, daß Sie sich aus *keinem* der Preise etwas machen; Ihnen liegt nur daran, mich mit einer Aussage matt zu setzen, mit der Sie mich zwingen, mein Versprechen zu brechen.
Mit welcher Aussage könnte das gehen?
Anmerkung: Diese Aufgabe entspricht im Kern dem Sancho Pansa-Paradoxon, von dem in den Lösungen noch die Rede sein wird.

Lösungen

1. Der erste Student hat recht, und zwar aus folgenden Gründen. Aus der Äußerung des ersten Statistikers folgt, daß es nicht mehr als eine gelbe Blume geben kann, denn wenn es zwei gelbe gäbe, könnten Sie zwei gelbe und eine blaue pflücken und hätten damit eine Anordnung von drei Blumen, die keine rote enthält. Das widerspricht der Beobachtung, daß jede Anordnung von dreien mindestens eine rote Blume enthält. Also kann es nicht mehr als eine gelbe Blume geben. Entsprechend kann es nicht mehr als eine blaue Blume geben, denn gäbe es zwei blaue, so könnten Sie zwei blaue Blumen und eine gelbe pflücken und hätten wieder eine Anordnung von dreien, bei der keine rote wäre. Somit folgt aus der Äußerung des ersten Statistikers, daß es höchstens eine gelbe und eine blaue Blume gibt. Und aus der Äußerung des zweiten Statistikers folgt, daß es höchstens eine rote Blume gibt, denn wenn es zwei rote gäbe, so könnten Sie zwei rote und eine blaue pflücken und hätten damit eine Anordnung von dreien, die keine gelbe enthielte. Aus der zweiten Äußerung folgt außerdem, daß es nicht mehr als eine blaue geben kann, was wir aber bereits aus der ersten Äußerung geschlossen haben.

Das Resultat aus allem ist, daß es in dem ganzen Garten nur drei Blumen gibt: eine rote, eine gelbe und eine blaue! Und damit ist natürlich richtig, daß unabhängig davon, welche drei Blumen Sie pflücken, eine davon blau sein muß.

2. Angenommen, ich würde Sie fragen: »Lautet Ihre Antwort auf diese Frage Nein?« Wenn Sie mit Ja antworten, so bestätigen sie damit, daß Ihre Antwort auf die Frage Nein lautet, was natürlich falsch ist. Wenn Sie mit Nein antworten, so streiten Sie ab, daß Nein Ihre Antwort ist, obwohl Ihre Antwort doch ein Nein war. Es ist somit unmöglich für Sie, die Frage richtig zu beantworten, obwohl es eine richtige Antwort auf die Frage gibt: Entweder antworten Sie mit Nein oder nicht. Wenn Sie dies tun, ist Ja die richtige Antwort; tun Sie dies nicht, ist Nein die richtige Antwort, aber in keinem der Fälle können Sie die richtige Antwort geben.

3. Die größere Wahrscheinlichkeit ist, daß die Summe die größere Zahl ist, denn Ihre Mannschaft wird wahrscheinlich in den Spielergebnissen mindestens einmal Null haben, und mit einer Null beläuft sich das gesamte Produkt auf Null.

4. Wenn Sie Preis A gewinnen wollen, sollten Sie sagen: »Ich werde nicht Preis B bekommen.« Was kann ich dann tun? Wenn ich Ihnen Preis C gebe, hat sich Ihre Aussage als wahr erwiesen – Sie haben nicht Preis B bekommen –, also habe ich Ihnen den Trostpreis für eine wahre Aussage gegeben, und das darf ich nicht! Wenn ich Ihnen Preis B gebe, hat sich Ihre Aussage als falsch erwiesen, aber ich darf Ihnen Preis B nicht für eine falsche Aussage geben. Also bin ich gezwungen, Ihnen Preis A zu überlassen. Damit haben Sie eine wahre

Aussage gemacht – Sie haben Preis B nicht bekommen – und sind zu Recht mit einem der beiden Preise belohnt worden, die für eine wahre Aussage ausgesetzt waren.
Natürlich geht es auch mit der Aussage: »Ich werde entweder Preis A oder Preis C bekommen.«

5. Um Preis C zu bekommen, brauchen Sie nur zu sagen: »Ich werde Preis D bekommen.« Ich überlasse den Lesern den Beweis.

6. Wenn Sie mich zwingen wollen, mein Versprechen zu brechen, brauchen Sie nur zu sagen: »Ich werde einen der Trostpreise bekommen.« Was bleibt mir zu tun? Gebe ich Ihnen einen Trostpreis, hat sich Ihre Aussage als wahr erwiesen, und ich habe mein Versprechen dadurch gebrochen, daß ich Ihnen einen Trostpreis gegeben habe. Wenn ich Ihnen entweder Preis A oder Preis B gebe, habe ich wieder die Bedingungen nicht eingehalten, denn Sie haben eine falsche Aussage gemacht, und ich hätte Ihnen eigentlich einen Trostpreis geben müssen.

Es war wirklich gefährlich für mich, ein solches Versprechen zu geben, denn ich hatte keine Möglichkeit, im voraus zu wissen, ob ich es würde halten können. Ob ich es halten kann oder nicht, hängt tatsächlich davon ab, was Sie tun werden, wie ich gerade gezeigt habe. Die Situation ähnelt dem berühmten Sancho Pansa-Paradoxon, das Cervantes in einer Episode des *Don Quichotte* beschreibt. In einer bestimmten Stadt hatten die Einwohner ein Gesetz erlassen, dem zufolge von jedem Fremden, der über die Brücke kam und die Stadt betrat, verlangt wurde, eine Aussage zu machen. War die Aussage falsch, verlangte es das Gesetz, daß der Fremde gehängt wurde. War die Aussage wahr, mußte man ihn passieren lassen. Mit welcher Aussage konnte ein Fremder erreichen, daß es unmöglich war, das Gesetz auf ihn anzuwenden? Die Antwort ist, daß der Fremde sagen mußte: »Ich werde gehängt.« In dem Fall ist es für die Bewohner unmöglich, das Gesetz auszuführen.

2
Der zerstreute Logiker

Nur drei Wörter?

Die Rätsel in diesem Kapitel sind die beste Einführung in die Logik des Lügens und Die-Wahrheit-Sagens, die ich kenne. Ich will mit einem alten Rätsel von mir anfangen und dann darauf aufbauen.

1. John, James und William

Wir haben drei Brüder, die John, James und William heißen. John und James (die beiden J's) lügen immer, während William immer die Wahrheit sagt. Die drei sind in ihrer äußeren Erscheinung nicht zu unterscheiden. Eines Tages treffen Sie einen der Brüder auf der Straße und wollen feststellen, ob er John ist (denn John schuldet Ihnen Geld). Sie dürfen ihm eine Frage stellen, die mit Ja oder Nein zu beantworten sein muß, aber die Frage darf aus nicht mehr als drei Wörtern bestehen! Welche Frage würden Sie stellen?

2. Eine Variante

Angenommen, wir würden die oben gegebenen Bedingungen in dem Punkt abändern, daß wir John und James zu Personen machen, die die Wahrheit sagen, und William zu einem Lügner. Wieder begegnen Sie einem der drei und wollen herausfinden, ob er John ist. Gibt es auch für diesen Fall eine Ja/Nein-Frage aus drei Wörtern, die Sie an Ihr Ziel bringt?

3. Ein kniffligeres Rätsel

Diesmal haben wir es nur mit zwei Brüdern zu tun (eineiigen Zwillingen). Einer der beiden heißt Arthur, der zweite hat einen anderen Namen. Einer von Ihnen lügt immer, und der andere sagt immer die Wahrheit, aber wir erfahren nicht, ob Arthur der Lügner ist oder der Wahrheitsliebende. Eines Tages treffen Sie beide Brüder zusammen, und Sie wollen herausfinden, welcher von ihnen Arthur ist. Denken Sie daran, daß Sie *nicht* herausfinden wollen, welcher der beiden lügt und welcher wahrheitsliebend ist; Sie sind vielmehr nur daran interessiert festzustellen, welcher der beiden Arthur ist. Sie dürfen einem der Brüder eine Frage stellen, die mit Ja oder Nein zu beantworten sein muß, und wieder darf die Frage aus nicht mehr als drei Wörtern bestehen. Welche Frage würden Sie stellen?

4.

Nehmen wir an, daß Sie, anstatt herauszubringen, welcher von beiden Arthur ist, feststellen wollen, ob Arthur der Lügner oder der Ehrliche ist. Wieder gibt es eine Drei-Wörter-Frage, die alle Bedingungen erfüllt. Mit welcher Drei-Wörter-Frage erreichen Sie Ihr Ziel? Bei den Lösungen zu dieser und zur letzten Aufgabe zeigt sich eine schöne Symmetrie!

5.

Diesmal wollen Sie nichts weiter erfahren als dies: Welcher der beiden Brüder, die Sie getroffen haben, lügt immer, und welcher sagt immer die Wahrheit? Es interessiert Sie weder zu wissen, welcher von beiden Arthur ist, noch zu erfahren, ob Arthur lügt oder die Wahrheit sagt. Mit welcher Drei-Wörter-Frage finden Sie das heraus?

6.

Als nächstes sollen Sie einem der Brüder eine Drei-Wörter-Frage stellen. Antwortet er mit Ja, bekommen Sie einen Preis; antwortet er mit Nein, gehen Sie leer aus. Welche Frage würden Sie stellen?

Das Nelson Goodman-Prinzip

Gäbe es nicht die Einschränkung, daß die Frage aus nicht mehr als drei Wörtern bestehen darf, könnte man alle sechs obengenannten Aufgaben nach einer einheitlichen Methode lösen! Diese Methode ist in einem berühmten Rätsel enthalten, das sich vor etwa vierzig Jahren der Philosoph Nelson Goodman ausgedacht hat. Für diejenigen, die es noch nicht kennen, stelle ich es hier vor.

Für jede Person, die entweder immer lügt oder immer die Wahrheit sagt, und für jede beliebige Aussage, deren Wahrheit oder Falschheit man feststellen will und deren Wahrheit oder Falschheit der Person bekannt ist, gibt es eine Möglichkeit, dies mit Hilfe einer einzigen Ja/Nein-Frage festzustellen. Nehmen wir beispielsweise an, daß die Person an einer Straßengabelung steht; eine Straße führt zu der Stadt Freudenheim, die Sie besuchen wollen, die andere Straße nicht. Die Person weiß, auf welcher Straße Sie nach Freudenheim kommen können, aber Sie lügt entweder immer oder sagt immer die Wahrheit. Welche Frage würden Sie ihr stellen, um herauszufinden, welches die richtige Straße nach Freudenheim ist?

Lösung: Wenn Sie fragen, ob die linke Straße die richtige ist (nämlich die Straße, die nach Freudenheim führt), würde die Antwort Sie nicht weit bringen, weil Sie keinen Anhaltspunkt haben, ob es sich um einen Lügner handelt oder um einen, der die Wahrheit sagt. Die richtige Frage würde lauten: »Gehören Sie zu der Art, die *behaupten* könnte, daß die linke Straße nach Freudenheim führt?« Wenn Sie die Antwort hören, werden Sie nicht wissen, ob es sich um einen Lügner handelt oder um einen, der die Wahrheit sagt, aber Sie werden wissen, welche Straße Sie nehmen müssen! Genauer gesagt, wenn er mit Ja antwortet, sollten Sie die linke Straße nehmen; antwortet er mit Nein, sollten Sie sich für die rechte Straße entscheiden. Und hier ist der Beweis:

Angenommen, er antwortet mit Ja. Entweder sagt er die Wahrheit, oder er lügt. Angenommen, er sagt die Wahrheit. Dann ist das, was er sagt, tatsächlich der Fall, folglich *ist* er von der Art, die behaupten kann, daß die linke Straße nach Freudenheim führt, und da er die Wahrheit sagt, führt die linke Straße tatsächlich dorthin. Wenn er anderseits lügt, so gehört er *nicht* zu der Art, die behaupten kann, daß die linke Straße nach Freudenheim führt, da nur ein Vertreter der anderen Art (der Wahrheitsliebenden) diese Behauptung machen kann. Da jedoch einer, der die Wahrheit sagt, dies behaupten kann, muß die Behauptung richtig sein, und somit ist wieder die linke Straße diejenige, auf der man nach Freudenheim kommt. Das beweist, daß unabhängig davon, ob die Ja-Antwort der Wahrheit entspricht oder eine Lüge ist, die linke Straße der richtige Weg nach Freudenheim ist.

Angenommen, er antwortet mit Nein. Wenn er die Wahrheit sagt, so gehört er tatsächlich nicht zu der Art, die behaupten könnte, daß die linke Straße nach Freudenheim führt; nur ein Lügner würde das behaupten. Da ein Lügner behaupten würde, daß es so ist, ist es in Wirklichkeit nicht so, folglich führt die Straße zur Rechten nach Freudenheim. Wenn er anderseits lügt, so *würde* er behaupten, daß die linke Straße nach Freudenheim führt, da er sagt, daß er das nicht tun würde; aber da ein Lügner behauptet hätte, daß die linke Straße nach Freudenheim führt, ist es in Wirklichkeit die rechte Straße, auf der man dort ankommt. Damit ist bewiesen, daß eine Nein-Antwort anzeigt, daß die rechte Straße nach Freudenheim führt, unabhängig davon, ob der Sprecher lügt oder die Wahrheit sagt.

Dieses Rätsel erinnert mich an einen alten russischen Witz. Boris und Vladimir sind zwei alte Freunde, die sich eines Tages ganz unerwartet im Zug treffen. Es ergibt sich folgendes Gespräch:

Boris: Wohin fährst du?
Vladimir: Nach Minsk.
Boris (empört)*:* Warum belügst du mich?
Vladimir: Warum sagst du, daß ich lüge?
Boris: Du sagst mir, daß du nach Minsk fährst, damit ich denken soll, daß du nach Pinsk fährst. Ich weiß aber, daß du wirklich nach Minsk fährst!

Zurück zum Nelson Goodman-Prinzip. Es ist nicht schwer zu erkennen, wie die letzten sechs Aufgaben in einheitlicher Form zu lösen wären, wenn wir uns nicht auf Drei-Wörter-Fragen beschränken müßten. Zum Beispiel könnten wir bei Aufgabe 1 fragen: »Gehören Sie zu der Art, die behaupten könnte, daß Sie John sind?« Das gleiche gilt für die Aufgabe 2. Bei Aufgabe 3 fragen wir: »Gehören Sie zu der Art, die behaupten könnte, daß Sie Arthur sind?« Bei Aufgabe 4 könnten wir fragen: »Gehören Sie zu der Art, die behaupten könnte, daß Arthur die Wahrheit sagt?«

Allgemein gesagt, wenn Sie von einem konsequenten Lügner oder einem konsequent Ehrlichen (wobei Sie nicht wissen, was von beidem zutrifft) erfahren wollen, ob eine bestimmte Aussage p wahr ist, dürfen Sie ihn nicht fragen: »Ist p wahr?« Vielmehr müssen Sie fragen: »Gehören Sie zu der Art, die behaupten *könnte*, daß p wahr ist?«

Der zerstreute Logiker

Ein bestimmter Logiker war, wenn auch in theoretischen Dingen absolut brillant, ansonsten äußert unaufmerksam und höchst zerstreut. Er lernte zwei wunderschöne Zwillingsschwestern kennen, die Theresa und Leonore hießen. In ihrer äußeren Erscheinung glichen sich die beiden vollkommen, jedoch sagte Theresa immer die Wahrheit, während Leonore immer log. Der Logiker verliebte sich in eine der beiden und heiratete sie, aber unglücklicherweise hatte er vergessen, ihren Vornamen herauszufinden! Die andere Schwester heiratete erst einige Jahre später.
Kurze Zeit nach der Hochzeit mußte der Ehemann zu einer Logikertagung fahren. Nach ein paar Tagen kam er zurück. Auf einer Cocktailparty traf er eine der beiden Schwestern, und natürlich hatte er keine Ahnung, ob er seine Frau oder seine Schwägerin vor sich hatte. »Das kann ich mit einer einzigen Frage klären«, dachte er stolz. »Ich werde mich einfach an das Nelson Goodman-Prinzip halten und sie fragen, ob sie zu der Art gehört, die behaupten könnte, daß sie meine Frau ist!« Aber dann hatte er eine noch bessere Idee: »Ich habe es gar nicht nötig, so umständlich zu sein und eine so gewundene Frage zu stellen. Natürlich kann ich mit einer viel einfacheren Frage herausfinden, ob sie meine Frau ist – sogar mit einer, die nur aus drei Wörtern besteht!«

7.

Der Logiker hatte recht! Welche Drei-Wörter-Frage, die sich mit Ja oder Nein beantworten läßt, sollte er stellen, wenn er herausfinden wollte, ob die Dame, die er ansprach, seine Frau war?

8.

Wenige Tage später traf der Logiker wieder eine der beiden Schwestern auf einer anderen Cocktailparty. Und wieder wußte er nicht, ob er seine Frau oder seine Schwägerin vor sich hatte. »Es ist höchste Zeit für mich, ein für allemal den Vornamen meiner Frau herauszufinden«, dachte er. »Ich kann dieser Dame eine Ja/Nein-Frage stellen, die aus drei Wörtern besteht, und dann weiß ich Bescheid!«
Welche Drei-Wörter-Frage könnte er stellen?

9.

Angenommen, der Logiker hätte in der letzten Aufgabe sowohl die Identität der Dame feststellen als auch den Vornamen seiner Frau erfahren wollen. Wieder darf er nur eine Frage stellen, die sich mit Ja oder Nein beantworten lassen muß, aber diesmal ist die Anzahl der Wörter, aus der die Frage bestehen darf, nicht beschränkt.
Fällt Ihnen eine Frage ein, mit der er erfahren kann, was er wissen will?

Epilog: Tatsächlich war der Logiker mit Theresa verheiratet, der Schwester, die immer die Wahrheit sagte. Leonores Ehe kam zwei Jahre später unter recht merkwürdigen Umständen zustande: Sie verabscheute ihren Bewerber von Herzen, doch als er sie eines Tages fragte, ob sie nicht seine Frau werden wolle, mußte sie – als chronische Lügnerin – mit Ja antworten. Das Resultat war, daß sie heirateten!
Die Moral von der Geschichte ist, daß konsequentes Lügen bisweilen seine Nachteile hat.

Lösungen

1. Als einzige Drei-Wörter-Frage, die die Bedingungen erfüllt, ist mir eingefallen: »Bist du James?« Wenn Sie John die Frage stellen, wird er mit Ja antworten, da John lügt, während sowohl James als auch William mit Nein antworten würde – James, weil er lügt, und William, weil er die Wahrheit sagt. Also bedeutet ein Ja als Antwort, daß er John ist, während eine Nein-Antwort besagt, daß er nicht John ist.

2. Es geht mit der gleichen Frage (nämlich: »Bist du James?«), nur bedeutet eine Ja-Antwort diesmal, daß er nicht John ist, während eine Nein-Antwort darauf schließen läßt, daß er John ist.

3. Eine häufige falsche Antwort ist: »Bist du Arthur?« Die Frage würde uns jedoch keinen Schritt weiterbringen; die Antwort, die Sie darauf bekommen, könnte die Wahrheit oder eine Lüge sein, und damit wüßten Sie immer noch nicht, wer nun wirklich Arthur ist.
Eine Frage, die Sie ans Ziel bringen könnte, wäre: »Ist Arthur wahrheitsliebend?« Arthur wird diese Frage natürlich mit Ja beantworten, denn wenn Arthur wahrheitsliebend ist, wird er wahrheitsgemäß erklären, daß Arthur wahrheitsliebend ist, und wenn Arthur nicht wahrheitsliebend ist, so wird er lügen und behaupten, daß Arthur wahrheitsliebend ist. Somit wird Arthur unabhängig davon, ob er die Wahrheit sagt oder ob er lügt, in jedem Fall *behaupten*, daß Arthur wahrheitsliebend ist. Anderseits wird Arthurs Bruder, den wir Henry nennen wollen, behaupten, daß Arthur nicht wahrheitsliebend ist, denn wenn Henry die Wahrheit sagt, so ist Arthur tatsächlich nicht wahrheitsliebend, und Henry wird eben dies wahrheitsgemäß behaupten. Wenn Henry jedoch lügt, ist Arthur tatsächlich wahrheitsliebend, und in dem Fall wird Henry fälschlicherweise behaupten, daß Arthur *nicht* die Wahrheit sagt. Somit wird Henry unabhängig davon, ob er wahrheitsliebend ist oder nicht, mit Sicherheit behaupten, daß Arthur nicht die Wahrheit sagt. Zusammengefaßt heißt dies: Arthur wird behaupten, daß Arthur wahrheitsliebend ist, und Arthurs Bruder wird behaupten, daß Arthur nicht wahrheitsliebend ist. Wenn Sie also einen der Brüder fragen, ob Arthur wahrheitsliebend ist, und ein Ja als Antwort hören, so wissen Sie, daß Sie mit Arthur sprechen; lautet die Antwort Nein, so wissen Sie, daß Sie mit Arthurs Bruder sprechen.
Übrigens gibt es auch eine Zwei-Wörter-Frage, mit der Sie Ihr Ziel erreichen: »Lügt Arthur?« Lautet die Antwort Ja, so wissen Sie, daß Sie *nicht* mit Arthur sprechen, und bei einem Nein als Antwort wissen Sie, daß Sie tatsächlich mit Arthur sprechen. Ich überlasse den Beweis meinen Lesern.

4. Wenn Sie herausfinden wollen, ob Arthur die Wahrheit sagt, brauchen Sie nur zu fragen: »Bist du Arthur?« Angenommen, die Antwort lautet Ja. Wenn es eine ehrliche Antwort ist, so haben Sie tatsächlich mit Arthur gesprochen, und in dem Fall ist Arthur der Bruder, der die Wahrheit sagt. Wenn die Antwort gelogen ist, ist der Antwortende in

Wirklichkeit nicht Arthur, also muß der andere Arthur sein und ist wieder derjenige, der die Wahrheit sagt. Somit bedeutet eine Ja-Antwort unabhängig davon, ob die Antwort eine Lüge ist oder nicht, daß Arthur – welcher von beiden es auch ist – wahrheitsliebend sein muß. Wie sieht es aus, wenn Sie ein Nein als Antwort hören? Wenn es eine ehrliche Antwort ist, so ist der Sprecher nicht Arthur, aber da er die Wahrheit sagt, muß Arthur der Bruder sein, der lügt. War die Nein-Antwort jedoch eine Lüge, so ist der Sprecher tatsächlich Arthur, und in dem Fall hat Arthur einfach gelogen. Also bedeutet eine Nein-Antwort, ob sie nun wahr oder gelogen ist, daß Arthur der Lügner ist.

5. Fragen Sie ihn einfach: »Gibt es dich?«

6. Fragen Sie ihn: »Bist du wahrheitsliebend?« Beide, der konsequente Lügner und der konsequent Ehrliche, werden die Frage mit Ja beantworten.

7. Wir erinnern uns, daß die Schwester seiner Frau zu dem Zeitpunkt nicht verheiratet war. Eine Drei-Wörter-Frage, die ihm Klarheit bringen könnte, wäre: »Ist Theresa verheiratet?« Angenommen, die Dame antwortet mit Ja. Sie ist entweder Theresa oder Leonore. Angenommen, sie ist Theresa. Dann ist die Antwort wahr, folglich ist Theresa tatsächlich verheiratet, und die Angesprochene ist verheiratet und seine Frau. Ist sie Leonore, so ist die Antwort eine Lüge; Theresa ist in Wirklichkeit nicht verheiratet, also ist Leonore – die angesprochene Dame – verheiratet, folglich ist die Angesprochene wieder seine Frau. Somit läßt eine Ja-Antwort darauf schließen, daß er mit seiner Frau spricht, unabhängig davon, ob die Antwort der Wahrheit entspricht oder eine Lüge ist. Ich überlasse es meinen Lesern zu zeigen, daß eine Nein-Antwort darauf schließen läßt, daß er mit der Schwester seiner Frau spricht.

8. Jetzt sollte er die Frage stellen: »Bist *du* verheiratet?« Angenommen, sie antwortet mit Ja. Dann ist sie wieder entweder Theresa oder Leonore. Angenommen, sie ist Theresa. Dann ist die Antwort wahr, folglich ist die Angesprochene verheiratet, und da sie Theresa ist, ist er mit Theresa verheiratet. Und wie sieht es aus, wenn die angesprochene Dame Leonore ist? Dann ist die Antwort eine Lüge, folglich ist die Dame, die er vor sich hat, in Wirklichkeit nicht verheiratet, und er ist mit der anderen Schwester verheiratet, und das ist wiederum Theresa. Also bedeutet eine Ja-Antwort in jedem Fall, daß der Name seiner Frau Theresa ist.

Ich überlasse wieder meinen Lesern den Nachweis, daß eine Nein-Antwort darauf schließen läßt, daß der Name seiner Frau Leonore ist.

9. Sicherlich nicht, denn eine solche Frage gibt es nicht! Bei allen bisherigen Aufgaben haben wir versucht herauszufinden, welche von zwei Möglichkeiten zutrifft, aber bei dieser Aufgabe geht es darum festzustellen, welche von *vier* Möglichkeiten zutrifft. (Die Möglichkeiten sind, daß die angesprochene Dame entweder seine Frau Theresa oder seine Frau Leonore oder seine Schwägerin Theresa oder seine Schwägerin Leonore ist. Auf eine Ja/Nein-Frage gibt es jedoch nur zwei mögliche Antworten, und bei nur zwei möglichen Antworten kann man unmöglich herausfinden, welche von *vier* Möglichkeiten zutrifft.

3
Der Barbier von Sevilla

1. Ein doppeltes Barbierparadoxon

Einige meiner Leser werden das Paradoxon von Bertrand Russell kennen, bei dem es um einen Barbier geht, der in einer bestimmten Stadt lebt und alle und nur die Einwohner rasiert, die sich nicht selbst rasieren. Mit anderen Worten, von jedem beliebigen Einwohner X, der sich nicht selbst rasierte, wußte man mit Bestimmtheit, daß der Barbier ihn rasierte. Aber der Barbier rasierte *niemals* einen Einwohner X, der sich selbst rasierte. Die Frage ist: Rasierte der Barbier sich selbst oder nicht?

Wenn er sich selbst rasierte, so verletzte er seinen Grundsatz, indem er jemanden rasierte (nämlich sich selbst), der sich selbst rasierte. Das aber ist unmöglich; folglich rasierte er sich nicht selbst. Aber wenn er sich nicht selbst rasierte, so versäumte er es, jemanden zu rasieren (wiederum sich selbst), der sich nicht selbst rasierte. Also ist es gleichermaßen unmöglich, daß er sich nicht selbst rasierte. Rasierte er sich nun selbst oder nicht?

Die Lösung lautet einfach, daß es einen solchen Barbier nicht geben kann. Die Annahme, daß es ihn gibt, führt zu einem Widerspruch; folglich ist sie falsch.

Das Barbierparadoxon steht in engem Zusammenhang mit dem berühmten Lügenparadoxon. Betrachten Sie den Satz im folgenden Kasten:

> Der Satz in diesem Kasten ist falsch.

Ist der Satz wahr oder falsch? Wenn er wahr ist, so trifft das, was er behauptet, tatsächlich zu; mit anderen Worten, er muß falsch sein, weil es das ist, was er aussagt. Wenn er anderseits falsch ist, so trifft das, was er behauptet, nicht zu; mit anderen Worten, es trifft nicht zu, daß er falsch ist, folglich muß er wahr sein. Somit führt die Annahme, daß er falsch ist, wieder zu einem Widerspruch.

Von Phillip Jourdain stammt eine »doppelte« Version des Lügenparadoxons. Denken Sie sich eine Karte, die auf einer Seite folgenden Satz enthält:

> *Seite 1*   Der Satz auf
> der anderen Seite
> ist falsch.

Wenn Sie die Karte umdrehen, lesen Sie:

> *Seite 2*   Der Satz auf
> der anderen Seite
> ist wahr.

Satz 2 behauptet, indem er aussagt, daß der Satz auf Seite 1 wahr ist, daß das, was Satz 1 besagt, tatsächlich zutrifft – mit anderen Worten, daß der Satz auf Seite 2 falsch ist. Somit behauptet der Satz auf Seite 2 indirekt seine eigene Falschheit, und wir haben die gleiche paradoxe Situation.

Ich habe mir ein Paradoxon überlegt, das in etwa in der gleichen Relation zu Russells Barbierparadoxon steht wie Jourdains doppeltes Lügenparadoxon zu dem älteren Lügenparadoxon. Ich rate Ihnen, erst alle drei Teile der Aufgabe zu lesen, bevor Sie in den Lösungen nachschlagen.

Angenommen, ich würde Ihnen erzählen, daß es in einer bestimmten Stadt einen Barbier namens Arturo gibt und daß für jeden beliebigen Einwohner X *mit Ausnahme von Arturo selbst* gilt, daß Arturo X dann und nur dann rasiert, wenn X nicht Arturo rasiert. Mit anderen Worten, wenn Arturo X rasiert, dann rasiert X nicht Arturo, aber wenn Arturo nicht X rasiert, dann rasiert X Arturo. Führt dies zu einem Paradoxon?

Nehmen wir statt dessen an, ich hätte Ihnen erzählt, daß es in der Stadt einen Barbier namens Roberto gibt und daß für jeden Einwohner X gilt, daß Roberto X dann und nur dann rasiert, wenn X Roberto rasiert. Anders gesagt, wenn Roberto X rasiert, dann rasiert X Roberto, und wenn X Roberto rasiert, dann rasiert Roberto X. Führt dies zu einem Paradoxon?

Nehmen wir nun an, ich würde Ihnen erzählen, daß in der Stadt beide Barbiere wohnen, Arturo *und* Roberto, die die obengenannten Bedingungen erfüllen. Führt dies zu einem Paradoxon? Warum oder warum nicht?

2. Wie steht es mit dieser Geschichte?

Angenommen, ich würde Ihnen erzählen, daß es in der Stadt zwei Barbiere gibt, Arturo und Roberto, und daß Arturo all die und nur die Einwohner rasiert, die Roberto rasieren, und daß Roberto all die und nur die Einwohner rasiert, die nicht Arturo rasieren. Führt dies zu einem Paradoxon?

3. Eintagsbarbier

In einer bestimmten Stadt wohnten genau 365 männliche Einwohner. Man war übereingekommen, daß ein Jahr lang (das kein Schaltjahr war) jeden Tag ein Mann der offizielle Barbier für diesen Tag sein sollte. Kein Mann fungierte länger als einen Tag als offizieller Barbier. Auch war es nicht so, daß der offizielle Barbier an einem bestimmten Tag zwangsläufig die *einzige* Person war, die an diesem Tag Menschen rasierte; auch Nichtbarbiere konnten dieser Tätigkeit nachgehen.

Gegeben ist, daß an jedem Tag der offizielle Barbier für diesen Tag – nennen wir ihn X – mindestens einen Menschen rasiert. Nun soll X* die *erste* Person sein, die von X an dem Tag rasiert wird, an dem X der offizielle Barbier ist. Gegeben ist außerdem, daß es zu jedem Tag T einen Tag U gibt, für den gilt, daß für beliebige männliche Einwohner X und Y der Zusammenhang besteht, daß, wenn X den Y am Tag U rasiert, dann X* den Y am Tag T rasiert.

Nun führen die obengenannten Bedingungen sicher nicht zu einem Paradoxon, aber sie lassen den interessanten Schluß zu, daß an jedem Tag mindestens ein Mensch sich selbst rasiert. Wie beweisen Sie das?

4. Der Club der Barbiere

Es gibt einen bestimmten Club, der Club der Barbiere genannt wird. Folgendes ist über ihn bekannt:
Faktum 1: Jedes Clubmitglied hat mindestens ein Mitglied rasiert.
Faktum 2: Kein Mitglied hat jemals sich selbst rasiert.
Faktum 3: Kein Mitglied ist jemals von mehr als einem Mitglied rasiert worden.
Faktum 4: Es gibt ein Mitglied, das überhaupt noch nicht rasiert worden ist.
Die Mitgliederzahl dieses Clubs ist ein streng gehütetes Geheimnis. Einem Gerücht zufolge liegt die Zahl unter tausend. Einem anderen Gerücht zufolge liegt sie über tausend. Welches der beiden Gerüchte entspricht der Wahrheit?

5. Ein anderer Barbierclub

Hier ist ein bekanntes Logikrätsel, zu diesem Anlaß passend eingekleidet.
Ein anderer Barbierclub hat folgende Bedingungen:
Bedingung 1: Wenn ein beliebiges Mitglied ein beliebiges Mitglied rasiert hat (entweder sich selbst oder jemand anderen), dann haben alle Mitglieder es rasiert, jedoch nicht zwangsläufig alle zum gleichen Zeitpunkt.
Bedingung 2: Vier der Mitglieder heißen Guido, Lorenzo, Petruchio und Cesare.
Bedingung 3: Guido hat Cesare rasiert.
Hat Petruchio Lorenzo rasiert oder nicht?

6. Der Exklusivclub

Es gibt einen anderen Club, der unter dem Namen Exklusivclub bekannt ist. Jemand ist Mitglied in diesem Club dann und nur dann, wenn er nicht jemanden rasiert, der ihn rasiert.
Ein gewisser Barbier mit Namen Cardano brüstete sich einmal damit, jedes Mitglied des Exklusivclubs und niemanden sonst rasiert zu haben. Zeigen Sie, daß seine Prahlerei logisch unmöglich ist.

7. Der Barbier von Sevilla

Jede Ähnlichkeit zwischen dem Sevilla dieser Geschichte und dem berühmten Sevilla in Spanien ist rein zufällig.

In dieser mythischen Stadt Sevilla tragen die männlichen Einwohner Perücken an den und nur an den Tagen, an denen sie Lust dazu haben. Es gibt keine zwei Einwohner, die sich an *allen* Tagen gleich verhalten; das heißt, für beliebige zwei männliche Einwohner gibt es mindestens einen Tag, an dem einer von ihnen eine Perücke trägt und der andere nicht.

Für beliebige männliche Einwohner X und Y gilt, daß der Einwohner Y als *Anhänger* von X bezeichnet wird, wenn Y an denselben Tagen wie X eine Perücke trägt. Ebenso gilt für beliebige Einwohner X, Y und Z, daß der Einwohner Z als Anhänger von X und Y bezeichnet wird, wenn Z an all den Tagen eine Perücke trägt, an denen auch X und Y eine tragen.

Fünf der Einwohner haben die Namen Alfredo, Bernardo, Benito, Roberto und Ramano. Folgende Fakten sind über sie bekannt:

Faktum 1: Bernardo und Benito haben die entgegengesetzten Perückentragegewohnheiten; das heißt, daß an jedem beliebigen Tag einer von ihnen eine Perücke trägt und der andere nicht.

Faktum 2: Roberto und Ramano verhalten sich in der gleichen Weise einander entgegengesetzt.

Faktum 3: Ramano trägt an den und nur an den Tagen eine Perücke, an denen Alfredo und Benito beide eine tragen.

In Sevilla gibt es genau einen Barbier, und folgendes weiß man über ihn:

Faktum 4: Bernardo ist ein Anhänger von Alfredo und dem Barbier.

Faktum 5: Für einen beliebigen männlichen Einwohner X gilt, daß, wenn Bernardo ein Anhänger von Alfredo und X ist, der Barbier ein Anhänger nur von X ist.

Alfredo trägt nur schwarze Perücken, Bernardo trägt nur weiße Perücken, Benito trägt nur graue Perücken, Roberto trägt nur rote Perücken, und Ramano trägt nur braune Perücken.

An einem Ostermorgen wurde der Barbier mit einer Perücke gesehen. Welche Farbe hatte sie?

Lösungen

1. Die Existenz von Arturo allein führt nicht zu einem Paradoxon, ebensowenig wie die Existenz von Roberto allein. Aber es ist unmöglich, daß es beide in der gleichen Stadt gibt. Und hier ist die Begründung:
Für jede beliebige Person X außer Arturo gilt, daß Arturo X dann und nur dann rasiert, wenn X nicht Arturo rasiert. Dies gilt für *jede* Person X außer Arturo; insbesondere trifft dies zu, wenn X Roberto ist. Wenn wir nun Roberto als X nehmen, ergibt sich folgendes:
1. Arturo rasiert Roberto dann und nur dann, wenn Roberto nicht Arturo rasiert. Anders gesagt, wenn Arturo Roberto rasiert, dann rasiert umgekehrt Roberto ihn nicht, aber wenn Arturo Roberto nicht rasiert, dann rasiert Roberto Arturo. Um es noch einmal anders zu sagen, einer von ihnen rasiert den anderen, aber umgekehrt rasiert der andere nicht auch den einen.
Anderseits wissen wir, daß für jede beliebige Person X gilt, daß Roberto X dann und nur dann rasiert, wenn X Roberto rasiert. Wenn wir Arturo als X nehmen, ergibt sich folgendes:
2. Roberto rasiert Arturo dann und nur dann, wenn Arturo den Roberto rasiert.
Aussage 2 besagt, daß Arturo und Roberto entweder beide einander rasieren, oder keiner rasiert den anderen. Dies ist genau das Gegenteil von Aussage 1, die besagt, daß einer von ihnen den anderen rasiert, aber umgekehrt der andere nicht auch den einen rasiert. Die gegebenen Bedingungen sind somit unmöglich; Arturo und Roberto sind wirklich »unvereinbar«.

2. Nein, dies ist kein Paradoxon. Es könnte sein, daß Roberto sich selbst rasiert, Arturo rasiert Roberto, Arturo rasiert sich nicht selbst und Roberto rasiert nicht Arturo. Die anderen Einwohner der Stadt interessieren uns weiter nicht; tatsächlich könnten Arturo und Roberto ebensogut die einzigen Einwohner der Stadt sein.

3. Nehmen wir einen beliebigen Tag T. Gegeben ist, daß U ein Tag ist, an dem für beliebige Einwohner X und Y gilt, daß, wenn X den Y am Tag U rasierte, dann X* den Y am Tag T rasierte. Nun sei X der offizielle Barbier am Tag U. Das bedeutet, daß X den X* am Tag U rasierte (tatsächlich war X* der erste, der am Tag U rasiert werden mußte). Wenn wir nun für Y den X* einsetzen, so gilt, daß, wenn X den X* am Tag U rasierte, dann X* den X* am Tag T rasierte. Und X rasierte X* am Tag U. Folglich rasierte X* den X* am Tag T; mit anderen Worten, am Tag T rasierte X* sich selbst.

Das Ergebnis ist, daß wir für einen beliebigen Tag T einen Tag U als gegeben annehmen, der die Bedingungen der Aufgabe erfüllt. Dann war es nicht der Barbier von Tag U, der sich zwangsläufig am Tag T selbst rasieren mußte, sondern der erste, der vom Barbier am Tag U rasiert wurde, der sich selbst am Tag T rasiert haben muß.

4. Das zweite Gerücht, dem zufolge die Mitgliederzahl über tausend liegt, muß der Wahrheit entsprechen. Tatsächlich sind es sehr viel mehr; wenn die gegebenen Bedingungen zutreffen, muß es eine *unendliche* Anzahl von Mitgliedern geben! Überlegen wir, warum:

Durch Faktum 4 wissen wir, daß es ein Mitglied gibt – nennen wir es B_1 –, das überhaupt noch nie rasiert worden ist. Nun hat B_1 mindestens ein Mitglied rasiert, aber dieses Mitglied kann nicht B_1 sein, da B_1 nie rasiert worden ist, also muß es jemand anderes sein, den wir B_2 nennen wollen. B_2 hat jemanden rasiert, aber es kann nicht B_1 sein, der nie rasiert worden ist, oder B_2, da niemand sich jemals selbst rasiert hat; also muß es eine andere Person sein – B_3. Nun hat auch B_3 jemanden rasiert, aber es war weder B_1, der nie rasiert worden ist, noch B_2, da B_2 von B_1 rasiert wurde, noch er selbst, B_3. Also war es eine andere Person – B_4. Wiederum konnte B_4 weder B_1 rasiert haben, noch B_2, der von B_1 rasiert wurde, noch B_3, der von B_2 rasiert wurde, noch B_4, sich selbst; also war es eine andere Person, B_5. Wenn wir die gleiche Argumentation auf B_5 anwenden, so sehen wir, daß er eine Person B_6 rasiert haben muß, jemand anderes als B_1, B_2, B_3, B_4, B_5. Dann hat B_6 eine neue Person rasiert, B_7, und so weiter. Auf diese Weise erzeugen wir eine unendliche Reihe verschiedener Mitglieder, also kann keine *endliche* Zahl hinreichend sein.

5. Da Guido Cesare rasiert hat, hat Guido mindestens ein Mitglied rasiert. Folglich haben alle Mitglieder Guido rasiert. Insbesondere hat Lorenzo Guido rasiert. Daher hat Lorenzo mindestens ein Mitglied rasiert, also haben alle Mitglieder Lorenzo rasiert. Insbesondere hat Petruchio Lorenzo rasiert.

Tatsächlich folgt aus den drei Bedingungen, daß jedes Clubmitglied jedes Mitglied rasiert hat!

6. Angenommen, Cardanos Behauptung ist wahr, dann erhalten wir folgenden Widerspruch:

Zunächst einmal hat kein Mitglied des Exklusivclubs jemals sich selbst rasiert, weil es nie jemanden rasiert hat – sich selbst eingeschlossen –, der es rasiert hat. Nehmen wir nun an, daß Cardano Mitglied des Clubs ist. Dann hat er sich selbst nicht rasiert, wie wir gerade gezeigt haben, also hat er zumindest ein Mitglied des Clubs zu rasieren versäumt – nämlich sich selbst. Dies steht im Widerspruch zu seiner Behauptung, jedes Clubmitglied rasiert zu haben. Somit kann Cardano kein Mitglied des Clubs sein.

Da Cardano kein Mitglied des Clubs ist, hat er mindestens eine Person rasiert, die ihn rasiert hat. Nehmen wir an, Antonio wäre eine solche Person. Dann hat Antonio, ein Clubmitglied, jemanden rasiert – nämlich Cardano –, der ihn rasiert hat, was kein Clubmitglied tun kann! Dies ist offenbar ein Widerspruch, also ist Cardanos Geschichte nicht stichhaltig.

7. *Schritt 1:* Zuerst zeigen wir, daß Roberto ein Anhänger des Barbiers ist.

Nehmen wir einen beliebigen Tag, an dem der Barbier eine Perücke trägt. Entweder trägt Alfredo an dem Tag eine Perücke, oder er trägt keine. Angenommen, er trägt eine. Dann trägt auch Bernardo an dem Tag eine Perücke, da Bernardo ein Anhänger von Alfredo und dem Barbier ist. Also kann Benito an dem Tag keine Perücke tragen, da er sich zu Bernardo entgegengesetzt verhält. Dann kann Ramano an dem Tag keine Perücke tragen, weil er nur an den Tagen Perücken trägt, an denen Alfredo und Benito dies beide tun, und Benito hat an diesem Tag keine. Da Ramano an diesem Tag keine Perücke trägt, muß Roberto eine tragen, da sich Roberto zu Ramano entgegengesetzt verhält. Das zeigt, daß an den Tagen, an denen der Barbier eine Perücke trägt, dann, wenn auch Alfredo eine trägt, auch Roberto dies tut.

Wie ist es nun mit den Tagen, an denen der Barbier eine Perücke trägt, nicht aber Alfredo? Da Alfredo keine trägt, ist es sicher nicht der Fall, daß Alfredo und Benito beide eine tragen; folglich trägt auch Ramano keine, laut Faktum 3, und somit trägt Roberto eine, Faktum 2 zufolge. Also trägt Roberto eine Perücke an jedem Tag, an dem der Barbier eine trägt und Alfredo keine trägt – ja, er trägt eine Perücke an allen Tagen, an denen Alfredo keine trägt, unabhängig davon, was der Barbier tut.

Damit ist bewiesen, daß an allen Tagen, an denen der Barbier eine Perücke trägt, auch Roberto dies tut, unabhängig davon, ob Alfredo an dem Tag eine Perücke trägt oder nicht. Also ist Roberto tatsächlich ein Anhänger des Barbiers.

Schritt 2: Wir zeigen als nächstes, daß Bernardo ein Anhänger von Alfredo und Roberto ist.

Nehmen wir einen beliebigen Tag, an dem Alfredo und Roberto beide Perücken tragen. Benito kann an dem Tag keine Perücke tragen, denn wenn er es täte, dann hätten Alfredo und Benito beide eine aufgesetzt, was Faktum 3 zufolge bedeuten würde, daß auch Ramano eine trägt, und damit würde Ramano am gleichen Tag wie Roberto eine Perücke tragen, was mit Faktum 2 unvereinbar ist. Somit gilt für jeden Tag, an dem Alfredo und Roberto beide Perücken tragen, daß Benito keine trägt, und somit trägt Bernardo eine, in Einklang mit Faktum 1. Das beweist, daß Bernardo ein Anhänger von Alfredo und Roberto ist.

Schritt 3: Jetzt sind wir in der Lage zu zeigen, daß der Barbier ein Anhänger von Roberto ist, die Umkehrung von dem, was wir in Schritt 1 gezeigt haben.

Hierzu benutzen wir erstmals Faktum 5. Dieses Faktum gilt für *jeden* männlichen Einwohner X, also gilt es speziell auch, wenn X Roberto ist. Daher wissen wir, daß, wenn Bernardo ein Anhänger von Alfredo und Roberto ist, der Barbier ein Anhänger nur von Roberto ist. Und Bernardo *ist* ein Anhänger von Alfredo und Roberto – laut Schritt 2. Also ist der Barbier ein Anhänger von Roberto.

Schritt 4: Wir wissen jetzt, daß Roberto ein Anhänger des Barbiers ist (durch Schritt 1) und daß der Barbier seinerseits ein Anhänger von Roberto ist (durch Schritt 3). Daher tragen Roberto und der Barbier an genau den gleichen Tagen Perücken. Aber es war gegeben, daß keine zwei verschiedenen Personen an genau den gleichen Tagen Perücken tragen. Folglich müssen Roberto und der Barbier die gleiche Person sein! Und da Roberto nur rote Perücken trägt, kann der Barbier nur rote Perücken tragen. Also lautet die Antwort auf die Frage *Rot*.

4
Das Geheimnis der Fotografie

Einleitung

Zur besseren Orientierung meiner neuen Leser will ich ein altes Rätsel von mir an den Kapitelanfang stellen.
Angenommen, wir befassen uns – wie in Kapitel 2 – mit zwei Brüdern, von denen einer immer die Wahrheit sagt und der andere immer lügt. Aber jetzt gibt es eine weitere Erschwernis. Der Wahrheitsliebende ist völlig fehlerfrei in all seinen Urteilen; von allen wahren Sätzen weiß er, daß sie wahr sind, und von allen falschen Sätzen weiß er, daß sie falsch sind. Der lügende Bruder hingegen liegt mit all seinen Urteilen völlig falsch; alle wahren Sätze hält er für falsch, alle falschen Sätze hält er für wahr. Nun ist es faktisch so, daß Sie auf alle Fragen, die Sie den Brüdern stellen, von beiden immer die gleiche Antwort hören werden. Nehmen wir beispielsweise an, Sie stellen die Frage, ob zwei plus zwei gleich vier ist. Der Wahrheitsliebende mit den richtigen Antworten wird genau wissen, daß zwei plus zwei gleich vier ist, und wird ehrlich mit Ja antworten. Der Lügner mit den falschen Antworten wird irrtümlicherweise glauben, daß zwei plus zwei *nicht* gleich vier ist, doch dann wird er lügen und behaupten, das Ergebnis *sei* vier, und so wird auch er mit Ja antworten.
Die Situation erinnert mich an einen Vorfall, über den ich einmal in einer Psychiatriezeitschrift gelesen habe und von dem ich in *Wie heißt dieses Buch?* erzählt habe. In einer psychiatrischen Einrichtung berieten die Ärzte darüber, ob sie einen schizophrenen Patienten entlassen sollten. Sie beschlossen, ihn zuerst einem Test mit einem Lügendetektor zu unterziehen. Eine der beiden Fragen, die sie ihm stellten, lautete: »Sind Sie Napoleon?« Er antwortete: »Nein.« Die Maschine zeigte an, daß er log!
Zurück zu meinem Rätsel! Angenommen, die beiden Brüder sind

eineiige Zwillinge, die sich in ihrem Äußeren völlig gleichen. Sie treffen einen der beiden alleine an und wollen wissen, ob Sie den fehlerfreien Wahrheitsliebenden oder den irrenden Lügner vor sich haben. Können Sie die Antwort finden, indem Sie eine beliebige Zahl von Ja/Nein-Fragen stellen? Der einen Argumentation zufolge ist dies nicht möglich, denn welche Frage Sie den beiden auch immer stellen, Sie werden die gleiche Antwort hören (wie ich gezeigt habe). Es gibt jedoch noch eine andere Argumentation (die ich hier noch nicht anführen will), der zufolge dies doch möglich ist. Wie sehen Sie es: Geht es oder geht es nicht?

Die Antwort lautet Ja, es ist möglich; Sie kommen sogar mit nur einer Frage ans Ziel! Sie brauchen nur zu fragen: »Bist du der fehlerfreie Wahrheitsliebende?« Ist er es, so wird er wissen, daß er es ist, da er fehlerfrei ist, und wird ehrlich mit Ja antworten. Doch wenn er der irrende Lügner ist, wird er *glauben*, daß er der fehlerfreie Wahrheitsliebende ist, da seine Annahmen alle falsch sind, und wird über seine Annahme eine Lüge erzählen und mit Nein antworten. Wenn er also mit Ja antwortet, so wissen Sie, daß Sie den fehlerfreien Wahrheitsliebenden vor sich haben; antwortet er mit Nein, so wissen Sie, daß er der irrende Lügner ist.

Aber stehen wir damit nicht vor einem Paradoxon? Einerseits habe ich bewiesen, daß beide Brüder auf die gleiche Frage die gleiche Antwort geben werden, und doch habe ich gerade eine Frage vorgebracht, die sie verschieden beantworten würden! Wie ist das möglich? War mein erster Beweis falsch?

Die Antwort lautet Nein, der Beweis war völlig stichhaltig; in der Tat beantworten beide Brüder die gleiche Frage auf die gleiche Art und geben wirklich die richtige Antwort. Der kritische Punkt ist jedoch, daß die fünf Wörter »Bist du der fehlerfreie Wahrheitsliebende?«, wenn sie an die eine Person gerichtet werden, eine *andere* Frage bedeuten, als wenn sie an eine andere Person gerichtet werden, weil sie den variablen Begriff »Du« enthalten, dessen Bedeutung von der Person abhängig ist, auf die er sich bezieht! Und so stellen Sie in Wirklichkeit nicht zweimal die gleiche Frage, auch wenn die Wortfolge die gleiche ist.

Wörter wie »Du«, »Ich«, »Dies«, »Das« und »Jetzt« werden als »Indexwörter« bezeichnet. Ihre Bedeutungen sind nicht absolut, sondern hängen von ihrem Kontext ab. Von diesem »Indexprinzip« hat Ambrose Bierce in seinem *Aus dem Wörterbuch des Teufels* in ergötzlicher Weise Gebrauch gemacht. Nachdem er das Wort »Ich« definiert hat, fährt er fort: »Die Pluralbildung soll lauten: *wir*; wie es aber sein kann, daß es mehr als ein Ich gibt, ist dem Grammatiker ohne Zweifel klarer als dem Verfasser dieses unvergleichlichen Wörterbuchs.«

Der Fall der vier Brüder

Jetzt haben wir es mit *vier* Brüdern zu tun, die Arthur, Bernhard, Karl und David heißen. Bei den vieren handelt es sich um Vierlinge, die sich in ihrer äußeren Erscheinung völlig gleich sind. Arthur ist ein fehlerfreier Wahrheitsliebender, Bernhard ist ein irrender Wahrheitsliebender (er geht mit all seinen Annahmen völlig fehl, sagt jedoch immer ehrlich, wovon er überzeugt ist); Karl ist ein fehlerfreier Lügner (all seine Annahmen sind richtig, aber er lügt bei jeder davon); und David ist ein irrender Lügner (er geht mit seinen Annahmen fehl und ist außerdem unehrlich; er versucht, Ihnen falsche Informationen zu geben, ist aber außerstande dazu!)
Sie werden schon bemerkt haben, daß Arthur und David alle an sie gerichteten Fragen korrekt beantworten, während Bernhard und Karl auf alle ihnen gestellten Fragen die falsche Antwort geben.

1. Zum Anwärmen

Angenommen, Sie begegnen eines Tages einem der vier Brüder auf der Straße. Sie wollen herausfinden, welchen Vornamen er hat, dürfen aber nur Ja/Nein-Fragen stellen. Welches ist die kleinste Zahl von Fragen, die Sie stellen müssen, und wie lauten sie?

2.

Arthur und Bernhard sind verheiratet, die beiden anderen Brüder nicht. Arthur und Karl sind reich, die beiden anderen Brüder nicht.
Eines Tages begegnen Sie einem der vier und wollen wissen, ob er verheiratet ist. Welche Ja/Nein-Frage würden Sie ihm stellen? Es geht mit einer Drei-Wörter-Frage!

3.

Nehmen wir an, Sie wollten statt dessen erfahren, ob er reich ist. Welche Frage würden Sie stellen?

4.

Einmal traf ich einen der vier Brüder und stellte ihm eine Ja/Nein-Frage. Schon bevor ich sie stellte, hätte ich eigentlich wissen müssen, daß die Frage zwecklos war, denn ich hätte vorher wissen können, wie die Antwort lauten würde. Können Sie mir eine solche Frage nennen?

5.

Angenommen, jemand macht Ihnen folgendes Angebot. Sie sollen einen der vier Brüder interviewen und herauszufinden versuchen, wer er ist. Sie dürfen ihm eine Frage stellen oder auch zwei, aber Sie müssen vorher entscheiden, was davon Sie tun wollen. Wenn Ihre Wahl auf zwei Fragen fällt und Sie seine Identität feststellen, winkt Ihnen ein Preis von fünfhundert Mark. Wenn Sie sich aber für eine Frage entscheiden und seine Identität in Erfahrung bringen können, bekommen Sie fünftausend Mark. Wenn Sie jedoch bei dieser Wahl nach der ersten Frage noch nicht am Ziel sind, dürfen Sie keine zweite stellen.
Wie würden Sie sich vom Standpunkt rein mathematischer Wahrscheinlichkeit entscheiden: Würden Sie eine Frage oder zwei Fragen stellen wollen?

6.

Um die beiden Spezialrätsel 8 und 9, die weiter unten folgen, vorzubereiten, möchte ich ein grundlegendes Prinzip darstellen.
Sie wissen bereits, daß Sie, wenn Sie jedem der vier Brüder die Frage stellen, ob zwei plus zwei gleich vier ist, von Arthur und David als Antwort Ja hören werden und von Bernhard und Karl Nein. Nehmen wir nun an, Sie würden statt dessen fragen: »Glauben Sie, daß zwei plus zwei gleich vier ist?« Was wird jeder von den vieren antworten?

7.

Angenommen, Sie fragen einen der Brüder, ob zwei plus zwei gleich vier ist, und er antwortet mit Nein. Dann fragen Sie ihn, ob er *glaube*, daß zwei plus zwei gleich vier ist, und er antwortet mit Ja. Mit welchem der vier Brüder haben Sie es zu tun?

Zwei Spezialrätsel

8. Ein Metarätsel

Eines Tages traf ein Logiker zufällig einen der vier Brüder und fragte ihn: »Wer bist du?« Der Bruder erklärte, er sei entweder Arthur, Bernhard, Karl oder David, und da wußte der Logiker, wen er vor sich hatte.
Wenige Minuten danach stieß ein zweiter Logiker auf den gleichen Bruder und fragte ihn: »Wer glaubst du zu sein?« Der Bruder antwortete wieder, entweder Arthur, Bernhard, Karl oder David, und der zweite Logiker wußte damit, wer er war.
Wer war es?

9. Das Geheimnis der Fotografie

Wenn Sie die vier Brüder einmal in ihrem Haus besuchen sollten, so wird Ihnen im Wohnzimmer eine Fotografie auffallen, auf der einer der Brüder zu sehen ist. Wenn Sie jeden von ihnen fragen, ob es sein Foto sei, so werden drei mit Nein und einer mit Ja antworten. Wenn Sie jeden einzelnen fragen, ob er *glaube*, daß es sein Foto sei, so werden wieder drei mit Nein und einer mit Ja antworten.
Wessen Fotografie ist es?

Lösungen

1. Zwei Fragen reichen aus, und es gibt viele Möglichkeiten, sie auszuwählen. Hier ist eine Sequenz:
Zuerst fragen Sie den Bruder, den Sie getroffen haben, ob zwei plus zwei gleich vier ist. Wenn er mit Ja antwortet, so wissen Sie, daß er alle Fragen richtig beantwortet und daher Arthur oder David sein muß. Dann fragen Sie ihn einfach, ob er Arthur ist, und orientieren sich an seiner Antwort. Beantwortet er Ihre erste Frage mit Nein, so wissen Sie, daß er alle Fragen falsch beantwortet und somit entweder Bernhard oder Karl sein muß. Dann fragen Sie ihn, ob er Bernhard ist, und orientieren sich an dem Gegenteil dessen, was er antwortet.

2. Um herauszufinden, ob er verheiratet ist, brauchen Sie ihn nur zu fragen: »Bist du reich?« Arthur wird mit Ja antworten, da er reich ist und richtige Antworten gibt; Bernhard wird ebenfalls mit Ja antworten, da er nicht reich ist und falsche Antworten gibt; Karl wird mit Nein antworten, da er reich ist, aber falsche Antworten gibt, und David wird mit Nein antworten, da er nicht reich ist und richtige Antworten gibt. Also wird ein verheirateter Bruder mit Ja antworten und ein unverheirateter mit Nein.

3. Um festzustellen, ob er reich ist, fragen Sie: »Bist du verheiratet?« Wie Sie nachprüfen können, werden Arthur und Karl, die reichen Brüder, mit Ja antworten, und Bernhard und David mit Nein.

4. Die Frage, die ich dummerweise gestellt hatte, lautete: »Bist du entweder Arthur oder David?« Ich hätte wissen müssen, daß alle vier Brüder mit Ja antworten würden, denn wenn er entweder Arthur oder David war, würde er korrekt mit Ja antworten; war er Bernhard oder Karl, würde er falsch mit Ja antworten.

5. Sie fahren besser, wenn Sie sich entscheiden, nur eine Frage zu stellen! Bei der Zwei-Fragen-Wahl können Sie sicher sein, daß Sie die fünfhundert Mark gewinnen, wenn Sie nach dem Lösungsschema für Aufgabe 1 vorgehen; doch bei der Entscheidung für eine Frage haben Sie eine Chance von eins zu vier, fünftausend Mark zu gewinnen. Fragen Sie Ihren Interviewpartner einfach, ob er Bernhard ist. Wenn er Karl ist, wird er mit Ja antworten; die drei anderen werden alle mit Nein antworten, wie Sie überprüfen können. Wenn Sie also als Antwort ein Ja hören, so wissen Sie, daß er Karl ist, und Sie können Ihren Preis fordern. Hören Sie ein Nein, so wissen Sie nicht, welcher der drei anderen er ist, und Sie gehen leer aus. Aber eine Chance von einem Viertel bei fünftausend Mark ist, mathematisch gesehen, eine bessere Gewinnchance als ein sicherer Gewinn von fünfhundert Mark.

6. Bedenken Sie, daß Sie den Bruder fragen, ob er *glaubt,* daß zwei plus zwei gleich vier ist. Arthur würde offenbar mit Ja antworten. Und wie ist es mit Bernhard? Sicher werden viele Leser versucht sein zu sagen, daß Bernhard mit Nein antworten wird, womit sie jedoch falsch liegen. Auch Bernhard würde mit Ja antworten, und hier ist der Grund: Bernhard, der sich immer irrt, glaubt nicht, daß zwei plus zwei gleich vier ist. Aber Bernhard irrt sich mit *all* seinen Annahmen, selbst mit seinen Annahmen über seine eigenen Annahmen! Also wird er fälschlicherweise davon überzeugt sein, daß er *glaubt,* daß zwei plus zwei gleich vier ist! Und als jemand, der die Wahrheit sagt, wird er dann ehrlich behaupten, wovon er überzeugt ist, nämlich, daß er *glaubt,* daß zwei plus zwei gleich vier ist.
Es ist vielleicht etwas einfacher, wenn wir die Situation so sehen: Bernhard glaubt nicht, daß zwei plus zwei gleich vier ist, also ist *Nein* die richtige Antwort auf die Frage. Aber er gibt auf Fragen nur falsche Antworten, und somit antwortet er mit Ja.
Bei Karl sieht der Fall nun anders aus. Karl glaubt tatsächlich, daß zwei plus zwei gleich vier ist, und da er fehlerfrei ist, so glaubt er, daß er glaubt, daß zwei plus zwei gleich vier ist. Da er aber ein Lügner ist, wird er leugnen, daß er glaubt, zwei plus zwei ist vier, und mit Nein antworten.
David glaubt nicht, daß zwei plus zwei gleich vier ist, und er beantwortet alle Fragen richtig, also wird er mit Nein antworten.
Insgesamt stellt es sich so dar, daß die Frage, ob sie *glauben,* daß zwei plus zwei gleich vier ist, von Arthur und Bernhard, den Wahrheitsliebenden, mit Ja beantwortet wird, und von Karl und David, den Lügnern, mit Nein.

7. Nur Bernhard und Karl können leugnen, daß zwei plus zwei gleich vier ist. Nur Arthur und Bernhard können behaupten, daß sie *glauben,* daß zwei plus zwei gleich vier ist, wie wir bei der letzten Aufgabe gesehen haben. Somit ist Bernhard der einzige unter den Brüdern, der auf die erste Frage mit Nein und auf die zweite mit Ja antworten könnte.

8. Wir überlassen es den Lesern, die folgenden vier Fakten zu überprüfen:
1. Arthur, Karl und Bernhard könnten alle behaupten, Arthur zu sein.
2. Nur Karl könnte behaupten, Bernhard zu sein.
3. Nur Bernhard könnte behaupten, Karl zu sein.
4. Bernhard, Karl und David könnten alle behaupten, David zu sein.

Daher hätte der erste Logiker, wenn er als Antwort »Arthur« oder »David« gehört hätte, nicht wissen können, mit welchem Bruder er es zu tun hatte. Da er es jedoch wußte, bestehen folgende Möglichkeiten: Entweder hörte er als Antwort »Bernhard« und wußte, daß der Bruder in Wirklichkeit Karl war, oder er hörte als Antwort »Karl« und wußte, daß der Sprecher in Wirklichkeit Bernhard war. Somit wissen *Sie* jetzt, daß der Bruder entweder Bernhard oder Karl war, aber Sie wissen nicht, welcher von beiden, obwohl der erste Logiker es wußte.

Nun zur Frage des zweiten Logikers. Mit Hilfe von prinzipiellen Überlegungen aus den letzten beiden Aufgaben sollte der Leser in der Lage sein, die folgenden vier Fakten zu überprüfen:
1. Arthur, Karl und David könnten alle behaupten zu *glauben*, sie seien Arthur.
2. Bernhard, Karl und David könnten alle behaupten zu glauben, sie seien Bernhard.
3. Nur David könnte behaupten zu glauben, er sei Karl.
4. Nur Karl könnte behaupten zu glauben, er sei David.

Es gibt also nur zwei Möglichkeiten, wie der zweite Logiker die Identität des Bruders hätte feststellen können: Entweder lautete die Antwort »Karl«, und er wußte damit, daß der Sprecher David war, oder die Antwort hieß »David«, und er wußte, daß der Sprecher Karl war. Wir wissen bereits, daß er nicht David ist, denn er ist entweder Bernhard oder Karl, also muß er Karl sein.

9. Wie die Leser nachprüfen können, werden, wenn das Foto von Arthur ist, drei der Brüder, nämlich Arthur, Bernhard und Karl, auf die erste Frage mit Ja antworten, folglich ist das Foto nicht von Arthur. Wäre es von David, würden Sie wieder drei Ja-Antworten auf die erste Frage bekommen, und zwar von Bernhard, Karl und David, folglich ist das Bild auch nicht von David. Bei Bernhards Foto würden Sie drei Nein-Antworten bekommen, nämlich von Arthur, Bernhard und David, bei Karls Foto wären es ebenfalls drei Nein-Antworten, die von Arthur, Karl und David kämen. Und so ergibt sich aus der Tatsache, daß drei der Antworten auf die erste Frage »Nein« lauten, daß das Foto Bernhard oder Karl zeigen muß.

Nun zur zweiten Frage. Wäre das Bild von Bernhard, würden Sie nur einmal Nein als Antwort hören, und zwar von Arthur; bei Karls Bild jedoch würden Sie dreimal Nein als Antwort hören, nämlich von Arthur, Bernhard und Karl. Also ist die Fotografie von Karl.

5
Ungewöhnliche Ritter und Schurken

Meine älteren Rätselbücher – *Wie heißt dieses Buch?*, *Dame oder Tiger?* und *Alice im Rätselland* – enthalten zahlreiche Rätsel über eine Insel, auf der jeder Einwohner entweder ein Ritter oder ein Schurke ist, wobei Ritter nur wahre Aussagen machen, Schurken dagegen nur falsche. Es hat sich gezeigt, daß diese Rätsel sehr beliebt sind, und ich will in diesem Kapitel ein paar neue vorstellen. Vorher jedoch wollen wir uns fünf Fragen ansehen, die sich sowohl eignen als Einführung in die Logik der Ritter und Schurken für die Leser, die damit noch nicht vertraut sind, als auch als kurzer Auffrischungskurs für Leser, die sich schon auskennen. Die Antworten folgen im Anschluß an die fünfte Frage.

Frage 1: Kann es auf dieser Insel einen Einwohner geben, der behaupten kann, ein Schurke zu sein?

Frage 2: Kann es einen Inselbewohner geben, der behaupten kann, er und sein Bruder seien beide Schurken?

Frage 3: Angenommen, ein Einwohner A sagt über sich und seinen Bruder B: »Mindestens einer von uns ist ein Schurke.« Zu welchem Typ gehört A, und zu welchem Typ gehört B?

Frage 4: Angenommen, A würde statt dessen sagen: »Genau einer von uns ist ein Schurke.« Welche Schlüsse kann man über A ziehen, und welche Schlüsse kann man über B ziehen?

Frage 5: Angenommen, A würde statt dessen sagen: »Mein Bruder und ich gehören zum gleichen Typ; wir sind entweder beide Ritter oder beide Schurken.« Was könnte man dann über A und B schließen? Angenommen, A hätte statt dessen gesagt: »Mein Bruder und ich gehören verschiedenen Typen an.« Was kann man in dem Fall schließen?

Antwort 1: Nein; kein Einwohner kann behaupten, ein Schurke zu sein, weil kein Ritter lügen und sagen würde, er sei ein Schurke, und kein Schurke würde wahrheitsgemäß zugeben, ein Schurke zu sein.

Antwort 2: Über diese Frage hat es viele Debatten gegeben! Manche behaupten, daß jeder, der sagt, er und sein Bruder seien beide Schurken, zweifellos behauptet, ein Schurke zu sein, was nicht möglich ist, wie wir in der Antwort auf Frage 1 gesehen haben. Daher, so folgern sie, kann kein Einwohner behaupten, er und sein Bruder seien beide Schurken.

Diese Folgerung ist falsch! Nehmen wir an, ein Einwohner A ist ein Schurke und sein Bruder B ein Ritter. Dann ist es *falsch*, daß er und sein Bruder beide Schurken sind, folglich ist er, als ein Schurke, sehr wohl in der Lage, diese falsche Aussage zu machen. Somit *ist* es für einen Einwohner möglich zu behaupten, daß er und sein Bruder beide Schurken sind, doch nur, wenn er selbst ein Schurke und sein Bruder ein Ritter ist.

Dies illustriert ein seltsames Prinzip in der Logik der Lügner und Wahrheitsliebenden: Normalerweise gilt, daß, wenn ein wahrheitsliebender Mensch erklärt, daß von zwei Aussagen beide wahr sind, er damit sicher behaupten will, daß jede der Aussagen, für sich genommen, wahr ist. Bei einem konsequenten Lügner sieht die Sache jedoch anders aus. Nehmen wir die folgenden beiden Aussagen: (1) Mein Bruder ist ein Schurke; (2) Ich bin ein Schurke. Ein Schurke könnte behaupten, daß (1) und (2) zusammen *beide* wahr sind, vorausgesetzt, sein Bruder ist in Wirklichkeit ein Ritter, aber er kann nicht behaupten, daß (1) und (2) für sich genommen wahr sind, da er nicht (2) behaupten kann. Wiederum könnte ein Schurke sagen: »Ich bin ein Schurke, und zwei plus zwei ist fünf«, aber er kann nicht die voneinander unabhängigen Aussagen machen: (1) »Ich bin ein Schurke.« (2) »Zwei plus zwei ist fünf.«

Antwort 3: A sagt, daß zumindest einer von A und B ein Schurke ist. Wäre A ein Schurke, so würde es stimmen, daß mindestens einer von A und B ein Schurke ist, und wir hätten es mit einem Schurken zu tun, der eine wahre Aussage macht, was nicht möglich ist. Folglich muß A ein Ritter sein. Da er ein Ritter ist, ist seine Aussage wahr, folglich ist mindestens einer tatsächlich ein Schurke. Dann ist es B, der der Schurke sein muß. Also ist A ein Ritter und B ein Schurke.

Antwort 4: A sagt, daß *genau* eine der Personen A und B ein Schurke ist. Wenn A ein Ritter ist, so ist seine Aussage wahr, genau einer ist ein Schurke, also ist B ein Schurke. Wenn A ein Schurke ist, so ist seine Aussage falsch, folglich muß wieder B ein Schurke sein, denn wäre B ein Ritter, dann *wäre* es wahr, daß genau einer ein Schurke ist! Also ist unabhängig davon, ob A ein Ritter oder ein Schurke ist, B ein Schurke.

Was A betrifft, so läßt sich sein Typ nicht bestimmen; er könnte sowohl Ritter als auch Schurke sein.

Antwort 5: Wäre B ein Schurke, so würde kein Einwohner behaupten, zum gleichen Typ wie B zu gehören, denn das würde der Behauptung gleichkommen, ein Schurke zu sein. Also muß B ein Ritter sein, denn A *hat* behauptet, zum gleichen Typ wie B zu gehören. Was A betrifft, so könnte er entweder ein Ritter oder ein Schurke sein.

Hätte A statt dessen gesagt, er und B seien *verschiedene* Typen, so würde dies der Aussage gleichkommen »Einer von uns ist ein Ritter, und einer von uns ist ein Schurke«, was wiederum soviel heißt wie »Genau einer von uns ist ein Schurke«. Dies entspricht im Grunde Frage 4, und so lautet die Antwort, daß B ein Schurke ist, und As Zugehörigkeit ist unbestimmt.

Anders gesehen, wäre B ein Ritter, so würde kein Einwohner behaupten, ein *anderer* Typ zu sein als B!

Nachdem wir nun einen Überblick haben, kann der Spaß losgehen!

Die Suche nach Arthur York

1. Die erste Verhandlung

Inspektor Craig von Scotland Yard – von dem in diesem Buch noch viel zu lesen sein wird – wurde zur Insel der Ritter und Schurken gerufen, um bei der Suche nach einem Verbrecher namens Arthur York zu helfen. Was den Fall komplizert machte, war, daß man nicht wußte, ob Arthur York ein Ritter oder ein Schurke war.

Ein Verdächtiger wurde verhaftet und vor Gericht gestellt. Inspektor Craig leitete als Richter die Verhandlung. Hier ist ein Protokoll von der Verhandlung:

Craig: Was wissen Sie von Arthur York?
Angeklagter: Arthur York hat einmal behauptet, ich sei ein Schurke.
Craig: Sind Sie vielleicht zufällig Arthur York?
Angeklagter: Ja.

Ist der Angeklagte Arthur York?

2. Die zweite Verhandlung

Ein anderer Verdächtiger wurde verhaftet und vor Gericht gestellt. Hier ist ein Protokoll von der Verhandlung:
Craig: Der letzte Verdächtige war ein seltsamer Vogel; er hat doch tatsächlich behauptet, er sei Arthur York! Haben *Sie* jemals behauptet, Arthur York zu sein?
Angeklagter: Nein.
Craig: Haben Sie jemals behauptet, *nicht* Arthur York zu sein?
Angeklagter: Ja.
Craigs erste Vermutung war, daß der Angeklagte nicht Arthur York war, aber kann er einen Freispruch hinreichend begründen?

3. Die dritte Verhandlung

»Geben Sie die Hoffnung nicht auf«, sagte Craig zu dem Chef der Inselpolizei, »vielleicht finden wir unseren Mann doch noch!«
Wenig später wurde ein dritter Verdächtiger festgenommen und vor Gericht gestellt. Er brachte seinen Anwalt mit, und beide machten vor Gericht folgende Aussagen:
Anwalt: Mein Klient ist tatsächlich ein Schurke, aber er ist nicht Arthur York.
Angeklagter: Mein Anwalt sagt immer die Wahrheit!
Reichen die Aussagen, um den Angeklagten entweder freizusprechen oder für schuldig zu erklären?

Ungewöhnliche Ritter und Schurken

Die Rätsel in diesem Abschnitt unterscheiden sich sehr von all meinen früheren Rätseln über Ritter und Schurken.

4. Mein erstes Erlebnis

Inspektor Craig verließ die Insel kurze Zeit, nachdem er den Fall des Arthur York gelöst hatte. Zwei Tage danach kam ich – auf der Suche nach Abenteuern – dort an.
Am Tag meiner Ankunft traf ich einen Inselbewohner und fragte ihn: »Sind Sie ein Ritter oder ein Schurke?« Verärgert gab er zurück: »Ich verweigere die Antwort!« und ging davon. Ich habe nie wieder etwas von ihm gehört oder gesehen.
War er ein Ritter oder ein Schurke?

5. Mein zweiter Tag

Am nächsten Tag traf ich einen Insulaner, der eine bestimmte Aussage machte. Ich überlegte einen Augenblick und sagte dann: »Wissen Sie, wenn Sie diese Aussage nicht gemacht hätten, hätte ich es glauben können! Bevor Sie das sagten, hatte ich keine Vorstellung davon, ob es stimmt oder nicht, und ich wußte auch vorher nichts darüber, daß Sie ein Schurke sind. Doch nachdem Sie das jetzt gesagt haben, weiß ich, daß es falsch sein muß und daß Sie ein Schurke sind.«
Fällt Ihnen eine Aussage ein, die diese beiden Bedingungen erfüllen kann? Bedenken Sie: Mit der Aussage »Zwei plus zwei ist fünf« geht es nicht; von dieser Aussage wüßte ich schon, daß sie falsch ist, bevor er sie macht.

6. Der nächste Tag

Am nächsten Tag traf ich einen Insulaner, der mir erzählte: »Mein Vater hat einmal gesagt, daß er und ich verschiedenen Typen angehören, einer ist ein Ritter und der andere ein Schurke.«
Kann sein Vater das wirklich gesagt haben?

7. Der nächste Tag

Am nächsten Tag war ich in einer recht leichtsinnigen Laune. Ich begegnete einem Insulaner und fragte ihn: »Beantworten Sie Fragen überhaupt jemals mit Nein?« Er antwortete mir – das heißt, er sagte entweder Ja oder Nein –, und ich wußte genau, ob er ein Ritter oder ein Schurke war. Was war er?

Die Idee zu dem letzten Rätsel kam mir, nachdem ich von dem Mathematiker Stanislaw Ulam die folgende Geschichte gehört hatte. Ulam verstand sie als Paradoxon. Es ist eine wahre Geschichte und handelt von einem früheren Präsidenten der USA.
Professor Ulam verfolgte im Fernsehen, wie dieser Präsident am Tag seiner Amtsübernahme zu seinem Kabinett sprach. Er sagte zu ihnen in veröchtlichem Ton: »Ihr seid doch nicht alle Jasager?« Alle antworteten feierlich: »Neiiiin!«
Es sieht also so aus, als ob jemand nicht unbedingt mit Ja antworten muß, um ein Jasager zu sein! In diesem Zusammenhang fällt mir eine Karikatur ein, die mir ein Leser zugeschickt hat. Es ist die Zeichnung von einem Unternehmer, der wie ein harter Bursche aussieht und zu seiner Angestellten, die eher den Eindruck eines Lämmchens macht, sagt: »Ich hasse Jasager, Jenkins; Sie nicht auch?«

8. Der Soziologe

Am nächsten Tag traf ich einen Soziologen, der die Insel besuchte. Er berichtete folgendes:
»Ich habe alle Bewohner dieser Insel befragt und folgende merkwürdige Beobachtung gemacht: Zu jedem Bewohner X gibt es mindestens einen Bewohner Y, wobei gilt, daß Y behauptet, daß X und Y beide Schurken sind.«
Kann man seinem Bericht glauben?

9. Mein letztes Erlebnis

Mein letztes Erlebnis auf der Insel bei dieser Reise war recht seltsam. Ich traf einen Insulaner, der sagte: »Dies ist nicht das erste Mal, daß ich sage, was ich jetzt sage.«
Hatte ich einen Ritter oder einen Schurken vor mir?

Lösungen

1. Wenn der Angeklagte Arthur York ist, erhalten wir folgenden Widerspruch. Angenommen, er ist Arthur York. Dann ist er ein Ritter, da er ausgesagt hat, er wäre Arthur York. Das würde bedeuten, daß auch seine erste Antwort an Craig der Wahrheit entsprach, was bedeutet, daß er, Arthur York, einmal gesagt hat, er sei ein Schurke. Doch das kann nicht sein! Also ist der Angeklagte nicht Arthur York, obwohl er natürlich ein Schurke ist.

2. Der Angeklagte ist entweder ein Ritter oder ein Schurke. Angenommen, er ist ein Ritter. Dann sind seine Antworten beide wahr; speziell stimmte seine zweite Antwort, also hat er einmal behauptet, nicht Arthur York zu sein. Seine Behauptung entsprach der Wahrheit, da er ein Ritter ist; folglich ist er nicht Arthur York. Damit ist bewiesen, daß er, wenn er ein Ritter ist, nicht Arthur York ist.
Angenommen, er ist ein Schurke. Dann waren seine Antworten beide Lügen; insbesondere war seine erste Antwort eine Lüge, was bedeutet, daß er *tatsächlich* einmal behauptet hat, Arthur York zu sein. Da er jedoch ein Schurke ist, hat er gelogen, als er behauptete, Arthur York zu sein, folglich ist er nicht Arthur York. Damit haben wir bewiesen, daß er, wenn er ein Schurke ist, nicht Arthur York ist.
Wir sehen also, daß er unabhängig davon, ob er ein Ritter oder ein Schurke ist, nicht Arthur York sein kann. Also wurde er freigesprochen. Übrigens läßt sich nicht feststellen, ob er ein Ritter oder ein Schurke ist.

3. Es war sehr unklug von dem Angeklagten, diese Aussage zu machen! Von allen falschen Aussagen, die er hätte machen können, hat er ausgerechnet die ausgesucht, mit der er sich am meisten belastet. Aus folgenden Gründen muß der Angeklagte Arthur York sein:
Angenommen, der Anwalt ist ein Ritter. Dann ist seine Aussage wahr, was bedeutet, daß der Angeklagte ein Schurke ist. Folglich ist die Aussage des Angeklagten falsch, was bedeutet, daß der Anwalt ein Schurke ist. Wenn also der Anwalt ein Ritter ist, ist er gleichfalls ein Schurke, was unmöglich ist. Also kann der Anwalt kein Ritter sein; er muß ein Schurke sein. Es folgt dann, daß der Angeklagte ebenfalls ein Schurke ist, da er fälschlicherweise erklärt hat, sein Anwalt sage immer die Wahrheit. Und so wissen wir nun, daß beide, Anwalt und Angeklagter, Schurken sind.

Wäre der Angeklagte nicht Arthur York, so würde stimmen, daß der Angeklagte ein Schurke, nicht aber Arthur York ist, folglich hätte der Anwalt eine wahre Aussage gemacht. Der Anwalt ist jedoch ein Schurke und kann keine wahre Aussage machen! Also muß der Angeklagte Arthur York sein.

4. Er sagte, er würde mir die Antwort verweigern, und – weiß Gott – er hat sie verweigert! Also hat er die Wahrheit gesagt; folglich war er ein Ritter.

5. Es gibt viele mögliche Aussagen, die die Bedingungen erfüllen. Was tatsächlich passierte, war folgendes:
Bevor er redete, hatte ich keine Vorstellung, ob er ein Ritter oder ein Schurke war, noch konnte ich wissen, ob er reich war oder nicht. Doch dann sagte er: »Ich bin ein reicher Schurke.« Ein Ritter könnte niemals sagen, daß er ein reicher Schurke ist, also konnte ich mir darüber im klaren sein, daß er ein Schurke sein mußte, jedoch kein reicher.
Ein Oberschüler hat mir einmal eine gute Lösungsalternative vorgeschlagen: »Ich bin stumm.«

6. Hätte er nicht *gesagt,* sein Vater hätte einmal gesagt, sie gehörten verschiedenen Typen an, so hätte es sein können, daß sein Vater dies gesagt hat. Doch nehmen wir an, der Vater hätte dies tatsächlich gesagt. Dann muß der Vater ein Ritter und der Sohn ein Schurke sein – vergleiche Frage 5 und ihre Antwort am Beginn des Kapitels –, und daher hätte der Sohn niemals wahrheitsgemäß gesagt, daß sein Vater dies gesagt hat.
Übrigens ist die Aussage »Mein Vater hat einmal gesagt, daß er und ich verschiedenen Typen angehören« eine weitere Lösungsmöglichkeit für Aufgabe 5.

7. Hätte er mit Ja geantwortet, so hätte ich geschlossen, daß er *wahrscheinlich* ein Ritter war. Aber er antwortete mit Nein, und so wußte ich mit Sicherheit, daß er ein Schurke war, denn er antwortete gerade mit Nein und bestritt somit zu Unrecht, daß er überhaupt jemals mit Nein geantwortet hat!

8. Wenn der Bericht stimmt, erhalten wir folgenden Widerspruch. Zu jedem X gibt es einen Y, der behauptet, daß X und Y beide Schurken sind. Nun besteht die einzige Möglichkeit, daß Y behaupten kann, X und Y seien beide Schurken, darin, daß Y ein Schurke ist und X ein Ritter. Folglich muß jeder Einwohner X der Insel ein Ritter sein. Doch zu jedem Einwohner X gibt es mindestens einen Einwohner Y, der ein Schurke ist, da er behauptet, X und Y seien beide Schurken. Also gibt es mindestens einen Schurken Y auf der Insel, und das steht im Widerspruch zu der bereits bewiesenen Tatsache, daß alle Einwohner Ritter sind.

9. Die Aussage des Insulaners bedeutet dem Sinne nach, daß er eben diese Aussage schon zu einem früheren Zeitpunkt gemacht hat. Angenommen, er ist ein Ritter. Dann hat er diese Aussage tatsächlich früher schon einmal gemacht – sagen wir, es war gestern. Wenn er die Aussage gestern gemacht hat, war er auch dann ein Ritter, also stimmte seine Aussage, was bedeutet, daß er die gleiche Aussage schon zu einem früheren Zeitpunkt gemacht hat – sagen wir, es war vorgestern. Wir kommen so zu einem unendlichen Regreß; der Insulaner kann nur dann ein Ritter sein, wenn er in der Vergangenheit schon unbegrenzte Zeit gelebt hat. Deshalb ist er in Wirklichkeit ein Schurke.
Wir können die Aufgabe auch auf folgende Weise angehen (was für einige Leser einfacher sein wird): Da der Insulaner die Aussage schon früher gemacht hat, muß es ein erstes Mal gegeben haben, wo er sie gemacht hat. Als er sie zum erstenmal gemacht hat, war sie offenbar falsch, folglich ist er ein Schurke (und er kann die gleiche Aussage nie wieder machen, denn dann wäre sie wahr).

6
Tagesritter und Nachtritter

Wir werden in einem späteren Kapitel auf die Insel der Ritter und Schurken zurückkehren. In der Zwischenzeit möchte ich von einem ebenso merkwürdigen Ort namens Subterranien erzählen, einer Stadt, die völlig unter der Erde liegt und deren Einwohner niemals das Tageslicht gesehen haben. Jede Art von Uhr oder Zeitmesser ist streng verboten. Doch die Einwohner haben ein untrügliches Zeitgefühl; sie wissen immer, wann Tag und wann Nacht ist. Jeder Einwohner gehört einem von zwei Typen an – *Tagesrittern* oder *Nachtrittern*. Die Tagesritter sagen am Tag die Wahrheit und lügen nachts; die Nachtritter sagen nachts die Wahrheit und lügen am Tag.
Die Stadt ist für Besucher zugänglich, aber natürlich dürfen sie keinerlei Zeitmesser mitbringen. Jedem Besucher der Stadt passiert es zwangsläufig, daß er seine Orientierung verliert; nach wenigen Tagen verliert er jedes Gefühl dafür, ob es Tag oder Nacht ist.

1. Wie viele Fragen?

Angenommen, Sie besuchen diese Stadt und haben nach wenigen Tagen keinerlei Zeitgefühl mehr. Einmal wollen Sie wissen, ob es Tag oder Nacht ist. Sie begegnen einem der Stadtbewohner und dürfen ihm so viele Fragen stellen, wie Sie wollen, aber Sie dürfen nur Fragen stellen, die mit Ja oder Nein zu beantworten sind. Welches ist die kleinste Anzahl von Fragen, die Sie stellen müssen, wenn Sie herausfinden wollen, ob es Tag oder Nacht ist?

2.

Angenommen, Sie wollen diesmal nicht wissen, ob es Tag oder Nacht ist, sondern wollen feststellen, ob der Einwohner, mit dem Sie gerade sprechen, ein Tagesritter oder ein Nachtritter ist. Welches ist die kleinste Anzahl von Fragen, die Sie stellen müssen?

3.

Als ich diese Stadt besuchte, hatte auch ich nach ein paar Tagen kein Zeitgefühl mehr. Einmal traf ich einen Einwohner, der eine Aussage machte. Bevor er etwas sagte, wußte ich nicht, ob er ein Tagesritter oder ein Nachtritter war oder ob es Tag oder Nacht war. Nachdem er die Aussage gemacht hatte, wußte ich, daß er ein Tagesritter war und daß gerade Nacht war. Finden Sie eine passende Aussage?

4.

Bei einer anderen Gelegenheit traf ich einen Einwohner, der eine Aussage machte, aus der ich schließen konnte, daß er ein Tagesritter war und daß gerade Tag war. Mit welcher Aussage geht das?

5.

Ein andermal begegnete ich einem Einwohner, der sagte: »In den Tagesstunden behaupte ich, daß gerade Nacht ist.«
War es Tag oder Nacht, als er das sagte?

6.

Bei einer anderen Gelegenheit sagte ein Einwohner zu mir: »Tagsüber behaupte ich, ein Nachtritter zu sein. In Wirklichkeit bin ich ein Tagesritter.«
Ich war sehr froh über diese Aussage, weil ich daraufhin sowohl seinen Typ bestimmen als auch ausmachen konnte, ob gerade Tag oder Nacht war. Wie lautet die Lösung? *Anmerkung:* Bei dieser Aufgabe mache ich, wie bei allen anderen in diesem Kapitel, die Annahme, daß es im Verlauf der Unterhaltung nicht zu einem Wechsel von Tag zu Nacht oder von Nacht zu Tag kommt.

7.

Einmal sagte ein Einwohner: »Ich bin ein Nachtritter, und es ist gerade Tag.« War er ein Tagesritter oder ein Nachtritter? War gerade Tag oder Nacht?

8.

Ein andermal stellte ich einem Einwohner zwei Fragen: »Sind Sie ein Tagesritter?« und »Ist jetzt Tag?« Er antwortete: »Ja ist die richtige Antwort auf mindestens eine Ihrer Fragen.«
War er ein Tagesritter oder ein Nachtritter? War gerade Tag oder Nacht?

9.

Einmal stellte ich einem Einwohner die Frage: »Stimmt es, daß Sie vor zwölf Stunden behauptet haben, ein Nachtritter zu sein?« Er antwortete: »Nein.« Daraufhin stellte ich eine andere Frage: »Haben Sie vor zwölf Stunden behauptet, ein Tagesritter zu sein?« Er antwortete: »Ja.«
War er ein Tagesritter oder ein Nachtritter? *Anmerkung:* Ich mache hier natürlich die Annahme, daß zwölf Stunden den Unterschied zwischen Tag und Nacht ausmachen.

Doppelte Schwierigkeiten

Die nächsten Probleme, auf die ich stieß, waren eine noch größere Herausforderung.

10. Zwei Brüder

Einmal traf ich zwei Brüder A und B. Mir war nicht bekannt, welchem Typ die beiden angehörten, ja, ich wußte nicht einmal, ob sie Vertreter des gleichen Typs waren. Auch wußte ich nicht, ob zu dem Zeitpunkt gerade Tag oder Nacht war. Sie äußerten folgendes:
A: Mindestens einer von uns ist ein Tagesritter.
B: A ist ein Nachtritter.
Daraufhin wußte ich, welchem Typ jeder der beiden angehörte und ob gerade Nacht oder Tag war. Wie lautet die Lösung?

11.

Bei einer anderen Gelegenheit traf ich zwei Einwohner A und B, die folgende Aussagen machten:
A: Wir sind beide Tagesritter.
B: Das stimmt nicht!
Wem sollte ich glauben?

12.

Mit einem der Einwohner – Jim Hawkins –, von dem ich wußte, daß er ein Tagesritter war, habe ich mich schließlich angefreundet. Einmal erzählte er mir, er hätte vor einiger Zeit zufällig ein Gespräch zwischen zwei Einwohnern A und B mit angehört, in dem A sagte, B sei ein Tagesritter, und B sagte, A sei ein Nachtritter.
Erzählte Jim mir dies tagsüber oder nachts?

13. Ein Metarätsel

Auch Inspektor Craig von Scotland Yard besuchte diese Stadt. Wie jeder Besucher hatte er nach einigen Tagen sein Zeitgefühl verloren. Einmal wollte er wissen, ob gerade Tag oder Nacht war. Er traf ein Ehepaar, aber er wußte nicht, ob die beiden vom gleichen Typ waren oder verschiedenen Typen angehörten. Einer der beiden sagte: »Wir gehören beide zu verschiedenen Typen; einer von uns ist ein Tagesritter, und einer ist ein Nachtritter.« Inspektor Craig dachte darüber

nach und sagte: »Was ich eigentlich wissen möchte, ist, ob wir gerade Tag oder Nacht haben. Was haben wir?« Einer der beiden sagte: »Jetzt ist Tag.« Damit wußte Inspektor Craig, ob Tag oder Nacht war.
Wissen Sie es auch?

Lösungen

1. Es gibt ein allgemeines Prinzip, das sich für viele derartige Aufgaben als nützlich erweist. Danach behaupten tagsüber alle Einwohner, Tagesritter zu sein, und nachts behaupten alle, Nachtritter zu sein. Das ist richtig, weil ein Tagesritter tagsüber ehrlich ist und wahrheitsgemäß zugeben wird, ein Tagesritter zu sein, während ein Nachtritter lügen und gleichfalls behaupten wird, ein Tagesritter zu sein. In der Nacht wird ein Nachtritter wahrheitsgemäß erklären, er sei ein Nachtritter, und ein Tagesritter wird zu Unrecht behaupten, er sei ein Nachtritter.
Also brauchen Sie, um herauszufinden, ob gerade Tag oder Nacht ist, nur eine Frage zu stellen: Sind Sie ein Tagesritter? Lautet die Antwort Ja, so ist gerade Tag; lautet die Antwort Nein, ist es gerade Nacht.

2. Ein anderes nützliches Prinzip ist, daß Tagesritter immer behaupten, es sei Tag, und Nachtritter immer behaupten, es sei Nacht. Das erklärt sich daraus, daß ein Tagesritter tagsüber wahrheitsgemäß sagen wird, daß Tag ist, und nachts fälschlicherweise behaupten wird, es sei Tag. Anderseits werden Nachtritter tagsüber zu Unrecht behaupten, es sei Nacht, und in der Nacht werden sie wahrheitsgemäß mitteilen, daß Nacht ist.
Wenn Sie also feststellen wollen, ob jemand ein Tagesritter oder ein Nachtritter ist, fragen Sie ihn einfach, ob gerade Tag ist. Antwortet er mit Ja, ist er ein Tagesritter; lautet die Antwort Nein, ist er ein Nachtritter.

3. und **4.** Die Lösungen ergeben sich im Zusammenhang mit einigen der folgenden Aufgaben.

5. Tagsüber sagt er, daß er lügt oder – was auf dasselbe hinausläuft – daß er ein Nachritter ist. Also muß, als er das sagte, gerade Nacht gewesen sein.

6. Die erste Aussage des Bewohners war einfach eine Lüge. Keiner wird jemals tagsüber behaupten, ein Nachtritter zu sein, wie ich in der Lösung zu Aufgabe 1 erklärt habe. Also log er zu dem Zeitpunkt, das heißt, seine zweite Aussage war auch eine Lüge. Daher ist er in Wirklichkeit ein Nachtritter. Da er ein Nachtritter ist und zu dem Zeitpunkt gelogen hat, muß gerade Tag gewesen sein.

7. Angenommen, seine Aussage wäre wahr. Dann wäre er tatsächlich ein Nachtritter, und es wäre wirklich Tag, aber Nachtritter sagen tagsüber nicht die Wahrheit. Also muß seine Aussage falsch gewesen sein. Folglich hat er gelogen, doch da er kein Nachtritter ist, der die Aussage tagsüber gemacht hat, muß es so sein, daß er ein Tagesritter ist und es gerade Nacht war.
Übrigens haben wir damit eine Lösung für Aufgabe 3.

8. Tatsächlich behauptet er, daß er entweder ein Tagesritter ist oder daß gerade Tag ist und vielleicht auch beides. Angenommen, seine Aussage wäre falsch. Dann ist er weder ein Tagesritter, noch ist gerade Tag; das heißt, daß er ein Nachtritter ist und gerade Nacht ist. Aber Nachtritter machen nachts keine falschen Aussagen, also ist es widersprüchlich anzunehmen, daß seine Aussage falsch war. Somit war seine Aussage wahr. Folglich ist er ein Tagesritter, oder es ist Tag. Wenn die erste Alternative zutrifft – das heißt, wenn er ein Tagesritter ist –, dann muß Tag sein, denn Tagesritter sagen nur tagsüber die Wahrheit. Wenn die zweite Alternative zutrifft – das heißt, es ist gerade Tag –, dann muß er ein Tagesritter sein, denn nur Tagesritter sagen tagsüber die Wahrheit. Also impliziert jede der Alternativen die andere, und das bedeutet, daß er ein Tagesritter ist *und* gerade Tag ist.
Im übrigen liefert uns dies eine Lösung für Aufgabe 4; er hätte sagen können: »Ich bin ein Tagesritter, oder es ist jetzt Tag.« Eine ebenso gültige Lösung ist: »Wenn ich ein Nachtritter bin, dann ist jetzt Tag.«

9. Seine Antworten waren entweder beide wahr oder beide gelogen.
Fall 1: Beide Antworten waren wahr. Dann war seine zweite Antwort wahr, also hat er zwölf Stunden vorher tatsächlich behauptet, ein Tagesritter zu sein. Vor zwölf Stunden hat er gelogen, da er jetzt die Wahrheit sagt, folglich ist er wirklich ein Nachtritter.
Fall 2: Beide Antworten waren Lügen. Dann war seine erste Antwort

eine Lüge, also *hat* er vor zwölf Stunden behauptet, ein Nachtritter zu sein. Da er zu dem Zeitpunkt die Wahrheit gesagt hat, ist er ein Nachtritter.

In jedem Fall ist er ein Nachtritter. Nicht bestimmen läßt sich, ob seine Antworten ehrlich oder gelogen waren.

10. Wenn es Nacht ist, erhalten wir folgenden Widerspruch: Angenommen, B sagt die Wahrheit. Dann ist A tatsächlich ein Nachtritter, folglich sagt A die Wahrheit, da gerade Nacht ist, was bedeutet, daß mindestens einer von ihnen ein Tagesritter ist, folglich muß B der Tagesritter sein, und damit haben wir den unmöglichen Fall eines Tagesritters, der nachts die Wahrheit sagt. Nehmen wir anderseits an, daß B lügt. Dann ist A tatsächlich ein Tagesritter, folglich ist seine Aussage wahr, das heißt, mindestens einer von ihnen ist ein Tagesritter, was bedeutet, daß A, ein Tagesritter, nachts die Wahrheit sagt. Das ist gleichfalls unmöglich. Daher wissen wir mit Sicherheit, daß gerade Tag ist.

Könnte B ein Tagesritter sein? Wäre er das, so würde er gerade die Wahrheit sagen, denn es ist Tag, folglich wäre A ein Nachtritter, doch dann wäre seine Aussage wahr, da mindestens einer von ihnen – nämlich B – ein Tagesritter ist, was bedeutet, daß A, ein Nachtritter, am Tag eine wahre Aussage macht. Also kann B kein Tagesritter sein; er muß ein Nachtritter sein. Dann ist, da gerade Tag ist, seine Aussage falsch, folglich ist A tatsächlich ein Tagesritter.

Und so lautet die Lösung, daß A ein Tagesritter ist, B ist ein Nachtritter, und es ist gerade Tag.

11. Diese Aufgabe ist ganz einfach: Würde A die Wahrheit sagen, so wären beide Tagesritter; B wäre von gleichem Typ wie A und hätte A nicht widersprochen. Also lügt A, und B sagt die Wahrheit.

12. Aus folgenden Gründen kann Jims Geschichte nicht wahr sein. Angenommen, A und B machen ihre Aussagen tagsüber. Wenn A ein Tagesritter ist, dann sagt er die Wahrheit, folglich ist B ein Tagesritter und seine Aussage ist wahr; doch B hat gesagt, A sei ein Nachtritter, also kann Bs Aussage nicht wahr sein. Das ist ein Widerspruch. Wenn A hingegen ein Nachtritter ist, dann lügt A, was bedeutet, daß B ein Nachtritter ist. Doch da A ein Nachtritter ist, ist die Aussage von B wahr, was bedeutet, daß B, ein Nachtritter, am Tag die Wahrheit gesagt hat. Damit ist bewiesen, daß die Äußerungen von A und B nicht am Tag gemacht worden sein können. Eine entsprechende Argumentation, die sich meine Leser selbst überlegen können, zeigt, daß A und B diese Äußerungen auch nicht nachts hätten machen können. Folglich war Jims Geschichte einfach falsch. Da Jim ein Tagesritter ist, muß er mir diese Geschichte in der Nacht erzählt haben.

13. A sei die Person – der Mann oder die Frau, je nachdem –, die erklärt hat, ihr Ehepartner B gehöre nicht zum gleichen Typ wie A. Wäre As Aussage wahr, so war A zu dem Zeitpunkt im Zustand der Ehrlichkeit, und B war tatsächlich ein anderer Typ als A, folglich war B im Zustand des Lügens. Wäre As Aussage falsch, so war A im Zustand des Lügens, B gehörte in Wirklichkeit dem gleichen Typ an wie A, und wieder mußte B im Zustand des Lügens sein. Somit konnte Craig aus As Aussage schließen, daß B im Zustand des Lügens war, aber Craig konnte nicht wissen, ob A im Zustand der Ehrlichkeit war oder nicht. Wäre also A derjenige gewesen, der feststellte, es sei Tag, so hätte Craig nicht wissen können, ob gerade Tag oder Nacht war. Folglich muß B derjenige gewesen sein, der feststellte, es sei Tag, und damit wußte Craig, daß gerade Nacht war.

7
Götter, Dämonen und Sterbliche

Kurze Zeit, nachdem Inspektor Craig von seinem eigentümlichen Besuch in Subterranien nach London zurückgekehrt war, hatte er einen seltsamen Traum. Er hatte den Tag in einer Bibliothek verbracht, wo er in seltenen Büchern über Mythologie geblättert hatte, einem seiner zahlreichen Interessengebiete. Sein Kopf war voll von Göttern und Dämonen, und so kam sein Traum sicher nicht aus heiterem Himmel.

In Träumen hat es mit dem Zeitablauf manchmal eine eigentümliche Bewandtnis. Craig träumte, er würde neun Tage in einer Region verbringen, in der sich Götter, Dämonen und Sterbliche aufhielten. Die Götter sagten natürlich immer die Wahrheit, und die Dämonen logen immer. Die Sterblichen waren zur einen Hälfte Ritter, zur anderen Hälfte Schurken. Wie gewöhnlich sagten die Ritter die Wahrheit, und die Schurken logen.

1. Der erste Tag

Craig träumte, daß er am ersten Tag einen Bewohner der Region traf, der aussah, als könnte er ein Gott sein, doch Craig war sich dessen nicht sicher. Offenbar erriet der Bewohner Craigs Gedanken, lächelte und machte eine Aussage, um ihn zu beruhigen. Auf Grund dieser Aussage *wußte* Craig, daß er sich in Gegenwart eines Gottes befand. Fällt Ihnen eine solche Aussage ein?

2. Der zweite Tag

In dieser Traumepisode traf Craig ein furchterregend aussehendes Wesen, das ganz den Eindruck eines Dämons machte.

»Was für eine Art Wesen bist du?« fragte Craig einigermaßen beunruhigt. Das Wesen antwortete, und daraufhin erkannte Craig, daß er es nicht mit einem Dämon, sondern mit einem Schurken zu tun hatte. Wie hätte die Antwort lauten können?

3. Der dritte Tag

In dieser Episode traf Craig ein völlig unklassifizierbar aussehendes Wesen, das seiner Erscheinung nach alles hätte sein können. Dann machte es eine Aussage, aus der Craig schließen konnte, daß er entweder einen Gott oder einen Dämon vor sich hatte, aber Craig konnte nicht sagen, was von beidem zutraf.
Fällt Ihnen eine solche Aussage ein?

4. Der vierte Tag

Als nächstes traf Craig ein Wesen, das folgende beiden Aussagen machte:
1. Ein Gott hat einmal behauptet, ich sei ein Dämon.
2. Kein Ritter hat je behauptet, ich sei ein Schurke.
Zu welcher Art von Wesen gehörte er?

5. Der fünfte Tag

Ein Wesen machte Craig gegenüber folgende beiden Aussagen:
1. Ich behaupte nie, ein Schurke zu sein.
2. Manchmal behaupte ich, ein Dämon zu sein.
Mit welcher Art von Wesen haben wir es hier zu tun?

6. Der sechste Tag

In dieser Episode begegnete Craig *zwei* Wesen, die beide eine Aussage machten. Craig konnte daraufhin folgern, daß mindestens eine der Gestalten ein Gott sein mußte, er konnte jedoch nicht sagen, welche von beiden. Mit keiner der Äußerungen allein hätte er zu dem Schluß kommen können.
Welche Aussagen hätten die beiden machen können?

7. Der siebte Tag

Am nächsten Tag traf Craig wieder zwei Gestalten, von denen jede eine Aussage machte. Craig konnte daraufhin schließen, daß eine von ihnen ein Schurke und die andere ein Dämon war, doch konnte er nicht sagen, wer von beiden was war. Wieder hätte Craig mit keiner der Äußerungen allein zu dem Schluß kommen können. Fallen Ihnen zwei Äußerungen ein, die die Bedingungen erfüllen?

8. Thor erscheint

Am achten Tag traf Craig auf jemanden, der ganz so aussah, als wäre er der Gott Thor. Er machte eine Aussage, und daraufhin wußte Craig, daß es Thor sein *mußte*.
Welche Aussage könnte Thor gemacht haben?

9. Eine verworrene Situation klärt sich auf

Craig und Thor wurden enge Freunde. Am Abend des neunten Tages gab Thor zu Ehren Craigs ein großartiges Bankett. »Ich bringe einen Toast auf unseren illustren Gast aus!« sagte Thor, als er sein Glas mit Nektar hob. Nachdem alle mit ihm angestoßen hatten, wurde Craig gebeten, zu ihnen zu sprechen.
»Ich bin sehr verwirrt!« sagte Craig, als er sich erhob. »Und ich frage mich, ob all dies nicht ein Traum ist!«
»Warum denkst du, daß du träumen könntest?« fragte Thor.
»Weil ich heute zwei Vorfälle erlebt habe«, sagte Craig, »die mir völlig unbegreiflich sind. Heute morgen bin ich jemandem begegnet, der eine Aussage machte, die kein Ritter, Schurke, Gott oder Dämon je hätte machen können. Heute nachmittag ist mir dann jemand anderes begegnet, der ebenfalls eine Aussage machte, die kein Bewohner dieser Region jemals machen könnte. Deshalb habe ich den Verdacht, daß ich vielleicht träume.«
»Oh!« sagte Thor. »Laß dich beruhigen! Du träumst keineswegs! Für die beiden Vorfälle gibt es eine völlig rationale Erklärung. Du mußt wissen, daß wir hier zwei Besucher aus einer anderen Sphäre hatten. Sie sind beide sterblich. Der eine ist Cyrus, der immer die Wahrheit sagt, obwohl er nicht als Ritter bezeichnet wird, weil er nicht aus

dieser Region stammt. Der andere ist Alexander, der manchmal die Wahrheit sagt und manchmal lügt. Es müssen diese beiden gewesen sein, die du heute getroffen hast. Welche Aussagen haben sie gemacht?«

Craig berichtete daraufhin der Gesellschaft, was jeder gesagt hatte.

»Das erklärt es völlig!« sagte Thor. »Ja, mehr noch, aus dem, was sie gesagt haben, folgt, daß Cyrus derjenige war, der dir am Morgen begegnet ist. Und, was besonders interessant ist, hättest du Alexander nicht am Nachmittag getroffen, hättest du niemals wissen können, ob derjenige, der dir am Morgen begegnet ist, Cyrus oder Alexander war.«

Craig dachte über die Sache nach und stellte fest, daß Thor recht hatte.

Welche Aussagen, die alle obengenannten Bedingungen erfüllen, hätten diese beiden Außenseiter machen können?

Epilog – ein philosophisches Rätsel

Als Craig am nächsten Morgen wieder bei wachen Sinnen war und sich an seinen Traum erinnerte, fragte er sich, ob er sich im Schlaf in einen logischen Widerspruch verwickelt hatte. »Es gibt einen Haken dabei«, dachte Craig. »In meinem Traum habe ich geglaubt, daß Thor ein Gott ist und daß Götter immer die Wahrheit sagen. Doch Thor hat mir gesagt, ich würde nicht träumen. Wie also konnte Thor, der die Wahrheit sagt, mir sagen, ich würde nicht träumen, wenn es doch so war? Lag da nicht ein Widerspruch bei mir?«

Was meinen Sie: War Craigs Traum logisch widersprüchlich?

Lösungen

1. Eine Aussage, die Sie nehmen können, ist: »Ich bin kein Ritter.« Wäre der Sprecher ein Schurke oder ein Dämon, dann würde stimmen, daß er kein Ritter war, aber Schurken und Dämonen machen keine wahren Aussagen. Folglich war der Sprecher weder ein Schurke noch ein Dämon, also war er ein Ritter oder ein Gott, und seine Aussage entsprach der Wahrheit. Da sie stimmte, ist er in Wirklichkeit kein Ritter; folglich muß er ein Gott sein.

2. Eine Aussage, die die Bedingungen erfüllt, ist: »Ich bin ein Dämon.« Es ist klar, daß kein Dämon behaupten kann, ein Dämon zu sein, also ist der Sprecher kein Dämon. Da seine Aussage falsch und da er kein Dämon ist, muß er ein Schurke sein.
Übrigens entsprechen die beiden letzten Rätsel im wesentlichen Aufgabe 4 und 5 im 1. Kapitel, den Rätseln über die Preise.

3. Dies ist etwas verzwickter. Eine Aussage, die Sie nehmen können, ist: »Ich bin entweder ein Gott oder ein Schurke.« Das könnte ein Gott sagen, denn ein Gott ist entweder ein Gott oder ein Schurke; auch ein Dämon könnte es fälschlicherweise behaupten. Ein Ritter könnte es nicht sagen, weil ein Ritter niemals lügen und behaupten würde, entweder ein Gott oder ein Schurke zu sein, und ein Schurke könnte es nicht sagen, weil ein Schurke niemals der wahren Aussage zustimmen würde, daß er entweder ein Gott oder ein Schurke ist. Also muß der Sprecher ein Gott oder ein Dämon sein, aber es läßt sich nicht ausmachen, was von beidem zutrifft.

4. Die erste Aussage des Sprechers war offenbar falsch, denn wäre sie wahr, so hätte ein Gott einmal behauptet, der Sprecher sei ein Dämon, was bedeuten würde, daß der Sprecher tatsächlich ein Dämon war, doch niemand, der die Wahrheit sagt, kann ein Dämon sein. Da die erste Aussage falsch war, war es auch die zweite Aussage, da sie von demselben Sprecher kommt. Folglich *hat* ein Ritter einmal behauptet, daß der Sprecher ein Schurke ist, und somit ist der Sprecher tatsächlich ein Schurke.

5. Die zweite Aussage des Sprechers war offenbar eine Lüge, weil keiner, der ehrlich ist, jemals sagen würde, daß er manchmal behauptet, ein Dämon zu sein. Daher war die erste Aussage ebenfalls eine Lüge, folglich behauptet der Sprecher in Wirklichkeit manchmal, ein Schurke zu sein. Also muß er ein Dämon sein.

6. Es gibt viele Lösungsmöglichkeiten; hier ist eine davon. Nennen wir die beiden Wesen A und B. Nehmen wir nun an, A und B würden die folgenden beiden Aussagen machen:
A: B ist ein Ritter.
B: A ist kein Ritter.
Entweder sagt A die Wahrheit, oder er lügt.
Fall 1 – A sagt die Wahrheit: Dann ist B tatsächlich ein Ritter, folglich

ist seine Aussage wahr, folglich ist A kein Ritter, also muß A ein Gott sein, da er die Wahrheit sagt.
Fall 2 – A lügt: Dann ist B kein Ritter, da A sagt, er sei einer. Auch ist A, da er lügt, mit Sicherheit kein Ritter, folglich ist Bs Aussage wahr. Deshalb sagt B die Wahrheit, ist aber kein Ritter, folglich ist B ein Gott.
Wenn also Fall 1 zutrifft, ist A ein Gott; wenn Fall 2 zutrifft, ist B ein Gott. Es gibt keine Möglichkeit festzustellen, ob A die Wahrheit sagt oder lügt.

7. Wieder wollen wir die beiden Wesen A und B nennen. Mit folgenden Äußerungen können Sie die Aufgabe lösen:
A: Wir sind beide Schurken.
B: Wir sind beide Dämonen.
Es ist offensichtlich, daß beide lügen. Da A lügt, sind sie nicht beide Schurken. Da B lügt, sind sie nicht beide Dämonen. Folglich ist einer ein Schurke und einer ein Dämon, aber es gibt keine Möglichkeit zu sagen, welcher von beiden was ist.

8. Eine mögliche Aussage ist: »Ich bin entweder ein Schurke oder ein Dämon oder der Gott Thor.«
Wäre der Sprecher entweder ein Schurke oder ein Dämon, so wäre es wahr, daß er entweder ein Schurke oder ein Dämon oder der Gott Thor ist. Das würde bedeuten, daß ein Schurke oder ein Dämon eine wahre Aussage gemacht hat, was nicht sein kann. Daher ist der Sprecher weder ein Schurke noch ein Dämon, folglich ist seine Aussage wahr. Also muß er der Gott Thor sein.

9. Hier ist eine mögliche Lösung:
Sprecher vom Morgen: »Ich bin weder ein Ritter noch ein Gott.«
Sprecher vom Nachmittag: »Ich bin entweder ein Schurke oder ein Dämon.«
Kein Bewohner der Region hätte eine der beiden Aussagen machen können. Kein Ritter oder Gott könnte behaupten, weder ein Ritter noch ein Gott zu sein; kein Schurke oder Dämon könnte die wahre Aussage machen, daß er weder ein Ritter noch ein Gott ist. Was die zweite Aussage betrifft, so könnte offenbar kein Ritter oder Gott behaupten, entweder ein Schurke oder ein Dämon zu sein, und kein Schurke oder Dämon würde zugeben, ein Schurke oder Dämon zu sein. Also waren beide Fremde, nämlich Cyrus und Alexander. Die

Aussage des Sprechers vom Morgen war wahr, und die Aussage des Sprechers vom Nachmittag war falsch. Da Cyrus nie falsche Aussagen macht, kann er nicht der Sprecher vom Nachmittag gewesen sein. Folglich war er der Sprecher vom Morgen.

Diskussion des Epilogs

Meiner Meinung nach war Craigs Traum *nicht* zwangsläufig widersprüchlich. Hätte Craig in seinem Traum tatsächlich *geglaubt,* daß er träumte, dann wäre die Reihe von Überzeugungen, die er in seinem Traum hatte, inkonsistent gewesen, denn die folgenden Sätze sind tatsächlich logisch widersprüchlich: (1) Thor ist ein Gott; (2) Götter machen nur wahre Aussagen; (3) Thor stellt fest, daß Craig nicht träumt; (4) Craig träumt.

Der Widerspruch ist offensichtlich. Jedoch deutet nichts darauf hin, daß Craig irgendwann im Verlauf seines Traums geglaubt hat, er würde *tatsächlich* träumen, obwohl er sich einmal gefragt hat, ob er nicht *vielleicht* träume. Wahrscheinlich war Craig überzeugt, wach zu sein, und seine Überzeugung war, wenn auch falsch, völlig in Einklang mit den anderen Überzeugungen in seinem Traum.

Das Merkwürdige ist dabei, daß Craig, hätte er die Überzeugung ausgesprochen, er würde träumen, mit dieser Überzeugung, auch wenn sie der Wahrheit entsprach, einen logischen Widerspruch geschaffen hätte.

8
Auf der Suche nach dem Jungbrunnen

Einleitung

Herr Arthur Reynolds war auf der Suche nach einem Mittel, das ihm zur Unsterblichkeit verhelfen sollte. Zwar las er ziemlich viel okkulte und alchimistische Literatur, konnte aber nichts von praktischem Wert finden. Dann hörte er von einem berühmten orientalischen Weisen, der als Spezialist in diesem Bereich galt. Nach einer sehr mühseligen und kostspieligen Reise fand er den Weisen schließlich.
»Ist es wirklich möglich, ewig zu leben?« fragte er den Weisen.
»Oh, das ist ganz leicht«, erwiderte dieser, »vorausgesetzt, du tust zwei Dinge.«
»Welche beiden Dinge sind das?« fragte Reynolds ungeduldig.
»Zunächst einmal darfst du nie falsche Aussagen machen; vielmehr mußt du dich dazu entschließen, von jetzt an nur noch wahre Aussagen zu machen. Das ist doch ein geringer Preis für Unsterblichkeit, oder?«
»Ja, in der Tat!« bestätigte Reynolds. »Und die zweite Bedingung?«
»Die zweite Bedingung besteht darin, daß du jetzt sagst: ›Ich werde diese Aussage morgen wiederholen.‹ Wenn du nur diese beiden Dinge tust«, sagte der Weise abschließend, »garantiere ich dir, daß du ewig leben wirst!«

Eine Frage an die Leser: Stimmt es, daß Sie, wenn Sie diese beiden Dinge tun, ewig leben werden? Der nachfolgende Text enthält die Antwort, aber vielleicht wollen einige Leser erst darüber nachdenken, bevor sie weiterlesen.

Reynolds überlegte einen Augenblick. »Oh, natürlich!« sagte er plötzlich. »*Wenn* ich diese beiden Dinge tue, werde ich sicher ewig leben, denn wenn ich jetzt wahrheitsgemäß sage: ›Ich werde diesen Satz morgen wiederholen‹, und wenn ich morgen ehrlich bin, werde ich das gleiche am nächsten Tag wieder sagen, und so weiter bis in alle Ewigkeit.«

»Genau!« sagte der Weise mit triumphierendem Lächeln.

»Aber die Lösung ist nicht praktisch anwendbar!« protestierte Reynolds. »Wie kann ich wahrheitsgemäß sagen, daß ich morgen etwas tun werde, wenn ich nicht einmal sicher weiß, ob ich morgen noch am Leben bin?«

»Oh, du willst eine *praktische* Lösung?« fragte erstaunt der Weise. »Das habe ich nicht gewußt. Nein, bei praktischen Lösungen bin ich nicht besonders gut; ich befasse mich hauptsächlich mit der Theorie. Aber eine *praktische* Lösung? Das einzige, was mir dazu einfällt, ist der Jungbrunnen. Hast du dir überlegt, ob du danach suchen willst?«

»Der Jungbrunnen?« rief Reynolds ungläubig. »Natürlich habe ich in Geschichtsbüchern davon gelesen, und ich weiß auch, daß viele danach gesucht haben, aber existiert er in der Realität oder nur in der Phantasie?«

»Das weiß ich freilich nicht«, entgegnete der Weise, »doch wenn es ihn gibt, so weiß ich einen Ort, wo man ihn sehr wahrscheinlich finden kann.«

»Welcher Ort ist das?« fragte Reynolds.

»Die Insel der Ritter und Schurken«, gab der Weise zurück. »Ich kann nicht garantieren, daß der Brunnen dort ist, doch wenn es ihn überhaupt *irgendwo* gibt, dann sehr wahrscheinlich auf dieser Insel.«

Reynolds dankte dem Weisen und machte sich sofort auf nach der Insel der Ritter und Schurken.

Auf der Suche nach dem Jungbrunnen

Und so sind wir nun wieder auf der Insel der Ritter und Schurken. Reynolds erreichte die Insel ohne weitere Zwischenfälle, und das Abenteuer nahm seinen Lauf.

1. Ein einleitendes Ereignis

Am ersten Tag traf Reynolds einen Einheimischen, der eine Aussage machte. Daraufhin wußte Reynolds, daß der Jungbrunnen auf der Insel sein mußte, wenn der Einheimische ein Ritter war; doch wenn er ein Schurke war, gab es keine Möglichkeit festzustellen, ob der Jungbrunnen auf der Insel war oder nicht.
Welche Aussage hätte der Insulaner machen können?

2. Ein großes Metarätsel

Reynolds nächstes Abenteuer war weitaus interessanter. Es gehört zu den tiefgründigsten Logikrätseln, denen ich je begegnet bin.
Am nächsten Tag stieß Reynolds auf zwei Einheimische A und B und sagte zu ihnen: »Bitte, sagt mir alles, was ihr über den Jungbrunnen wißt. Ist er auf dieser Insel?« Die beiden machten daraufhin folgende Aussagen:
A: Wenn B ein Schurke ist, dann ist der Jungbrunnen auf dieser Insel.
B: Ich habe nie behauptet, daß der Jungbrunnen nicht auf dieser Insel ist!
Reynolds dachte kurz darüber nach und sagte: »Bitte, ich hätte gerne eine *definitive* Antwort! Ist der Jungbrunnen auf dieser Insel?« Einer von beiden antwortete – er sagte entweder Ja oder Nein –, und Reynolds wußte daraufhin, ob der Jungbrunnen auf der Insel war.
Einige Monate später erzählte Reynolds die Geschichte mit allen obenstehenden Fakten Inspektor Craig. (Er war ein guter Freund von Craig und kannte seine Schwäche für Logikrätsel.) Craig sagte: »Mit den Fakten, die du mir gegeben hast, ist es offenbar unmöglich für mich zu schließen, ob der Jungbrunnen auf dieser Insel ist oder nicht. Du hast mir nicht gesagt, ob es A oder B war, der dir deine zweite Frage beantwortet hat, oder welche Antwort er dir gegeben hat. Aber lassen wir dahingestellt sein, wer dir die Antwort gegeben hat, und nehmen wir an, der andere hätte statt dessen geantwortet. Weißt du, ob du in dem Fall hättest entscheiden können, ob der Brunnen auf der Insel ist oder nicht?«
Reynolds dachte darüber nach und sagte Craig schließlich, ob er wußte oder nicht, ob er hätte entscheiden können, wenn der andere die zweite Frage beantwortet hätte.

»Danke sehr«, sagte Craig. »Jetzt weiß ich, ob der Jungbrunnen auf der Insel ist.«

Ist der Jungbrunnen auf der Insel?

Lösungen

1. Eine Möglichkeit wäre, daß der Einheimische gesagt hat: »Ich bin ein Ritter, und der Jungbrunnen ist auf dieser Insel.« Wäre er ein Ritter, so wäre offenbar auch der Jungbrunnen auf der Insel. Wäre er kein Ritter, so ist falsch, was er sagt, unabhängig davon, ob der Brunnen auf der Insel ist oder nicht, und es gäbe keine Möglichkeit zu sagen, ob der Brunnen dort zu finden ist oder nicht.

2. B sagt, er hätte nie behauptet, daß der Jungbrunnen nicht auf der Insel ist. Wenn B ein Schurke ist, so *hat* er vorher behauptet, daß der Jungbrunnen nicht auf der Insel ist, und da er ein Schurke ist, ist der Brunnen tatsächlich auf der Insel! Also wissen wir jetzt, daß der Jungbrunnen auf der Insel ist, wenn B ein Schurke ist. Und das ist genau das, was A gesagt hat; also muß A ein Ritter sein. Und somit kennen wir jetzt die folgenden beiden Fakten:

Faktum 1: A ist ein Ritter.

Faktum 2: Wenn B ein Schurke ist, so ist der Jungbrunnen auf der Insel.

Natürlich hat auch Reynolds, der so gut folgern kann wie Sie und ich, diese beiden Fakten erkannt.

Nun wissen wir nicht, wer Reynolds zweite Frage beantwortet hat, oder ob die Antwort Ja oder Nein lautete, und somit gibt es vier mögliche Fälle, die wir analysieren müssen.

Fall A_1: A hat behauptet, daß der Brunnen auf der Insel ist (indem er mit Ja geantwortet hat).

In diesem Fall hätte Reynolds, dem bekannt war, daß A ein Ritter ist, gewußt, daß der Brunnen auf der Insel war.

Fall A_2: A hat behauptet, daß der Brunnen nicht auf der Insel ist (indem er mit Nein geantwortet hat).

In diesem Fall hätte Reynolds gewußt, daß der Brunnen nicht auf der Insel war.

Fall B_1: B hat behauptet, daß der Brunnen auf der Insel ist (indem er mit Ja geantwortet hat).

In diesem Fall würde Reynolds wissen, daß der Brunnen auf der Insel war, und zwar durch folgende Beweisführung: »Angenommen, der Brunnen ist nicht auf der Insel. Dann ist B ein Schurke, weil er gerade versichert hat, daß er dort ist. Doch laut Faktum 2 gilt für den Fall, daß B ein Schurke ist, daß der Brunnen auf der Insel *ist*. Das ist ein Widerspruch, folglich muß der Brunnen schließlich doch auf der Insel sein (und außerdem muß B ein Ritter sein).

Fall B_2: B hat behauptet, daß der Brunnen nicht auf der Insel ist (indem er mit Nein geantwortet hat).

In diesem Fall hätte Reynolds unmöglich wissen können, ob der Brunnen auf der Insel war oder nicht. B könnte ein Schurke sein, der zu Unrecht behauptet hat, daß der Brunnen nicht auf der Insel ist, und der ebenfalls zu Unrecht behauptet hat, er habe nie behauptet, daß der Brunnen nicht auf der Insel sei; oder er könnte ein Ritter sein, der wahrheitsgemäß behauptet hat, daß der Brunnen auf der Insel ist, und der ebenfalls behauptet hat, der Brunnen sei nicht auf der Insel. Also hätte Reynolds in diesem Fall zu keiner Lösung finden können.

Wir haben jedoch erfahren, daß sich Reynolds entschieden *hat,* und deshalb scheidet Fall B_2 aus. Also wissen wir jetzt, daß einer von drei Fällen – A_1, A_2, B_1 – in Frage kommt, und wir können von jetzt ab den vierten Fall B_2 außer acht lassen.

Und hier müssen wir nun den zweiten Teil der Geschichte einbeziehen – das Gespräch zwischen Reynolds und Inspektor Craig. Es ist wichtig zu erkennen, daß Craig Reynolds nicht gefragt hat, ob Reynolds, wenn der andere die Frage beantwortet hätte, hätte entscheiden können; Craig fragte Reynolds, ob er *wüßte*, ob er hätte entscheiden können oder nicht. Sehen wir nun, wie Reynolds folgern würde, um Craigs Frage zu beantworten. Natürlich *weiß* Reynolds, welcher der drei Fälle – A_1, A_2, B_1 – zutrifft, auch wenn *wir* es nicht wissen (zumindest noch nicht), also müssen wir uns überlegen, wie Reynolds in jedem der drei Fälle folgern würde.

Folge A_1: Reynolds würde so folgern: »A ist ein Ritter; A hat gesagt, daß der Brunnen auf der Insel ist; der Brunnen ist auf der Insel. Nehmen wir nun an, B hätte meine zweite Frage beantwortet. Ich weiß nicht, ob er mit Ja oder Nein geantwortet hätte. Angenommen, er hätte mit Ja geantwortet. Dann hätte ich gewußt, daß der Brunnen auf der Insel war, denn ich hätte gefolgert, daß B, wenn der Brunnen nicht auf der Insel ist, ein Schurke ist, weil er behauptet hat, er wäre dort. Aber ich weiß außerdem (Faktum 2), daß, wenn B ein Schurke ist, der Brunnen auf der Insel *ist*, also wäre ich mit der Annahme, daß der Brunnen nicht auf der Insel ist, auf einen Widerspruch gestoßen.

Deshalb hätte ich, wenn B mit Ja geantwortet hätte, gewußt, daß der Brunnen auf der Insel ist. Aber angenommen, er hätte mit Nein geantwortet? Dann hätte ich keine Möglichkeit gehabt zu erfahren, ob der Brunnen auf der Insel ist oder nicht; ich hätte argumentiert, daß er ein Ritter sein könnte und der Brunnen nicht auf der Insel ist, oder er hätte ein Schurke sein können und der Brunnen ist auf der Insel. Und somit hätte ich, wenn er mit Nein geantwortet hätte, nicht schließen können, ob der Brunnen auf der Insel ist oder nicht.
Zusammengefaßt heißt das: Hätte B mit Ja geantwortet, hätte ich entscheiden können; hätte B mit Nein geantwortet, hätte ich nicht entscheiden können. Da ich nicht in Erfahrung bringen kann, welche Antwort B gegeben hätte, habe ich keine Möglichkeit zu erfahren, ob ich hätte entscheiden können oder nicht.«

Fall A_2: In diesem Fall würde Reynolds so folgern: »Der Brunnen ist nicht auf dieser Insel; A hat mir das gesagt, und A ist ein Ritter. Nehmen wir nun an, B hätte statt dessen geantwortet. B ist ein Ritter, denn ich habe bereits bewiesen, daß, wenn B ein Schurke wäre, der Brunnen tatsächlich auf dieser Insel wäre, was nicht der Fall ist. Da B ein Ritter ist, so hätte er, wenn er die Antwort hätte geben müssen, ebenfalls mit Nein geantwortet. Doch dann hätte ich nicht *wissen* können, daß er ein Ritter war, und somit hätte ich nicht in Erfahrung bringen können, ob der Brunnen auf der Insel ist oder nicht. Kurz gesagt, hätte B die Antwort geben müssen, so hätte ich bestimmt *nicht* entscheiden können, ob der Brunnen auf der Insel war oder nicht.«

Fall B_1: Dies ist der einfachste Fall von allen! In diesem Fall ist B derjenige, der tatsächlich geantwortet hat, folglich würde Reynolds bereits wissen, daß, wenn A die Antwort hätte liefern müssen, er über die Existenz des Brunnens hätte entscheiden können, denn er wußte bereits, daß A ein Ritter war.

Wir sehen jetzt, daß Reynolds, würde Fall A_1 zutreffen, nicht wissen könnte, ob er hätte entscheiden können, folglich würde seine Antwort an Craig lauten: »Nein, ich weiß nicht, ob ich hätte entscheiden können, wenn der andere derjenige gewesen wäre, der meine zweite Frage beantwortet hätte.«

Würde Fall A_2 zutreffen, so hätte Reynolds zu Craig gesagt: »Ja, ich weiß, ob ich hätte entscheiden können oder nicht.« Tatsächlich weiß Reynolds sogar, daß er *nicht* hätte entscheiden können.

Würde Fall B_1 zutreffen, so hätte Reynolds wieder zu Craig gesagt: »Ja, ich weiß, ob ich hätte entscheiden können oder nicht.« Tatsächlich weiß er auch, daß er hätte entscheiden *können*.

Wenn also Reynolds auf Craigs Frage mit Ja geantwortet hat, so trifft entweder Fall A_2 oder Fall B_1 zu, aber es gibt keine Möglichkeit für uns oder für Craig festzustellen, welcher von beiden zutrifft, folglich hätte Craig nicht wissen können, ob der Jungbrunnen nun auf der Insel zu finden war oder nicht. Wir haben jedoch erfahren, daß Craig es *wußte*, folglich muß Reynolds mit Nein geantwortet haben, und daraufhin wußte Craig, daß A_1 die einzige Möglichkeit war und daß sich der Brunnen auf der Insel befand.

So! Der Jungbrunnen ist tatsächlich irgendwo auf der Insel der Ritter und Schurken! Ihn zu finden, ist jedoch eine ganz andere Geschichte. Gewöhnlich ist es nicht leicht, auf dieser verrückten Insel wirklich etwas zu finden! Und tatsächlich fand Reynolds den Jungbrunnen auf *dieser* Reise nicht; er fand nur heraus, daß der Brunnen mit Sicherheit irgendwo auf der Insel war, und er plant, wieder dorthin zurückzukehren, um sich auf die Suche zu machen. Aber das ist eine Geschichte für ein anderes Buch.

9
Wie man die Spottdrossel verspottet

Ein bestimmter Zauberwald wird von sprechenden Vögeln bewohnt. Für beliebige Vögel A und B gilt, daß, wenn Sie A den Namen von B nennen, A Ihnen mit dem Namen eines Vogels antworten wird; diesen Vogel bezeichnen wir als AB. Also ist AB der Vogel, den A nennt, nachdem er den Namen von B gehört hat. Anstatt ständig den schwerfälligen Ausdruck »As Antwort auf das Hören von Bs Namen« zu gebrauchen, werden wir einfacher sagen: »As Antwort auf B.« Somit ist AB die Antwort von A auf B. Allgemein gesagt, ist As Antwort auf B nicht zwangsläufig die gleiche wie Bs Antwort auf A – in Symbolen ausgedrückt, AB ist nicht zwangsläufig der gleiche Vogel wie BA. Auch ist, wenn drei Vögel A, B und C gegeben sind, der Vogel A(BC) nicht zwangsläufig der gleiche wie der Vogel (AB)C. Der Vogel A(BC) ist As Antwort auf den Vogel BC, während der Vogel (AB)C die Antwort des Vogels AB auf den Vogel C ist. Die Verwendung von Klammern ist somit notwendig, um Mehrdeutigkeit zu vermeiden; hätte ich einfach ABC geschrieben, hätten Sie unmöglich wissen können, ob ich den Vogel A(BC) oder den Vogel (AB)C gemeint habe.

Spottdrosseln: Unter einer *Spottdrossel* ist ein Vogel S zu verstehen, so daß für jeden Vogel x folgende Bedingung gilt:

$$Sx = xx$$

S wird aus dem einfachen Grund als Spottdrossel bezeichnet, weil seine Antwort auf einen beliebigen Vogel x identisch ist mit x' Antwort auf sich selbst – mit anderen Worten, S *imitiert* x, soweit es seine Antwort auf x betrifft. Das heißt, wenn Sie x dem S nennen oder wenn Sie x diesem selbst nennen, werden Sie in jedem Fall die gleiche Antwort zu hören bekommen.*

---

* Um eine schnelle Übersicht zu ermöglichen, sind die Vögel im »Who's Who bei den Vögeln« auf Seite 231–232 alphabetisch geordnet zusammengestellt.

Komposition: Hier noch ein letztes technisches Detail, bevor der Spaß losgehen kann: Wenn beliebige Vögel A, B und C (die nicht zwangsläufig verschieden sein müssen) gegeben sind, so wird von dem Vogel C gesagt, er *verbinde* A mit B, wenn für jeden Vogel x die folgende Bedingung zutrifft:

$$Cx = A(Bx)$$

Das heißt in Worten, daß Cs Antwort auf x die gleiche ist wie As Antwort auf Bs Antwort auf x.

Wie man die Spottdrossel verspottet

1. Die Bedeutung der Spottdrossel

Es *kann* passieren, daß, wenn Sie B dem A nennen, A Ihnen mit dem gleichen Vogel B antwortet. Wenn das passiert, so deutet das darauf hin, daß A den Vogel B *liebt*. In Symbolen: A liebt B bedeutet, daß AB = B.

Gegeben ist nun, daß der Wald die folgenden beiden Bedingungen erfüllt.

B_1 *(die Kompositionsbedingung):* Für beliebige zwei Vögel A und B (die gleich oder verschieden sein können) gibt es einen Vogel C, so daß für jeden Vogel x gilt, daß Cx = A(Bx). Mit anderen Worten, für beliebige Vögel A und B gibt es einen Vogel C, der A mit B verbindet.

B_2 *(die Spottdrosselbedingung):* Der Wald enthält eine Spottdrossel S.

Ein Gerücht besagt, daß jeder Vogel des Waldes mindestens einen Vogel liebt. Ein anderes Gerücht besagt, daß es mindestens einen Vogel gibt, der keinen Vogel liebt. Das Interessante ist dabei, daß sich die Sache mit Hilfe der gegebenen Bedingungen B_1 und B_2 vollständig aufklären läßt.

Welches der beiden Gerüchte entspricht der Wahrheit?

Anmerkung: Dies ist ein grundlegendes Problem in dem Bereich, der als *kombinatorische Logik* bekannt ist. Die Lösung ist, wenn auch nicht lang, sehr klug erdacht. Sie beruht auf einem Prinzip, das letztlich auf die Arbeit des Logikers Kurt Gödel zurückgeht. Viele der nachfolgenden Kapitel sind in Teilen von diesem Prinzip bestimmt.

2. Egozentrisch?

Ein Vogel x wird *egozentrisch* (zuweilen *narzißtisch*) genannt, wenn er sich selbst liebt – das heißt, wenn x' Antwort auf x wieder x ist. In Symbolen ausgedrückt: x ist egozentrisch, wenn xx = x.

Die Aufgabe besteht darin zu beweisen, daß unter den gegebenen Bedingungen B_1 und B_2 der letzten Aufgabe mindestens ein Vogel egozentrisch ist.

3. Die Geschichte von dem übereinstimmenden Vogel

Von zwei Vögeln A und B wird gesagt, daß sie hinsichtlich Vogel x *übereinstimmen*, wenn ihre Antworten auf x gleich sind, mit anderen Worten, wenn Ax = Bx. Ein Vogel A wird als *übereinstimmend* bezeichnet, wenn es zu jedem Vogel B mindestens einen Vogel x gibt, hinsichtlich dessen A und B übereinstimmen. Mit anderen Worten, A ist *übereinstimmend*, wenn es zu jedem Vogel B einen Vogel x gibt, so daß Ax = Bx.

Betrachten wir nun folgende Variante von Aufgabe 1: Gegeben ist die Kompositionsbedingung B_1, doch es ist nicht gegeben, daß eine Spottdrossel vorhanden ist; statt dessen ist gegeben, daß es einen übereinstimmenden Vogel A gibt. Reicht dies aus, um zu garantieren, daß jeder Vogel mindestens einen Vogel liebt?

Eine Bonusfrage: Warum ist Aufgabe 1 nichts weiter als ein Spezialfall von Aufgabe 3? *Hinweis:* Ist eine Spottdrossel zwangsläufig übereinstimmend?

4. Eine Frage zu übereinstimmenden Vögeln

Vorausgesetzt, daß die Kompositionsbedingung B_1 von Aufgabe 1 gilt und daß A, B und C Vögel sind, für die gilt, daß C den A mit B verbindet. Zeigen Sie, daß, wenn C übereinstimmend ist, auch A übereinstimmend ist.

5. Eine Kompositionsübung

Wir setzen wieder voraus, daß Bedingung B_1 gilt. Zeigen Sie, daß es für beliebige Vögel A, B und C einen Vogel D gibt, so daß für jeden Vogel x gilt, daß $Dx = A(B(Cx))$. Dieses Faktum ist sehr nützlich.

6. Vereinbare Vögel

Zwei Vögel A und B, die gleich oder verschieden sein können, werden als *vereinbar* bezeichnet, wenn es einen Vogel x und einen Vogel y gibt, die gleich oder verschieden sein können, für die gilt, daß $Ax = y$ und $By = x$. Das bedeutet, daß Sie, wenn Sie x dem A nennen, als Antwort y hören, und wenn Sie y dem B nennen, kommt als Antwort x.
Zeigen Sie, daß, wenn die Bedingungen B_1 und B_2 von Aufgabe 1 gelten, beliebige zwei Vögel A und B vereinbar sind.

7. Glückliche Vögel

Ein Vogel A wird als *glücklich* bezeichnet, wenn er mit sich selbst vereinbar ist. Das bedeutet, daß es Vögel x und y gibt, so daß $Ax = y$ und $Ay = x$.
Zeigen Sie, daß jeder Vogel, der mindestens einen Vogel liebt, ein glücklicher Vogel sein muß.

8. Normale Vögel

Wir wollen im folgenden einen Vogel als *normal* bezeichnen, wenn er mindestens einen Vogel liebt. Wir haben gerade gezeigt, daß jeder normale Vogel glücklich ist. Das Gegenteil ist nicht zwangsläufig der Fall; ein glücklicher Vogel ist nicht unbedingt normal.
Zeigen Sie, daß, wenn die Kompositionsbedingung B_1 gilt und es mindestens einen glücklichen Vogel in dem Wald gibt, es mindestens einen normalen Vogel gibt.

Unverbesserliche Egozentrik

9. Unverbesserlich egozentrisch

Wir erinnern uns, daß ein Vogel B als *egozentrisch* bezeichnet wird, wenn BB = B. Wir bezeichnen einen Vogel B als *unverbesserlich egozentrisch*, wenn für *jeden* Vogel x gilt, daß Bx = B. Das bedeutet, daß es keine Rolle spielt, welchen Vogel x Sie B nennen; er antwortet Ihnen immer nur mit B! Stellen Sie sich vor, der Name des Vogels sei Bertrand. Wenn Sie ihm »Arthur« zurufen, hören Sie als Antwort »Bertrand«; wenn Sie »Raymond« rufen, hören Sie als Antwort »Bertrand«; wenn Sie »Anna« rufen, hören Sie als Antwort »Bertrand«. Alles, woran dieser Vogel denken kann, ist er selbst!

Allgemeiner sagen wir, daß ein Vogel A auf einen Vogel B *fixiert* ist, wenn für jeden Vogel x gilt, daß Ax = B. Das heißt, alles, woran A denken kann, ist B! Dann ist ein Vogel unverbesserlich egozentrisch in dem speziellen Fall, in dem er auf sich selbst fixiert ist.

Ein Vogel F wird als *Falke* bezeichnet, wenn für beliebige Vögel x und y gilt, daß (Fx)y = x. Wenn also F ein Falke ist, dann gilt für jeden Vogel x, daß der Vogel Fx auf x fixiert ist.

Gegeben sind die Bedingungen B_1 und B_2 von Aufgabe 1 und die Existenz eines Falken F. Zeigen Sie, daß mindestens ein Vogel unverbesserlich egozentrisch ist.

10. Fixierung

Wenn x auf y fixiert ist, folgt daraus unbedingt, daß x den y liebt?

11. Ein Faktum über Falken

Zeigen Sie, daß ein Falke, wenn er egozentrisch ist, unverbesserlich egozentrisch sein muß.

12. Ein weiteres Faktum über Falken

Zeigen Sie, daß für jeden Falken F und jeden Vogel x gilt, daß, wenn Fx egozentrisch ist, dann F den x lieben muß.

13. Eine einfache Übung

Finden Sie heraus, ob die folgende Aussage wahr oder falsch ist: Wenn ein Vogel A unverbesserlich egozentrisch ist, dann gilt für beliebige Vögel x und y, daß Ax = Ay.

14. Eine weitere Übung

Wenn A unverbesserlich egozentrisch ist, folgt daraus, daß für beliebige Vögel x und y gilt, daß (Ax)y = A?

15. Unverbesserliche Egozentrik ist ansteckend!

Zeigen Sie, daß, wenn A unverbesserlich egozentrisch ist, für jeden Vogel x gilt, daß der Vogel Ax ebenfalls unverbesserlich egozentrisch ist.

16. Ein weiteres Faktum über Falken

Allgemein gilt nicht, daß, wenn Ax = Ay, dann x = y. Es gilt jedoch *dann*, wenn A zufällig ein Falke F ist. Zeigen Sie, daß, wenn Fx = Fy, dann x = y. (Wenn wir uns im folgenden auf dieses Faktum beziehen, werden wir es als *linkes Annullierungsgesetz für Falken* bezeichnen.)

17. Ein Faktum über Fixierung

Es ist möglich, daß ein Vogel mehr als einen Vogel lieben kann. Es kann jedoch nicht sein, daß ein Vogel auf mehr als einen Vogel fixiert ist. Zeigen Sie, daß es für einen Vogel unmöglich ist, auf mehr als einen Vogel fixiert zu sein.

18. Noch ein Faktum über Falken

Zeigen Sie, daß für jeden Falken F und jeden Vogel x gilt, daß, wenn F den Fx liebt, dann F den x liebt.

19. Ein Rätsel

Jemand hat einmal gesagt: »Jeder egozentrische Falke muß extrem einsam sein!« Warum stimmt das?

Identitätsvögel

Ein Vogel I wird als *Identitätsvogel* bezeichnet, wenn für jeden Vogel x die folgende Bedingung gilt:
$$Ix = x$$

Der Identitätsvogel hat sich manche Verleumdung gefallen lassen müssen, was auf den Umstand zurückgeht, daß unabhängig davon, welchem Vogel x Sie I zurufen, I nichts anderes tut, als Ihnen x echohaft zurückzugeben. Oberflächlich gesehen, hat es den Anschein, als hätte der Vogel I keine Intelligenz oder Phantasie; er kann nichts anderes, als das zu wiederholen, was er hört. Aus diesem Grund haben in der Vergangenheit gedankenlose Studenten der Ornithologie ihn als *Idiotenvogel* beschimpft. Als dann jedoch ein nicht so oberflächlicher Ornithologe die Situation genauer untersuchte, mußte er feststellen, daß der Identitätsvogel in Wirklichkeit hochintelligent ist! Der *wirkliche* Grund für sein scheinbar phantasieloses Verhalten ist, daß er ein ungewöhnlich großes Herz hat *und deshalb jeden Vogel liebt*! Wenn Sie also x dem I zurufen, ist der Grund dafür, daß er antwortet, indem er x zurückruft, nicht der, daß er außerstande ist, an etwas anderes zu denken; es ist einfach so, daß er Sie wissen lassen möchte, daß er x liebt!

Da ein Identitätsvogel jeden Vogel liebt, liebt er auch sich selbst; also ist jeder Identitätsvogel egozentrisch. Doch bedeutet seine Egozentrik nicht, daß er sich selbst mehr liebt als irgendeinen anderen Vogel!
Hier folgen nun ein paar einfache Aufgaben über Identitätsvögel.

20.

Angenommen, wir würden erfahren, daß es in dem Wald einen Identitätsvogel I gibt und daß I im Sinn von Aufgabe 3 übereinstimmend ist. Folgt daraus, daß jeder Vogel mindestens einen Vogel lieben muß? *Anmerkung:* Die Bedingungen B_1 und B_2 gelten nicht mehr.

21.

Angenommen, man sagt uns, daß es einen Identitätsvogel I gibt und daß jeder Vogel mindestens einen Vogel liebt. Folgt daraus zwangsläufig, daß I übereinstimmend ist?

22.

Angenommen, man sagt uns, daß es einen Identitätsvogel I gibt, doch wir erfahren nichts darüber, ob I übereinstimmend ist oder nicht. Man sagt uns jedoch, daß jedes Paar Vögel vereinbar im Sinne von Aufgabe 6 ist. Welchen der folgenden Schlüsse können wir mit gutem Grund ziehen?
1. Jeder Vogel ist normal – das heißt, er liebt mindestens einen Vogel.
2. I ist übereinstimmend.

23. Warum?

Der Identitätsvogel I ist, wenn auch egozentrisch, im allgemeinen nicht *unverbesserlich* egozentrisch. Ja, gäbe es einen hoffnungslos egozentrischen Identitätsvogel, so wäre die Lage ziemlich beklagenswert. Warum?

Lerchen

Ein Vogel L wird als *Lerche* bezeichnet, wenn für beliebige Vögel x und y folgendes gilt: $(Lx)y = x(yy)$
Lerchen haben einige interessante Eigenschaften, wie wir gleich sehen werden.

24.

Zeigen Sie, daß, wenn es in dem Wald eine Lerche L und einen Identitätsvogel I gibt, sich auch eine Spottdrossel S dort aufhalten muß.

25.

Ein Grund, weshalb ich Lerchen mag, ist folgender: Wenn es in dem Wald eine Lerche gibt, so folgt daraus ohne weiteres Dazutun, daß jeder Vogel mindestens einen Vogel liebt. Sie sehen also, daß die Lerche einen wunderbaren Einfluß auf den ganzen Wald hat; ihre Anwesenheit macht alle Vögel normal. Und da alle normalen Vögel – laut Aufgabe 7 – glücklich sind, veranlaßt eine Lerche L im Wald alle Vögel zum Glücklichsein!
Warum ist das so?

26. Noch ein Rätsel

Warum ist eine unverbesserlich egozentrische Lerche außerordentlich attraktiv?

27.

Vorausgesetzt, daß kein Vogel gleichzeitig eine Lerche und ein Falke sein kann – wie jeder Ornithologe weiß! –, zeigen Sie, daß es für eine Lerche unmöglich ist, einen Falken zu lieben.

28.

Es kann jedoch sein, daß ein Falke F eine Lerche L liebt. Zeigen Sie, daß in einem solchen Fall jeder Vogel L liebt.

29.

Und jetzt erzähle ich Ihnen das Erstaunlichste, was ich über Lerchen weiß: Angenommen, wir erfahren, daß es in dem Wald eine Lerche L gibt, und wir bekommen keinerlei weitere Informationen. Allein mit diesem einen Faktum kann man beweisen, daß es mindestens einen egozentrischen Vogel in dem Wald geben muß!

Der Beweis ist etwas knifflig. Wenn die Lerche L gegeben ist, können wir tatsächlich einen Ausdruck für einen egozentrischen Vogel aufschreiben, und wir können ihn schreiben, indem wir allein den Buchstaben L verwenden, natürlich mit Klammern. Der kürzeste Ausdruck, den ich finden konnte, hat eine Länge von 12, Klammern nicht mitgezählt. Das heißt, indem wir L zwölfmal aufschreiben und dann in der richtigen Weise mit Klammern versehen, haben wir die Antwort. Hätten Sie Lust, es zu versuchen? Finden Sie einen kürzeren Ausdruck als meinen, mit dem es geht? Läßt sich beweisen, daß es keinen kürzeren Ausdruck mit L gibt, mit dem es geht? Ich weiß es nicht! Überprüfen Sie aber in jedem Fall, ob Sie einen egozentrischen Vogel finden können, wenn der Vogel L gegeben ist.

Lösungen

1. Das erste Gerücht stimmt; jeder Vogel A liebt mindestens einen Vogel. Der Beweis sieht so aus:

Nehmen wir einen beliebigen Vogel A. Dann gibt es, Bedingung B_1 zufolge, einen Vogel C, der A mit der Spottdrossel S verbindet, denn für *jeden* Vogel B gibt es einen Vogel C, der A mit B verbindet, also gilt dies auch dann, wenn B zufällig die Spottdrossel S ist. Folglich gilt für jeden Vogel x, daß Cx = A(Sx) oder, was das gleiche ist, daß A(Sx) = Cx. Da diese Gleichung für *jeden* Vogel x gilt, können wir statt x auch C einsetzen und erhalten so die Gleichung A(SC) = CC. Doch SC = CC, da S eine Spottdrossel ist, und so können wir in der Gleichung A(SC) = CC statt SC auch CC einsetzen und erhalten damit die Gleichung A(CC) = CC. Das bedeutet, daß A den Vogel CC liebt! Kurz gesagt, wenn C ein beliebiger Vogel ist, der A mit S verbindet, so liebt A den Vogel CC. Außerdem liebt A den SC, da SC der gleiche Vogel ist wie CC.

2. Wir haben soeben gesehen, daß die Bedingungen B_1 und B_2 implizieren, daß jeder Vogel mindestens einen Vogel liebt. Das bedeutet insbesondere, daß die Spottdrossel S mindestens einen Vogel E liebt. Wir zeigen jetzt, daß E egozentrisch sein muß.
Zunächst ist SE = E, da S den E liebt. Auch ist SE = EE, da S eine Spottdrossel ist. Also sind E und EE beide mit dem Vogel SE identisch, daher EE = E. Das bedeutet, daß E den E liebt – und das heißt, E ist egozentrisch.

3. Gegeben ist, daß die Kompositionsbedingung B_1 gilt und daß es einen übereinstimmenden Vogel A gibt.
Nehmen wir einen beliebigen Vogel x. Gemäß der Kompositionsbedingung gibt es einen Vogel H, der x mit A verbindet. Da A übereinstimmend ist, so stimmt A mit H über einen Vogel y überein. Wir wollen zeigen, daß x den Vogel Ay lieben muß.
Da A mit H über y übereinstimmt, so ist Ay = Hy. Doch da H den x mit A verbindet, so ist Hy = x(Ay). Folglich ist Ay = Hy = x(Ay), und somit ist Ay = x(Ay) oder – was das gleiche ist – x(Ay) = Ay. Das bedeutet, daß x den Ay liebt.

Eine Bonusfrage: Die Spottdrossel ist mit Sicherheit übereinstimmend, denn für jeden Vogel x gilt, daß S mit x über eben diesen Vogel x übereinstimmt, da Sx = xx. Mit anderen Worten, es *gibt* einen Vogel y – nämlich x selbst –, für den gilt, daß Sy = xy.
Da jede Spottdrossel übereinstimmend ist, implizieren die bei Aufgabe 3 gegebenen Bedingungen die bei Aufgabe 1 gegebenen Bedingungen, und somit ist die Lösung von Aufgabe 1 eine alternative Lösung für Aufgabe 3, jedoch eine kompliziertere.

4. Gegeben ist, daß C den A mit B verbindet und daß C übereinstimmend ist. Auch wissen wir, daß die Kompositionsbedingung gilt. Wir sollen zeigen, daß A übereinstimmend ist.
Nehmen wir einen beliebigen Vogel D. Wir müssen zeigen, daß A mit D über irgendeinen Vogel übereinstimmt. Da die Kompositionsbedingung gilt, gibt es einen Vogel E, der D mit B verbindet. Auch stimmt C mit E über einen Vogel x überein, da C übereinstimmend ist – folglich Cx = Ex. Außerdem gilt Ex = D(Bx), weil E den D mit B verbindet, und Cx = A(Bx), weil C den A mit B verbindet. Da Ex = D(Bx), haben wir somit A(Bx) = D(Bx). Und so stimmt A mit D über den Vogel Bx überein. Das beweist, daß es für *jeden* Vogel D einen Vogel

gibt, über den A und D übereinstimmen, was bedeutet, daß A übereinstimmend ist.
Kurzgefaßt: A(Bx) = Cx = Ex = D(Bx).

5. Angenommen, das Kompositionsgesetz B_1 gilt. Nehmen wir beliebige Vögel A, B und C. Dann gibt es einen Vogel E, der B mit C verbindet, und somit gilt für jeden Vogel x, daß Ex = B(Cx), und folglich ist A(Ex) = A(B(Cx)). Wenn wir wieder das Kompositionsgesetz benutzen, so gibt es einen Vogel D, der A mit E verbindet, und folglich ist Dx = A(Ex). Daher ist Dx = A(Ex) = A(B(Cx)), und somit ist Dx = A(B(Cx)).

6. Gegeben ist, daß die Bedingungen B_1 und B_2 von Aufgabe 1 zutreffen. Folglich liebt jeder Vogel mindestens einen Vogel, gemäß der Lösung zu Aufgabe 1. Nehmen wir nun beliebige Vögel A und B. Bedingung B_1 zufolge gibt es einen Vogel C, der A mit B verbindet. Der Vogel C liebt irgendeinen Vogel – nennen wir ihn y. Somit ist Cy = y. Auch ist Cy = A(By), da C den A mit B verbindet. Folglich ist A(By) = y. Sei x der Vogel By. Dann ist Ax = y, und natürlich By = x. Damit ist bewiesen, daß A und B vereinbar sind.

7. Zu sagen, daß A mit B vereinbar ist, bedeutet nicht unbedingt, daß es zwei *verschiedene* Vögel x und y gibt, für die gilt, daß Ax = y und By = x; x und y können der gleiche Vogel sein. Wenn es also einen Vogel x gibt, für den gilt, daß Ax = x und Bx = x, so impliziert das zweifellos, daß A und B vereinbar sind. Wenn also Ax = x, dann ist A automatisch mit A vereinbar, denn Ax = y und Ay = x, wenn y der gleiche Vogel ist wie x.
Wenn A also x liebt, dann ist Ax = x, und A ist mit A vereinbar, was bedeutet, daß A glücklich ist.

8. Angenommen, H ist ein glücklicher Vogel. Dann gibt es Vögel x und y, für die gilt, daß Hx = y und Hy = x. Da Hx = y, können wir x ersetzen durch Hy (da Hy = x) und erhalten H(Hy) = y. Auch gibt es – laut Kompositionsbedingung B_1 – einen Vogel B, der H mit H verbindet, und somit gilt By = H(Hy) = y. Also ist By = y, was bedeutet, daß B den y liebt. Da B einen Vogel y liebt, ist B normal.

9. Gegeben sind die Bedingungen von Aufgabe 1, folglich liebt jeder Vogel mindestens einen Vogel. Insbesondere liebt der Falke F einen

Vogel A. Somit ist FA = A. Folglich gilt für jeden Vogel x, daß (FA)x = Ax. Auch ist (FA)x = A, da F ein Falke ist. Daher ist Ax = A. Da für jeden Vogel x gilt, daß Ax = A, ist A somit unverbesserlich egozentrisch.

Wir können das Ganze auch so betrachten: Wenn der Falke F einen Vogel A liebt, dann ist Fa = A. Auch ist FA auf A fixiert, und da FA = A, ist A auf A fixiert, was bedeutet, daß A unverbesserlich egozentrisch ist. Und somit sehen wir, daß jeder Vogel, den der Falke liebt, unverbesserlich egozentrisch sein muß.

10. Natürlich folgt es daraus! Wenn x auf y fixiert ist, dann gilt für *jeden* Vogel z, daß xz = y, also gilt auch speziell, daß xy = y, was bedeutet, daß x den y liebt.

11. Wenn F egozentrisch ist, dann liebt F den F. Wir haben jedoch in Aufgabe 9 gezeigt, daß jeder Vogel, den F liebt, unverbesserlich egozentrisch sein muß; wenn also F egozentrisch ist, so ist F unverbesserlich egozentrisch.

12. Angenommen, Fx ist egozentrisch. Dann ist (Fx)(Fx) = Fx. Doch auch (Fx)(Fx) = x, denn für *jeden* Vogel y gilt, daß (Fx)y = x, also trifft dies auch dann zu, wenn y der Vogel Fx ist. Deshalb ist Fx = x, denn Fx und x gleichen beide dem Vogel (Fx)(Fx), also gleichen sie auch einander. Das bedeutet, daß F den x liebt.

13. Angenommen, A ist unverbesserlich egozentrisch. Dann ist Ax = A und Ay = A, also ist Ax = Ay; sie gleichen beide A. Somit ist die Aussage wahr.

14. Ja, es folgt daraus. Angenommen, A ist unverbesserlich egozentrisch. Dann ist Ax = A, folglich ist (Ax)y = Ay und Ay = A, also ist (Ax)y = A.

15. Angenommen, A ist unverbesserlich egozentrisch. Dann gilt für beliebige Vögel x und y, daß (Ax)y = A, der letzten Aufgabe zufolge. Auch ist Ax = A, da A unverbesserlich egozentrisch ist. Folglich ist (Ax)y = Ax, da (Ax)y und Ax beide A gleichen. Also gilt für jeden Vogel y, daß (Ax)y = Ax, was bedeutet, daß Ax unverbesserlich egozentrisch ist.

16. Nehmen wir an, daß $Fx = Fy$ und daß F ein Falke ist. Dann gilt für jeden Vogel z, daß $(Fx)z = (Fy)z$. Aber $(Fx)z = x$ und $(Fy)z = y$, also ist $x = (Fx)z = (Fy)z = y$. Folglich ist $x = y$.

17. Angenommen, A ist auf x fixiert, und A ist auf y fixiert; wir wollen zeigen, daß $x = y$.
Nehmen wir einen beliebigen Vogel z. Dann ist $Az = x$, da A auf x fixiert ist, und $Az = y$, da A auf y fixiert ist. Folglich gleichen x und y beide dem Vogel Az, und daher ist $x = y$.

18. Angenommen, F liebt Fx. Dann ist $F(Fx) = Fx$. Nun ist $F(Fx)$ auf Fx fixiert, während Fx auf x fixiert ist. Doch da $F(Fx)$ und Fx der gleiche Vogel sind, ist der gleiche Vogel sowohl auf Fx als auch auf x fixiert, und das bedeutet $Fx = x$, gemäß der letzten Aufgabe. Somit liebt F den x.

19. Wir wollen zeigen, daß für einen Falken die einzige Möglichkeit, egozentrisch zu sein, darin besteht, daß er der einzige Vogel des Waldes ist!
1. Beweis: Angenommen, F ist ein egozentrischer Falke. Dann ist F unverbesserlich egozentrisch, Aufgabe 11 zufolge. Nun seien x und y beliebige Vögel in dem Wald, und wir wollen zeigen, daß $x = y$.
Da F unverbesserlich egozentrisch ist, so ist $Fx = F$ und $Fy = F$, also $Fx = Fy$. Daher ist, laut Aufgabe 16, $x = y$. Somit sind beliebige Vögel x und y in dem Wald miteinander identisch, und es gibt nur einen Vogel in dem Wald. Da vorausgesetzt war, daß sich F in dem Wald befindet, ist F der einzige Vogel des Waldes.
2. Beweis: Wieder verwenden wir das Faktum, daß F, wenn er egozentrisch ist, hoffnungslos egozentrisch ist. Nun sei x irgendein Vogel des Waldes. Dann ist Fx auf x fixiert, da F ein Falke ist, und ebenso ist $Fx = F$, da F unverbesserlich egozentrisch ist. Daher ist F auf x fixiert, da Fx auf x fixiert ist, und Fx ist der Vogel F. Das beweist, daß F auf jeden Vogel x des Waldes fixiert ist. Doch kann F, Aufgabe 17 zufolge, nicht auf mehr als einen Vogel fixiert sein, folglich müssen alle Vögel des Waldes identisch sein.

20. Ja, es folgt daraus. Angenommen, I ist übereinstimmend. Dann gibt es für jeden Vogel x einen Vogel y, für den gilt, daß $xy = Iy$. Doch ist $Iy = y$, folglich ist $xy = y$. Also liebt x den y.

21. Ja, es folgt daraus. Angenommen, jeder Vogel x liebt irgendeinen Vogel y. Dann ist xy = y, aber auch Iy = y, und somit stimmt Vogel I mit x über Vogel y überein.

22. Beide Folgerungen sind zutreffend.
1. Gegeben ist, daß I ein Identitätsvogel ist und daß beliebige zwei Vögel vereinbar sind. Nehmen wir nun irgendeinen Vogel B. Dann ist B mit I vereinbar, also gibt es Vögel x und y, für die gilt, daß Bx = y und Iy = x. Da Iy = x, so ist y = x, weil y = Iy. Da y = x und Bx = y, so ist Bx = x, also liebt B den Vogel x. Deshalb liebt jeder Vogel B irgendeinen Vogel x.
2. Dies folgt aus dem ersten Schluß und Aufgabe 21.

23. Angenommen, I ist ein Identitätsvogel, und I ist unverbesserlich egozentrisch. Wir nehmen einen beliebigen Vogel x. Dann ist Ix = I, da I unverbesserlich egozentrisch ist; außerdem ist Ix = x, da I ein Identitätsvogel ist. Dann ist x = I, also haben wir es wieder mit der traurigen Tatsache zu tun, daß es in dem Wald nur einen Vogel gibt; jeder Vogel x ist mit I identisch.

24. Angenommen, L ist eine Lerche, und I ist ein Identitätsvogel. Dann gilt für jeden Vogel x, daß (LI)x = I(xx) = xx. Folglich ist LI eine Spottdrossel. Das heißt, wenn jemand I dem L zuruft, so benennt L die Spottdrossel.

25. Die Lösung ist leicht zu finden. Angenommen, L sei eine Lerche. Dann gilt für beliebige Vögel x und y, daß (Lx)y = x(yy). Dies gilt auch dann, wenn y der Vogel Lx ist, und somit ist (Lx)(Lx) = x((Lx)(Lx)). Und somit ist natürlich x((Lx)(Lx)) = (Lx)(Lx), was bedeutet, daß x den Vogel (Lx)(Lx) liebt. Also ist jeder Vogel x normal.
Als Hilfe bei der Lösung weiterer Aufgaben merken wir uns das Faktum, daß für jede Lerche L gilt, daß jeder Vogel x den Vogel (Lx)(Lx) liebt.

26. Wir wollen zeigen, daß, wenn L eine unverbesserlich egozentrische Lerche ist, dann jeder Vogel L liebt.
Angenommen, L ist eine Lerche, und L ist unverbesserlich egozentrisch. Da L unverbesserlich egozentrisch ist, gilt für beliebige Vögel x und y, daß (Lx)y = L, Aufgabe 14 zufolge. Speziell gilt, wenn wir Lx

für y einsetzen, daß $(Lx)(Lx) = L$. Doch x liebt $(Lx)(Lx)$, wie wir in der letzten Aufgabe gezeigt haben. Folglich liebt x den L, da $(Lx)(Lx) = L$. Das beweist, daß jeder Vogel x den L liebt.

27. Dies ist ein interessanter Beweis! Wir haben bereits in Aufgabe 18 gezeigt, daß, wenn F den Fx liebt, dann F den x liebt. Speziell gilt, wenn wir F für x einsetzen, daß, wenn F den FF liebt, dann F den F liebt.
Nehmen wir nun an, daß L eine Lerche in dem Wald ist, daß F ein Falke in dem Wald ist und daß L den F liebt. Dann ist $LF = F$, folglich ist $(LF)F = FF$. Doch $(LF)F = F(FF)$, da L eine Lerche ist. Folglich ist $FF = F(FF)$ – sie gleichen beide $(LF)F$ –, was dazu führt, daß F den FF liebt. Dann liebt F den F, wie wir im letzten Abschnitt gezeigt haben. Somit ist F egozentrisch. Dann ist, Aufgabe 19 zufolge, F der einzige Vogel des Waldes. Doch das steht im Widerspruch zu dem gegebenen Faktum, daß L in dem Wald ist und $L \neq F$.

28. Angenommen, F liebt L. Dann ist, der Lösung von Aufgabe 9 zufolge, L unverbesserlich egozentrisch. Daher liebt, laut Aufgabe 26, jeder Vogel L.

29. Angenommen, in dem Wald gibt es eine Lerche L. Dann liebt, laut Aufgabe 25, jeder Vogel mindestens einen Vogel. Insbesondere liebt der Vogel LL einen Vogel y. (Das ist unser erster Trick!) Daher ist $(LL)y = y$, aber $(LL)y = L(yy)$, da L eine Lerche ist, und somit gilt für *jeden* Vogel x, daß $(Lx)y = x(yy)$. Folglich ist $L(yy) = y$, da beide $(LL)y$ gleichen. Daher ist $(L(yy))y = yy$. (Und das ist unser zweiter Trick!) Doch $(L(yy))y = (yy)(yy)$. Das zeigt sich, wenn man x in der Gleichung $(Lx)y = x(yy)$ durch (yy) ersetzt. Somit gleichen yy und $(yy)(yy)$ beide $(L(yy))y$, folglich ist $(yy)(yy) = yy$, was bedeutet, daß yy egozentrisch ist.
Damit ist bewiesen, daß, wenn y irgendein Vogel ist, den LL liebt, dann yy egozentrisch ist. Außerdem liebt LL tatsächlich einen Vogel y, Aufgabe 25 zufolge.
Wir können in der Tat einen Vogel y berechnen, den LL liebt. In der Lösung zu Aufgabe 25 haben wir gesehen, daß für jeden Vogel x gilt, daß x den $(Lx)(Lx)$ liebt. Daher liebt LL den $(L(LL))(L(LL))$. Somit können wir $(L(LL))(L(LL))$ für den Vogel y einsetzen. Unser egozentrischer Vogel ist dann $((L(LL))(L(LL)))((L(LL))(L(LL)))$.

10
Gibt es einen weisen Vogel?

Inspektor Craig von Scotland Yard war ein vielseitig interessierter Mann. Die Leser meiner älteren Rätselbücher kennen seine diversen Aktivitäten. Dazu gehören die Aufdeckung von Straftaten, die Juristerei, die Logik, Zahlenmaschinen, retrograde Analyse, Vampirismus, Philosophie und Theologie. Er interessierte sich gleichermaßen für ornithologische Logik – ein Gebiet, das die kombinatorische Logik auf das Studium der Vögel anwendet. Er war also hocherfreut, von dem Vogelwald des letzten Kapitels zu hören, und beschloß, ihn zu besuchen und ein wenig zu »inspizieren«.

Dort angekommen, unterhielt er sich als erstes mit dem Vogelsoziologen des Waldes, der Professor Fowler hieß. Professor Fowler erzählte Craig von den beiden Gesetzen B_1 und B_2, dem grundlegenden Kompositionsgesetz und der Existenz einer Spottdrossel aus der ersten Aufgabe des letzten Kapitels. Daraus konnte Inspektor Craig natürlich schließen, daß jeder Vogel mindestens einen Vogel liebte.

»Ich möchte mich mit der Materie jedoch etwas näher vertraut machen«, erklärte Craig dem Professor. »Ich bin, wie mathematische Logiker sagen würden, ein Konstruktivist. Es genügt mir nicht zu wissen, daß, wenn ein Vogel x gegeben ist, *irgendwo* in dem Wald ein Vogel y existiert, den x liebt; ich möchte wissen, wie ich, wenn ein Vogel x gegeben ist, einen solchen Vogel y *finden* kann. Gibt es in diesem Wald zufällig einen Vogel, der eine solche Information liefern kann?«

»Ich verstehe Ihre Frage nicht«, gab Fowler zurück. »Was meinen Sie damit, wenn Sie fragen, ob ein Vogel eine solche Information *liefern* kann?«

»Was ich gerne wissen möchte«, sagte Craig, »ist, ob es einen besonderen Vogel gibt, der immer dann, wenn ich ihm den Namen eines Vogels x nenne, damit antwortet, daß er einen Vogel nennt, den x liebt. Wissen Sie, ob es einen solchen Vogel gibt?«

»Oh, jetzt weiß ich, was Sie meinen«, sagte Fowler. »Es ist eine sehr interessante Frage, die Sie da stellen! Alles, was ich Ihnen dazu sagen kann, ist, daß das *Gerücht* umgeht, daß es einen solchen Vogel gibt, doch ist bislang nicht nachgewiesen worden, daß es ihn in diesem Wald wirklich gibt. Solche Vögel werden *weise Vögel* genannt, manchmal auch *Orakelvögel*, aber – wie gesagt – wir wissen nicht, ob es hier weise Vögel gibt. Wenn man einigen Geschichtsbüchern glauben darf, wurden weise Vögel zuerst in Griechenland beobachtet, genauer gesagt, in Delphi, was vielleicht erklärt, daß sie auch Orakelvögel genannt werden. Entsprechend wird der griechische Buchstabe Θ benutzt, um einen weisen Vogel zu kennzeichnen. Wenn es einen solchen Vogel wirklich gibt, so hat er die bemerkenswerte Eigenschaft, daß für jeden Vogel x gilt, daß x den Vogel Θx liebt – mit anderen Worten, $x(\Theta x) = \Theta x$. Oder, wie man auch sagen könnte, wenn Sie x dem Θ zurufen, wird Θ den Namen eines Vogels benennen, den x liebt.

Ich versuche nun schon seit geraumer Zeit, einen weisen Vogel zu finden, und ich fürchte, ich bin bisher nicht sehr weit gekommen. Wenn Sie auf die Sache etwas Licht werfen könnten, wäre ich Ihnen äußerst dankbar!«

Inspektor Craig erhob sich, dankte Professor Fowler und versprach ihm, über die Sache nachzudenken. Den Rest des Tages verbrachte er damit, durch den Wald zu laufen, in Gedanken ganz mit dem Problem beschäftigt. Am nächsten Morgen fand er sich wieder bei Professor Fowler ein.

»Ich bezweifle sehr«, sagte Craig, »daß man allein mit Hilfe der beiden Bedingungen B_1 und B_2, die Sie mir genannt haben, ausmachen kann, ob es in diesem Wald einen weisen Vogel gibt oder nicht. Das Problem ist dabei folgendes«, erklärte er. »Wir wissen, daß es eine Spottdrossel S gibt. Und wir wissen, daß es für jeden Vogel x *irgendeinen* Vogel gibt, der x mit der Spottdrossel S verbindet. Dann liebt, wie Sie wissen, x den Vogel yy. Doch wie *findet* man, wenn der Vogel x gegeben ist, einen Vogel y, der x mit S verbindet? Gäbe es einen Vogel A, der diese Information liefern würde, so wäre das Problem lösbar. Doch habe ich auf der Basis dessen, was Sie mir erzählt haben, keinen Grund zu der Annahme, daß es einen solchen Vogel gibt.«

»Oh, es *gibt* aber einen solchen Vogel«, gab Fowler zurück. »Es tut mir leid, aber ich vergaß, Ihnen zu sagen, daß wir einen Vogel A haben, der unabhängig davon, welchen Vogel x Sie ihm nennen, antwortet,

indem er einen Vogel nennt, der x mit S verbindet. Das heißt, daß für jeden Vogel x gilt, daß der Vogel Ax den x mit S verbindet.«
»Ausgezeichnet«, freute sich Craig. »Damit ist Ihr Problem völlig gelöst: In diesem Wald *gibt* es einen weisen Vogel.«
Wie konnte Craig das so genau wissen?

»Großartig!« sagte Fowler, nachdem Craig ihm den Beweis geliefert hatte, daß es in dem Wald einen weisen Vogel gab.
»Und was haben Sie jetzt für Pläne? Sie wissen vielleicht, daß dieser Wald nur einer aus einer ganzen Kette bemerkenswerter Vogelwälder ist. Sie sollten unbedingt Currys Wald besuchen, und bevor Sie dort ankommen, müssen Sie einen anderen Wald passieren, der ein ungewöhnlich reiches Vogelleben hat. Sicher werden Sie dort eine Zeitlang bleiben wollen; man kann da so viel lernen!«
Craig dankte Professor Fowler und reiste weiter zum nächsten Wald. Er wußte jedoch nicht, daß dies erst der Beginn eines Unternehmens war, mit dem er den ganzen Sommer verbringen würde!

Lösungen

Diese Aufgabe ist, auch wenn sie größere Bedeutung hat, tatsächlich ganz einfach zu lösen.
Zunächst einmal ist der von Fowler beschriebene Vogel A nicht mehr oder weniger als eine Lerche! Und zwar aus folgendem Grund: Zu sagen, daß für jeden Vogel x gilt, daß der Vogel Ax den x mit S verbindet, bedeutet das gleiche, wie zu sagen, daß für jeden Vogel x und jeden Vogel y gilt, daß $(Ax)y = x(Sy)$. Doch ist $Sy = yy$, also ist $x(Sy) = x(yy)$. Folglich erfüllt der von Fowler beschriebene Vogel A die Bedingung, daß für beliebige Vögel x und y gilt, daß $(Ax)y = x(yy)$, was bedeutet, daß A eine Lerche ist.
Und somit verkürzt sich die Aufgabe auf folgendes: Gegeben sind eine Spottdrossel S, eine Lerche L und die grundlegende Kompositionsbedingung B_1, und wir haben zu zeigen, daß es in dem Wald einen weisen Vogel gibt.
Bei der Lösung zu Aufgabe 25 im letzten Kapitel haben wir gezeigt, daß jeder Vogel x den Vogel $(Lx)(Lx)$ liebt, folglich liebt x den $S(Lx)$, da $S(Lx) = (Lx)(Lx)$. Nun gibt es, basierend auf der Kompositionsbedingung B_1, einen Vogel Θ, der S mit L verbindet. Das bedeutet, daß für jeden Vogel x gilt, daß $\Theta x = S(Lx)$. Da x den $S(Lx)$ liebt und

$S(Lx) = \Theta x$, so liebt x den Θx, was bedeutet, daß Θ ein weiser Vogel ist.

Kurz gesagt, jeder Vogel, der S mit L verbindet, ist ein weiser Vogel.

Die Theorie der weisen Vögel (technisch als *Fixpunktkombinatoren* bezeichnet) ist ein faszinierender und grundlegender Teil der *kombinatorischen Logik*; wir haben dabei nur die Oberfläche berührt. In einem späteren Kapitel wollen wir uns tiefergehend mit der Theorie der weisen Vögel befassen, doch müssen wir unsere Aufmerksamkeit erst auf einige der bemerkenswerteren Vögel lenken, was wir in den nächsten beiden Kapitel tun werden.

11
Vögel über Vögel

Im nächsten Vogelwald, den Craig besuchte, hieß der zuständige Vogelsoziologe Professor Adriano Bravura. Professor Bravura hatte ein aristokratisches und etwas stolzes Benehmen, das viele als Überheblichkeit mißdeuteten. Craig fand bald heraus, daß dieser Eindruck völlig irreführend war; Professor Bravura war ein äußerst hingebungsvoller Gelehrter, der, wie viele Gelehrte, oft zerstreut und geistesabwesend war, und diese »Abwesenheit« war es, was so oft als Gleichgültigkeit und fehlendes Interesse an anderen mißverstanden wurde. In Wirklichkeit war Professor Bravura ein warmherziger Mensch, der sich sehr für seine Studenten interessierte. Craig lernte viel von ihm – und auch den Lesern wird es so gehen!
»Wir haben viele, viele interessante Vögel in diesem Wald«, sagte Bravura im ersten Gespräch zu Craig, »aber bevor ich Ihnen davon erzähle, erkläre ich Ihnen am besten eine gebräuchliche Abkürzung für das Setzen von Klammern.«
Daraufhin nahm Professor Bravura Bleistift und Schreibblock zur Hand und legte sie so, daß Craig sehen konnte, was er schrieb.
»Angenommen, ich schreibe xyz«, sagte Bravura. »Ohne zusätzliche Erläuterung ist dieser Ausdruck mehrdeutig; Sie können nicht wissen, ob ich (xy)z oder x(yz) meine. Die Übereinkunft sieht nun so aus, daß wir damit (xy)z meinen – oder, wie wir sagen, wenn die Klammern weggelassen werden, müssen sie *links* wieder eingesetzt werden. So wird es in der kombinatorischen Logik gehandhabt, und wenn man sich darin etwas geübt hat, werden komplexe Ausdrücke auf diese Weise leichter lesbar.
Diese Handhabung gilt auch für noch komplexere Ausdrücke. Sehen wir uns zum Beispiel den Ausdruck (xy)zw an. Wir betrachten (xy) als eine Einheit, und so ist (xy)zw in Wirklichkeit ((xy)z)w. Was ist xyzw? Zuerst setzen wir die Klammern in dem äußersten linken Teil wieder ein, nämlich xy, und xyzw ist damit (xy)zw, und das wiederum ist

((xy)z)w. Und somit ist xyzw einfach eine Abkürzung für ((xy)z)w.
Hier sind noch weitere Beispiele«, sagte Bravura. »x(yz)w = (x(yz))w, während x(yzw) = x((yz)w).
Ich glaube, Sie sollten sich jetzt an den folgenden Übungen versuchen, damit Sie sicher sein können, daß Sie das Prinzip, nach dem Klammern links wieder eingesetzt werden, genau verstanden haben.«
Hier sind die Übungen, die Bravura Craig vorlegte; die Antworten folgen direkt im Anschluß daran.

Übungen: Setzen Sie in jedem der folgenden Fälle die Klammern vollständig links wieder ein.
a) xy(zwy)v = ?
b) (xyz)(wvx) = ?
c) xy(zwv)(xz) = ?
d) xy(zwv)xz = ? *Anmerkung:* Die Antwort lautet anders als bei c)!
e) x(y(zwv))xz = ?
f) Ist das folgende wahr oder falsch?
$$xyz(AB) = (xyz)(AB)$$
g) Angenommen, $A_1 = A_2$. Können wir schließen, daß $BA_1 = BA_2$? Und können wir schließen, daß $A_1B = A_2B$?
h) Angenommen, xy = z. Welcher der folgenden Schlüsse ist gültig? *Anmerkung:* Verzwickt und wichtig!
1. xyw = zw
2. wxy = wz

Antworten:

a) xy(zwy)v = ((xy)((zw)y))v
b) (xyz)(wvx) = ((xy)z)((wv)x)
c) xy(zwv)(xz) = ((xy)((zw)v))(xz)
d) xy(zwv)xz = (((xy)((zw)v))x)z
e) x(y(zwv))xz = ((x(y((zw)v)))x)z
f) Wahr; beide Seiten reduzieren sich auf ((xy)z)(AB).
g) Beide Schlüsse sind richtig.
h) Angenommen, xy = z.
1. xyw = zw besagt, daß (xy)w = zw, und das ist richtig, da die Vögel (xy) und xy identisch sind und vorausgesetzt war, daß xy = z, und somit (xy) = z.
2. wxy = wz besagt, daß (wx)y = wz, und das folgt sicher *nicht* aus

dem Faktum, daß xy = z! Was jedoch daraus *folgt*, ist, daß w(xy) = wz, aber das ist sehr verschieden von (wx)y = wz.
Also folgt der erste Schluß daraus, der zweite jedoch nicht.

Buntspechte

»Nach dieser Vorbereitung«, sagte Bravura, »können wir uns jetzt den interessanteren Dingen über diesen Wald zuwenden.
Wie schon gesagt, haben wir hier viele faszinierende Vögel. Von entscheidender Bedeutung ist der *Buntspecht,* womit ich einen Vogel B meine, so daß für alle Vögel x, y, z folgendes zutrifft:

$$Bxyz = x(yz)$$

In nicht abgekürzter Schreibweise würde es sich so lesen: ((Bx)y)z = x(yz). Ich finde es jedoch viel einfacher zu lesen: Bxyz = x(yz).«

1.

»Warum sind Buntspechte von grundlegender Bedeutung?« fragte Craig.
»Aus vielen Gründen, wie Sie noch sehen werden«, gab Bravura zurück. »Zunächst einmal, wenn es in einem Wald einen Buntspecht gibt – was in diesem Wald zum Glück der Fall ist –, so muß das grundlegende Kompositionsgesetz gelten: Für jeden Vogel C und D gilt, daß es einen Vogel E gibt, der C mit D verbindet. Können Sie erkennen, warum?«
Anmerkung: Wir erinnern uns aus Kapitel 8: Wenn E den C mit D verbindet, so bedeutet das, daß für jeden Vogel x gilt, daß Ex = C(Dx).

2. Buntspechte und Spottdrosseln

»Nehmen wir an«, sagte Bravura, »daß es in einem Vogelwald einen Buntspecht B und eine Spottdrossel S gibt. Da B anwesend ist, gilt das Kompositionsgesetz, wie Sie gerade gesehen haben. Also folgt, wie Sie wissen, daß jeder Vogel x einen Vogel liebt. Jedoch können Sie, da B anwesend ist, einen Ausdruck aus den Zeichen B, S, x aufschreiben, der einen Vogel bezeichnet, den x liebt. Können Sie herausfinden, wie man einen solchen Ausdruck aufschreiben muß?«

3. Egozentrisch

»Wenn ein Buntspecht B und eine Spottdrossel S gegeben sind«, sagte Bravura, »können Sie dann einen Ausdruck für einen egozentrischen Vogel aufschreiben?«

4. Unverbesserlich egozentrisch

»Denken wir uns nun einen Wald«, sagte Bravura, »in dem es einen Buntspecht B, eine Spottdrossel S und einen Falken F gibt. Versuchen Sie, einen Ausdruck für einen unverbesserlich egozentrischen Vogel aufzuschreiben, der aus den Zeichen B, S und F besteht.«

Ableitungen aus dem Buntspecht

»Und jetzt«, sagte Bravura, »wollen wir die Spottdrosseln und Falken für eine Weile vergessen und uns ganz auf den Buntspecht B konzentrieren. Allein aus diesem einen Vogel kann man viele nützliche Vögel ableiten. Nicht alle haben größere Bedeutung, aber einige davon werden im Lauf unserer Untersuchungen immer wieder auftauchen.«

5. Tauben

»Ein ziemlich wichtiger Vogel ist zum Beispiel die *Taube,* womit ein Vogel T gemeint ist, der die Eigenschaft hat, daß für beliebige Vögel x, y, z, w folgende Bedingung gilt:
$$Txyzw = xy(zw)$$
Der Vogel Taube kann allein aus B abgeleitet werden. Erkennen Sie, wie?«

6. Blaumeisen

»Und dann gibt es die *Blaumeise*«, sagte Bravura, »einen Vogel B_1, so daß für beliebige Vögel x, y, z, w die folgende Bedingung gilt:
$$B_1xyzw = x(yzw)$$
Zeigen Sie, daß es in jedem Wald, in dem es einen Buntspecht gibt, auch eine Blaumeise geben muß.

Wenn Sie eine Blaumeise aus einem Buntspecht ableiten wollen«, setzte Bravura hinzu, »so steht es Ihnen natürlich frei, dabei die Taube T zu benutzen, wenn Ihnen das hilft, da Sie bereits gesehen haben, wie man T aus B ableitet.«

7. Adler

»Dann gibt es da den *Adler*«, sagte Bravura, »womit ein Vogel A gemeint ist, der die Eigenschaft hat, daß für beliebige Vögel x, y, z, w, v folgende Bedingung zutrifft:
$$Axyzwv = xy(zwv)$$
Der Adler läßt sich allein aus dem Vogel B ableiten. Können Sie erkennen, wie? Wieder können Sie Ihre Ableitung vereinfachen, indem Sie Vögel benutzen, die Sie bereits aus B abgeleitet haben.«

8. Bussarde

»Ein *Bussard*«, sagte Bravura, »ist ein Vogel B_2, der folgende Bedingungen erfüllt – natürlich für beliebige Vögel x, y, z, w, v:
$$B_2xyzwv = x(yzwv)$$
Finden Sie, wenn B gegeben ist, einen Bussard B_2.«

9. Tannenmeisen

Bravura fuhr fort: »Unter einer *Tannenmeise* verstehe ich einen Vogel T_1, der folgende Bedingung erfüllt:
$$T_1xyzwv = xyz(wv)$$
Zeigen Sie, wie man eine Tannenmeise T_1 aus einem Buntspecht B ableiten kann.«

10. Bachstelzen

»Und dann gibt es die *Bachstelze*«, sagte Bravura, »einen Vogel B_3, der so beschaffen ist, daß für alle Vögel x, y, z, w die folgende Bedingung gilt: $\quad B_3xyzw = x(y(zw))$
Sehen Sie, wie man eine Bachstelze aus einem Buntspecht ableitet sowie aus allen anderen Vögeln, die wir bereits aus B abgeleitet haben?«

11. Turmfalken

»Als nächstes ist da der *Turmfalke*«, sagte Bravura, »ein Vogel T_2, der folgende Bedingung erfüllt:
$$T_2xyzwv = x(yz)(wv)$$
Können Sie erkennen, wie man einen Turmfalken T_2 aus einem Buntspecht B ableiten kann?«

12. Königsadler

»Und jetzt«, sagte Bravura, »möchte ich wissen, ob Sie, wenn ein Buntspecht B gegeben ist, einen *Königsadler* ableiten können – einen Vogel $\hat{A}$, der so beschaffen ist, daß für alle Vögel x, y_1, y_2, y_3, z_1, z_2, z_3 folgende Bedingung gilt:
$$\hat{A}xy_1y_2y_3z_1z_2z_3 = x(y_1y_2y_3)(z_1z_2z_3).«$$
»Ich glaube, das sind genug Aufgaben für heute«, sagte Bravura. »Wir haben jetzt aus einem einzigen Vogel B acht verschiedene Vögel abgeleitet. Wir könnten noch weitaus mehr ableiten, aber mir scheint, Sie haben genug gesehen, um ein Gefühl für das Verhalten des Buntspechts zu haben. All diese Vögel – B eingeschlossen – gehören zu einer Familie von Vögeln, die man *Kompositoren* nennt. Sie dienen dazu, Klammern einzuführen. Es gibt nur zwei, die Sie im Gedächtnis behalten müssen, nämlich den Buntspecht B und die Taube T; sie spielen in der Literatur über kombinatorische Logik eine maßgebliche Rolle. Die anderen sieben Vögel haben keine Standardbezeichnungen. Es schien mir jedoch angebracht, ihnen Namen zu geben, weil wir uns mit einigen davon noch beschäftigen werden.
Morgen will ich Ihnen von einigen Vögeln erzählen, die ganz anders sind.«

Weitere Vögel

Am nächsten Morgen fand sich Inspektor Craig schon sehr früh wieder ein. Er war überrascht, Professor Bravura im Garten zu finden, wo er mit Papier, Stiften und Stapeln von Aufzeichnungen an einem Tisch saß. Zwei Tassen frisch aufgebrühten Kaffees dampften einladend.

13. Gimpel

»Dieser Morgen ist zu schön, um im Haus zu arbeiten«, sagte Bravura. »Und außerdem kann ich Ihnen vielleicht einige von den Vögeln zeigen, über die wir sprechen werden.
Oh, da ist ein Gimpel!« sagte Bravura. »Dieser Vogel G ist ein wichtiger Standardvogel in der kombinatorischen Logik. Er ist durch folgende Bedingung definiert:
$$Gxy = xyy$$
Verwechseln Sie ihn nicht mit der Lerche L!« warnte Bravura. »Denken Sie daran, daß $Lxy = x(yy)$, während $Gxy = xyy$. Es sind völlig verschiedene Vögel!
Ich habe eine hübsche, kleine Aufgabe für Sie«, fuhr Bravura fort. »Zeigen Sie, daß es in jedem Wald, in dem es einen Gimpel G und einen Falken F gibt, auch eine Spottdrossel S geben muß.«
Nach einer kleinen Pause sagte Bravura: »Ich sehe, Sie haben damit Schwierigkeiten. Es ist wohl besser, wenn ich Ihnen zunächst zwei einfachere Aufgaben gebe.«

14.

»Zeigen Sie, wie man aus einem Gimpel G und einem Identitätsvogel I eine Spottdrossel erhält.«
Hierzu fand Craig die Lösung sehr schnell.

15.

»Zeigen Sie jetzt, wie man aus einem Gimpel G und einem Falken F einen Identitätsvogel erhält.«
»Oh, ich habe eine Idee!« sagte Craig.

16. Kardinale

In dem Augenblick flog ein leuchtend roter Vogel heran.
»Ein Kardinal!« freute sich Bravura. »Er gehört zu meinen Lieblingsvögeln! Auch er spielt in der kombinatorischen Logik eine entscheidende Rolle. Der Kardinal C wird durch folgende Bedingung definiert:
$$Cxyz = xzy$$
Der Kardinal gehört zu einer wichtigen Familie von Vögeln, die *permutierende* Vögel genannt werden. Wie Sie sehen, sind in der obenstehenden Gleichung die Variablen y und z vertauscht worden.
Hier ist eine leichte Aufgabe für Sie«, sagte Bravura. »Zeigen Sie, daß es in jedem Wald, in dem es einen Kardinal und einen Falken gibt, einen Identitätsvogel geben muß.«

17. Dohlen

»Ein Vogel, der mit dem Kardinal eng verwandt ist, ist die Dohle«, sagte Bravura. »Sehen Sie, dort drüben fliegt eine! Eine Dohle D wird durch folgende Bedingung definiert:

$$Dxy = yx$$

Die Dohle ist der einfachste unter den permutierenden Vögeln«, erklärte Bravura. »Man kann sie aus einem Kardinal C und einem Identitätsvogel I ableiten. Erkennen Sie, wie?«

18. Vertauschbare Vögel

»Man sagt, daß zwei Vögel x und y vertauschbar sind«, fuhr Bravura mit seinen Erklärungen fort, »wenn $xy = yx$. Das heißt, daß es keinen Unterschied macht, ob Sie nun y dem x nennen oder x dem y; Sie erhalten in beiden Fällen die gleiche Antwort.
Mit Dohlen hat es eine besondere Bewandtnis«, sagte Bravura. »Wenn

es in einem Wald eine Dohle gibt und wenn jeder Vogel des Waldes einen Vogel liebt, dann muß es mindestens einen Vogel O geben, der mit jedem Vogel vertauschbar ist. Sehen Sie, wie sich das beweisen läßt?«

19.

»Gegeben sind ein Buntspecht B, eine Dohle D und eine Spottdrossel S«, sagte Bravura. »Finden Sie einen Vogel, der mit jedem Vogel vertauschbar ist.«

Buntspechte und Dohlen

»Buntspechte und Dohlen ergänzen sich wunderbar!« sagte Bravura. »Aus diesen beiden Vögeln können Sie eine Vielzahl von Vögeln ableiten, die *permutierende* Vögel genannt werden. Zunächst einmal können Sie aus einem Buntspecht B und einer Dohle D einen Kardinal ableiten – eine Entdeckung, die der Logiker Alonzo Church 1941 machte.«

»Das klingt interessant«, sagte Craig. »Wie macht man das?«

»Die Konstruktion ist etwas kompliziert«, sagte Bravura. »Churchs Ausdruck für einen Kardinal C mit Hilfe von B und D hat acht Buchstaben, und ich bezweifle, daß es mit weniger geht. Ich will die Aufgabe für Sie einfacher machen, indem ich zunächst einen anderen Vogel ableite – einen, der selbst auch nützlich ist.«

20. Rotkehlchen

»Aus B und D«, erklärte Bravura, »können wir einen Vogel R ableiten, der *Rotkehlchen* genannt wird und folgende Bedingung erfüllt:

$$Rxyz = yzx$$

Sehen Sie, wie Sie aus einem Buntspecht und einer Dohle ein Rotkehlchen ableiten können?«

21. Rotkehlchen und Kardinale

»Und jetzt können wir allein aus dem Rotkehlchen einen Kardinal ableiten. Sehen Sie, wie es geht? Die Lösung wird Sie überraschen!«
Eine Bonusfrage: »Wenn Sie die beiden letzten Aufgaben zusammenbringen«, sagte Bravura, »so sehen Sie, wie man C aus B und D ableiten kann. Die Lösung, die Sie dann erhalten, besteht jedoch aus neun Buchstaben. Sie läßt sich um einen Buchstaben verkürzen. Sehen Sie, auf welche Weise?«

22. Zwei nützliche Gesetze

»Die folgenden beiden Gesetze sind nützlich für uns«, sagte Bravura. »R sei BBD, und C sei RRR. Zeigen Sie, daß für jeden Vogel x folgende Fakten gelten:
a) Cx = RxR
b) Cx = B(Dx)R.«

23. Eine Frage

»Sie haben gerade gesehen, daß man einen Kardinal aus einem Rotkehlchen ableiten kann. Kann man auch ein Rotkehlchen aus einem Kardinal ableiten?«

24. Meisen

»Oh, da fliegt eine Meise!« freute sich Bravura. »Eine Meise ist ein Vogel M, für den folgende Bedingung gilt:

$$Mxyz = zyx$$

Die Meise ist natürlich ein weiterer permutierender Vogel, und auch sie läßt sich aus B und D ableiten. Dies kann man auf verschiedenen Wegen erreichen. Zunächst einmal kann man eine Meise leicht aus einem Buntspecht, einem Rotkehlchen und einem Kardinal ableiten – und folglich auch aus einem Buntspecht und einem Rotkehlchen oder aus einem Buntspecht und einem Kardinal. Sehen Sie, wie?«

25.

»Alternativ dazu kann man eine Meise aus einer Dohle D und einem Adler A ableiten. Finden Sie heraus, wie?«

26.

»Sie können sich jetzt zweier verschiedener Methoden bedienen, um eine Meise durch einen Buntspecht B und eine Dohle D auszudrücken. Sie werden feststellen, daß eine davon zu einem viel kürzeren Ausdruck führt als die andere.«

27. Pirole

»Oh, da ist ein Pirol!« sagte Bravura lebhaft. »Wenn Sie sich einmal mit Kombinatorikvögeln im Zusammenhang mit Arithmetik beschäftigen – was Sie sicher tun werden –, so werden Sie feststellen, daß der Pirol von grundlegender Bedeutung ist. Auch der Pirol P ist ein permutierender Vogel, der durch folgende Bedingung definiert wird:
$$Pxyz = zxy$$
Der Pirol hat in gewisser Weise eine dem Rotkehlchen entgegengesetzte Wirkung«, bemerkte Bravura. »Auch dieser Vogel läßt sich aus B und D ableiten. Eine Möglichkeit besteht darin, ihn aus einem Kardinal und einer Meise abzuleiten. Sehen Sie, wie?«

28.

»Welches ist die einfachste Möglichkeit, einen Pirol mit Hilfe von Meise und Rotkehlchen auszudrücken?« fragte Bravura. »Es geht mit einem Ausdruck aus nur drei Buchstaben.«

29. Eine Frage

»Ich werde Ihnen später noch eine andere Möglichkeit zeigen, einen Pirol abzuleiten«, sagte Bravura. »Doch zunächst möchte ich Ihnen eine Frage stellen. Sie haben gesehen, daß man einen Pirol aus einem

Kardinal und einer Meise ableiten kann. Läßt sich eine Meise aus einem Kardinal und einem Pirol ableiten?«

30. Ein Kuriosum

»Noch ein Kuriosum«, sagte Bravura. »Zeigen Sie, daß es in jedem Wald, in dem es ein Rotkehlchen und einen Falken gibt, auch einen Identitätsvogel geben muß.«

Verwandte Vögel

Es war inzwischen Mittag geworden, und Frau Bravura – eine überaus schöne, elegante und kultivierte Venezianerin – servierte ein ausgezeichnetes Mittagsmahl. Im Anschluß an die fürstliche Mahlzeit wurde der Unterricht fortgesetzt.

»Und jetzt möchte ich Ihnen von einigen nützlichen Verwandten des Kardinals, des Rotkehlchens, der Meise und des Pirols erzählen«, sagte Bravura. »Man kann sie alle allein aus den beiden Vögeln B und D ableiten – tatsächlich sogar aus B und C.«

31. Der Vogel C*

»Zunächst ist da der Vogel C*, genannt *Kardinal ersten Grades*, der folgende Bedingung erfüllt:
$$C^*xyzw = xywz$$
Beachten Sie«, sagte Bravura, »daß wir aus dieser Gleichung, wenn wir auf beiden Seiten x entfernen und außerdem den Stern entfernen, die wahre Aussage $Cyzw = ywz$ erhalten.

Und dies ist der Gedanke, der in dem Ausdruck ›ersten Grades‹ steckt. Der Vogel C* ist wie C, abgesehen von der Tatsache, daß seine Aktivität ›zurückgehalten‹ wird, bis wir x herausnehmen; wir ›behandeln‹ dann den Ausdruck yzw, als hätten wir es mit einem Kardinal zu tun.

Und jetzt versuchen Sie, ob Sie C* aus B und C ableiten können. Es ist ganz einfach!«

32. Der Vogel R*

»Der Vogel R* – ein *Rotkehlchen ersten Grades* – steht im gleichen Verhältnis zu R wie C* zu C. Er wird durch folgende Bedingung definiert: $R^*xyzw = xzwy$
Zeigen Sie, daß R* aus B und C ableitbar ist – und somit auch aus B und D.«

33. Der Vogel M*

»Unter einer *Meise ersten Grades* verstehen wir einen Vogel M*, der folgende Bedingung erfüllt:

$$M^*xyzw = xwzy$$

Leiten Sie jetzt M* aus Vögeln ab, die aus B und C ableitbar sind.«

34. Der Vogel P*

»Und schließlich gibt es den *Pirol ersten Grades* – einen Vogel P*, der folgende Bedingung erfüllt:

$$P^*xyzw = xwzy$$

Zeigen Sie, wie man P* aus Vögeln ableitet, die aus B und C ableitbar sind.«

35. Vögel zweiten Grades

»Gegeben sind die Vögel B und C. Finden Sie Vögel C**, R**, M**, P**, die so beschaffen sind, daß für beliebige Vögel x, y, z_1, z_2, z_3 folgende Bedingungen gelten:

$$C^{**}xyz_1z_2z_3 = xyz_1z_3z_2$$
$$R^{**}xyz_1z_2z_3 = xyz_2z_3z_1$$
$$M^{**}xyz_1z_2z_3 = xyz_3z_2z_1$$
$$P^{**}xyz_1z_2z_3 = xyz_3z_1z_2$$

Dies sind Vögel C, R, M, P *zweiten* Grades. Wir werden gelegentlich von ihnen Gebrauch machen.«

36. Zurück zu den Pirolen

»Wie Sie gesehen haben, kann man einen Pirol aus einem Kardinal und einer Meise ableiten. Man kann ihn jedoch auch aus den beiden Vögeln C* und D ableiten. Sehen Sie, wie?«

Kauzige Vögel

»Und jetzt«, sagte Bravura verheißungsvoll, »kommen wir zu einer interessanten Familie von Vögeln, die sowohl einklammern als auch permutieren. Sie sind alle aus B und D ableitbar.«

37. Waldkäuze

»Das wichtigste Mitglied dieser Familie ist der *Waldkauz* K, der durch folgende Bedingung definiert wird:
$$Kxyz = y(xz)$$
Wie Sie sehen, führt K Klammern ein und permutiert außerdem die Stellung der Buchstaben x und y.

Hier sollten wir einen Vergleich mit dem Buntspecht B anführen: Für beliebige Vögel x und y gilt, daß der Vogel Bxy den x mit y verbindet, während Kxy den y mit x verbindet.

Der Vogel K läßt sich ganz leicht aus B und einem anderen Vogel ableiten, den Sie bereits aus B und D abgeleitet haben. Sehen Sie, welcher es ist und wie man es macht?«

38. Steinkäuze

»Der Waldkauz K hat mehrere Cousins; der vielleicht wichtigste unter ihnen ist der *Steinkauz* K_1, definiert durch die Bedingung:
$$K_1xyz = x(zy)$$
Zeigen Sie, daß K_1 aus B und D abgeleitet werden kann. Wieder können Sie natürlich alle Vögel benutzen, die bereits aus B und D abgeleitet worden sind.«

39. Habichtskäuze

»Und dann ist da der Habichtskauz K_2, ein anderer Cousin von K. Er wird definiert durch die Bedingung:
$$K_2xyz = y(zx)$$
Zeigen Sie, daß sich K_2 aus B und D ableiten läßt.«

40. Eine Aufgabe

»Hier ist eine kleine Aufgabe für Sie«, sagte Bravura. »Angenommen, wir wissen, daß es in einem bestimmten Vogelwald einen Kardinal gibt, doch wir wissen nicht, ob er einen Buntspecht oder eine Dohle enthält. Zeigen Sie, daß, wenn es in dem Wald entweder einen Steinkauz oder einen Habichtskauz gibt, dann auch der jeweils andere vertreten sein muß.«

41. Bartkäuze

»Ein weiterer Cousin von K ist der *Bartkauz* K_3, der durch folgende Bedingung definiert wird:
$$K_3xyz = z(xy)$$
Zeigen Sie, daß K_3 aus B und D ableitbar ist.«

42. Rauhfußkäuze

»Der letzte Cousin von K ist der *Rauhfußkauz* K_4, der durch folgende Bedingung definiert wird:
$$K_4xyz = z(yx).«$$
»Was für ein merkwürdiger Name!« entfuhr es Craig.
»Er stammt nicht von mir. Er ist nach einem gewissen Professor Rauhfuß benannt worden, der ihn entdeckt hat. Aber wie dem auch sei, sehen Sie, wie man ihn aus B und D ableiten kann?«

43. Ein altes Sprichwort

»Es gibt ein altes Sprichwort«, sagte Bravura, »wonach es, wenn ein Kardinal vorhanden ist, keinen Bartkauz ohne einen Rauhfußkauz geben und keinen Rauhfußkauz ohne einen Bartkauz geben kann. Und wenn es dieses Sprichwort noch nicht gibt, so sollte es eingeführt werden! Sehen Sie, warum dieses Sprichwort wahr ist?«

44. Eine Frage

»Kann man einen Rauhfußkauz aus K_1 und D ableiten?«

45. Eine interessante Information über den Waldkauz K

»Sie haben gesehen, daß man den Waldkauz K aus dem Buntspecht B und der Dohle D ableiten kann. Es ist für uns von Interesse, daß man alternativ auch einen Buntspecht B aus einem Waldkauz K und einer Dohle D ableiten kann. Sehen Sie, wie? Die Methode ist etwas kompliziert!«

46.

»Einen Kardinal C kann man leichter aus K und D ableiten als aus B und D – ja, es reicht sogar ein Ausdruck, der aus nur vier Buchstaben besteht. Finden Sie ihn?«

47. Zeisige

»Ein anderer Vogel, der aus B und D ableitbar ist und der sich mir als nützlich erwiesen hat, ist der *Zeisig* Z, definiert durch folgende Bedingung: $$Zxyzw = xw(yz)$$
Sehen Sie, wie man ihn aus B und D ableiten kann?
Wir könnten uns endlos weiter damit beschäftigen, Vögel aus B und D abzuleiten«, sagte Bravura, »aber es ist kühl geworden, und meine Frau hat ein gutes Abendessen für uns vorbereitet. Morgen werde ich Ihnen von einigen anderen Vögeln erzählen.«

Lösungen

1. Gegeben ist ein Buntspecht B, und wir sollen zeigen, daß es für beliebige Vögel C und D einen Vogel E gibt, der C mit D verbindet. Nun ist BCD ein solcher Vogel E, denn für jeden Vogel x gilt, daß (BCD)x = ((BC)D)x = C(Dx). Folglich verbindet BCD den C mit D.

2. Bei der Lösung zu Aufgabe 1 im 9. Kapitel haben wir gesehen, daß, wenn y ein beliebiger Vogel ist, der x mit S verbindet, x den Vogel yy liebt. Nun verbindet BxS den x mit S (gemäß der letzten Aufgabe), also muß x den (BxS)(BxS) lieben.
Machen wir die Probe: (BxS)(BxS) = BxS(BxS) = x(S(BxS)) = x((BxS)(BxS)) – weil S(BxS) = (BxS(BxS)). Also (BxS)(BxS) = x((BxS)(BxS)), oder, was das gleiche ist, x((BxS)(BxS)) = (BxS)(BxS), was bedeutet, daß x den Vogel (BxS)(BxS) liebt.
Der Ausdruck (BxS)(BxS) läßt sich verkürzen zu S(BxS). Also liebt x den S(BxS).

3. Wir haben soeben gesehen, daß für jeden Vogel x gilt, daß x den S(BxS) liebt. Wenn wir für x die Spottdrossel S einsetzen, so liebt S den S(BSS). Nun haben wir bei der Lösung zu Aufgabe 2 im 9. Kapitel gesehen, daß jeder Vogel, den die Spottdrossel liebt, egozentrisch sein muß. Also ist S(BSS) egozentrisch.
Machen wir die Probe: S(BSS) = (BSS)(BSS) = BSS(BSS) = S(S(BSS)) = (S(BSS))(S(BSS)). Und somit sehen wir, daß S(BSS) = (S(BSS))(S(BSS)), oder, was das gleiche ist, (S(BSS))(S(BSS)) = S(BSS), was bedeutet, daß (S(BSS) egozentrisch ist.

4. Da für jeden Vogel x gilt, daß x den S(BxS) liebt, so liebt der Falke F den S(BFS). Somit ist S(BFS) unverbesserlich egozentrisch, der Lösung von Aufgabe 9 im 9. Kapitel zufolge, aus der wir gesehen haben, daß jeder Vogel, den der Falke liebt, unverbesserlich egozentrisch sein muß.

5. Manchmal ist es am einfachsten, solche Aufgaben rückwärts zu bearbeiten. Wir suchen einen Vogel T, so daß Txyzw = (xy)(zw). Betrachten wir den Ausdruck (xy)(zw) und sehen wir, wie wir zu Txyzw zurückfinden können, wobei T der Vogel ist, den wir finden wollen. Wir sehen den Ausdruck (xy) als Einheit an, die wir A nennen wollen, und somit $(xy)(zw) = A(zw)$, was wir als BAzw erkennen, und das ist $B(xy)zw$. Also besteht der erste Schritt der »rückläufigen« Beweisführung darin, $(xy)(zw)$ als $B(xy)zw$ zu erkennen. Als nächstes betrachten wir den vorderen Teil $B(xy)$ des Ausdrucks und erkennen in ihm BBxy. $B(xy)zw$ ist also BBxyzw. Also nehmen wir T als Vogel BB.

Machen wir die Probe, indem wir die Argumentation vorwärts laufen lassen.

Txyzw = BBxyzw, da T = BB.
       = $B(xy)zw$, da BBxy = $B(xy)$.
       = $(xy)(zw) = xy(zw)$.

6. Da wir bereits die Taube T aus B entwickelt haben, dürfen wir sie benutzen. Mit anderen Worten, in jeder Lösung für B_1 mit Hilfe von B und T können wir T durch BB ersetzen und erhalten damit eine Lösung, die nur durch Bs ausgedrückt ist.

Wieder erarbeiten wir uns die Lösung rückwärts gerichtet.

$x(yzw) = x((yz)w) = Bx(yz)w$. Wir erkennen $Bx(yz)$ als TBxyz, und somit $Bx(yz)w$ = TBxyzw. Daher $x(yzw)$ = TBxyzw, oder, was das gleiche ist, TBxyzw = $x(yzw)$. Also können wir B_1 als Vogel TB nehmen. Der Leser kann die Lösung überprüfen, indem er die Argumentation vorwärts verfolgt.

Nur durch Bs ausgedrückt, ist $B_1 = (BB)B$, was sich auch schreiben läßt als B_1 = BBB.

7. Wir wollen den Vogel B_1 benutzen, den wir in der letzten Aufgabe gefunden haben. Wieder bearbeiten wir die Aufgabe rückwärts gerichtet.

$xy(zwv) = (xy)(zwv)$. Wenn wir (xy) als Einheit betrachten, sehen wir, daß $(xy)(zwv) = B_1(xy)zwv$. Außerdem $B_1(xy) = BB_1xy$, so daß $B_1(xy)zwv = BB_1xyzwv$. Und somit können wir A als Vogel BB_1 nehmen.

Allein durch Bs ausgedrückt: $A = BB_1 = B(BBB)$.

Um einen Punkt deutlich zu machen, wollen wir annehmen, wir würden versuchen, A direkt aus B zu finden, ohne von Vögeln Gebrauch zu machen, die wir bereits aus B abgeleitet haben. Wir könnten so verfahren:

Wir sehen uns den Ausdruck $xy(zwv)$ an. Das erste, was wir zu tun versuchen, ist, den letzten Buchstaben v aus den Klammern zu befreien. Also, $xy(zwv) = (xy)((zw)v) = B(xy)(zw)v$. Damit haben wir v aus den Klammern befreit. Als nächstes bearbeiten wir den Ausdruck B(xy)(zw), und wir würden w gerne aus den Klammern herausholen. Wenn wir B(xy) als Einheit sehen, erkennen wir, daß B(xy)(zw) = B(B(xy))zw. Jetzt haben wir w aus den Klammern geholt, und wie es das Glück wollte, haben wir z ebenfalls freigesetzt. Damit bleibt uns nur noch, B(B(xy)) zu bearbeiten. Wir wollen y von Klammern befreien, doch da y von zwei Klammernpaaren umschlossen ist, befreien wir es zunächst von dem äußeren Paar. Also, B(B(xy)) = BBB(xy). Wir betrachten jetzt BBB als Einheit und sehen, daß BBB(xy) = B(BBB)xy. Und somit verstehen wir A als B(BBB) und haben damit die gleiche Lösung wie vorher.

Bei dieser Analyse haben wir im Grunde die Arbeit, den Vogel B_1 abzuleiten, verdoppelt, und wäre diese Aufgabe *vor* Aufgabe 6 gestellt worden, hätten wir so verfahren müssen. Die Lehre daraus ist, daß der Leser bei der Lösung dieser Aufgaben nach Lösungen früherer Aufgaben, die hilfreich sein könnten, Ausschau halten sollte.

8. Wenn wir ganz von vorne anfangen wollten, wäre die Lösung recht lang. Mit Hilfe des Adlers aus der letzten Aufgabe ist die Lösung jedoch leicht: x(yzwv) = x((yzw)v) = Bx(yzw)v

Doch Bx(yzw) ist ABxyzw, also Bx(yzw)v = ABxyzwv. Somit nehmen wir B_2 als AB.

Allein durch Bs ausgedrückt: B_2 = B(BBB)B.

9. Es gibt zwei Wege, auf denen wir dies angehen können, und es wird interessant sein, sie zu vergleichen.

Unsere erste Methode verwendet die Taube T. Nun ist xyz(wv) = (xy)z(wv). Wenn wir (xy) als Einheit betrachten, sehen wir, daß (xy)z(wv) = T(xy)zwv. Außerdem T(xy) = BTxy, und somit T(xy)zwv = BTxyzwv. Also nehmen wir T_1 als BT, und das ist, allein durch Bs ausgedrückt, B(BB).

Wir können die Sache auch so angehen: xyz(wv) = (xyz)(wv). Wenn wir (xyz) als Einheit betrachten, sehen wir, daß (xyz)(wv) = B(xyz)wv. B(xyz) erkennen wir jedoch als B_1Bxyz. Folglich ist B_1B auch eine Lösung.

Also: B_1 = BBB, folglich B_1B = BBBB. Aber BBBB = B(BB), und so kommen wir in Wirklichkeit zu der gleichen Lösung.

10. Wir verwenden den Vogel T_1 aus der letzten Aufgabe. Indem wir (zw) als Einheit betrachten, $x(y(zw)) = Bxy(zw) = T_1Bxyzw$. Also nehmen wir B_3 als T_1B.
Allein durch Bs ausgedrückt: $B_3 = B(BB)B$.

11. Wieder gibt es zwei mögliche Lösungswege. Bei dem einen betrachten wir (yz) als Einheit, dann $x(yz)(wv) = Tx(yz)wv$. Auch $Tx(yz) = TTxyz$, und so können wir T_2 als TT nehmen, was sich, ausgedrückt durch Bs, liest als $BB(BB)$.
Bei dem anderen Weg sehen wir x(yz) als Einheit und erkennen, daß $x(yz)(wv) = B(x(yz))wv$. Doch $B(x(yz)) = B_3Bxyz$, und somit ist B_3B auch eine Lösung.
In der Tat ist es die gleiche Lösung, da $B_3B = B(BB)BB = BTBB = T(BB) = TT$, und das ist wiederum $BB(BB)$.
Wir könnten anmerken, daß wir einen strengeren Beweis angetreten sind, als verlangt war: Wir sollten T_2 aus B ableiten, doch in Wirklichkeit ist es uns gelungen, es aus T abzuleiten, da $T_2 = TT$. Wenn wir also nicht wüßten, daß es in dem Wald einen Buntspecht gibt, und es wäre nur die schwächere Bedingung gegeben, daß es eine Taube gibt, so würde das für den Schluß reichen, daß es einen Turmfalken gibt.

12. Wir wollen das strengere Ergebnis beweisen, daß es, wenn es in dem Wald einen Adler gibt (ohne daß er zwangsläufig auch einen Buntspecht enthält), auch einen Königsadler geben muß.
Wenn wir $(y_1y_2y_3)$ als Einheit sehen, erkennen wir, daß $x(y_1y_2y_3)(z_1z_2z_3) = Ax(y_1y_2y_3)z_1z_2z_3$. Aber $Ax(y_1y_2y_3) = AAxy_1y_2y_3$, und somit $x(y_1y_2y_3)(z_1z_2z_3) = Ax(y_1y_2y_3)z_1z_2z_3 = AAxy_1y_2y_3z_1z_2z_3$.
Also nehmen wir Â als AA.
Durch Bs ausgedrückt, ist AA der Vogel $B(BBB)(B(BBB))$.

13., 14. und **15.** Wir lösen zunächst Aufgabe 14: Wenn G und I gegeben sind, so ist der Vogel GI eine Spottdrossel, denn für jeden Vogel x gilt, daß $GIx = Ixx = xx$, da $Ix = x$.
Nun zu Aufgabe 15: Wenn G und F gegeben sind, ist der Vogel GF ein Identitätsvogel, denn für jeden Vogel x gilt, daß $GFx = Fxx = x$.
Wenn wir diese beiden Aufgaben zusammenbringen, so ist GF ein Identitätsvogel, und folglich sollte (G(GF), laut Aufgabe 14, eine Spottdrossel sein. Wir wollen es überprüfen:
$G(GF)x = GFxx = (GFx)x = (Fxx)x = xx$. Ja, G(GF) ist eine Spottdrossel. Und damit ist auch Aufgabe 13 gelöst.

16. Für jeden beliebigen Vogel O gilt, daß der Vogel CFO ein Identitätsvogel ist, da für jeden Vogel x gilt, daß CFOx = FxO = x. So ist beispielsweise CFF ein Identitätsvogel; desgleichen CFC.

17. CI ist eine Dohle, denn für beliebige Vögel x und y gilt, daß CIxy = Iyx = yx.

18. Die in der Aufgabe gegebene Bedingung impliziert, daß die Dohle D einen Vogel O liebt. Somit ist DO = O. Dann gilt für jeden Vogel x, daß DOx = Ox. Auch ist DOx = xO, weil D eine Dohle ist. Daher ist Ox = xO, und folglich ist O mit jedem Vogel x vertauschbar.

19. Wenn der Buntspecht B und die Spottdrossel S vertreten sind, ebenso die Dohle D, so wissen wir aus Aufgabe 2 in diesem Kapitel, daß D den Vogel (S(BDS) liebt. Wir erinnern uns daran, daß für *jeden* Vogel x gilt, daß x den S(BxS) liebt. Folglich ist, der letzten Aufgabe zufolge, S(BDS) mit jedem Vogel vertauschbar.

20. Wir wollen die Aufgabe rückwärts bearbeiten: yzx = Dx(yz). Wir erinnern uns an die Taube T und sehen, daß Dx(yz) = TDxyz. Also nehmen wir R als TD. Nur durch B und D ausgedrückt: R = BBD.

21. Wenn wir die Aufgabe rückwärts bearbeiten, nur mit Hilfe eines Rotkehlchens, finden wir die Lösung wesentlich schneller! Wir wollen xzy in die Position xyz zurückbringen. Nun, xzy = Ryxz – was sonst bliebe uns zu tun? Weiter ist Ryx = RxRy – welche andere Bewegung könnten wir diesmal machen? Schließlich ist RxR = RRRx.
Verfolgen wir unseren Weg zurück: RRRx = RxR, folglich RRRxy = RxRy = Ryx. Da RRRxy = Ryx, so folgt RRRxyz = Ryxz = xzy. Folglich nehmen wir unseren Kardinal C als Vogel RRR.
Eine Bonusfrage: Wenn Sie C durch B und D ausdrücken, so C = (BBD)(BBD)(BBD). Dieser Ausdruck läßt sich um einen Buchstaben kürzen: C = RRR = BBDRR = B(DR)R, da BBDR = B(DR). Somit C = B(D(BBD))(BBD).
Der Ausdruck B(D(BBD))(BBD) hat nur acht Buchstaben und ist Alonzo Churchs Ausdruck für einen Kardinal. Mir persönlich fällt es leichter, mir den Kardinal als RRR zu merken.

22. a) Cx = RRRx = RxR.
b) Da Cx = RxR und R = BBD, so Cx = BBDxR = B(Dx)R.

23. Ja; CC ist ein Rotkehlchen, weil CCxy = Cyx, folglich CCxyz = Cyxz = yzx.

24. Wieder wollen wir die Aufgabe rückwärts bearbeiten: zyx = Rxzy = (Rx)zy = C(Rx)yz = BCRxyz. Also nehmen wir M als BCR.

25. Wir können die Situation auch so analysieren: zyx = Dx(zy) = Dx(Dyz) = ADxDyz = (ADx)Dyz = DD(ATx)yz, weil (ADx)D = DD(ADx). Weiterhin, DD(ADx) = ADDADx, folglich DD(ADx)yz = ADDADxyz. Also können wir M als ADDAD nehmen.

26. Wenn wir M als BCR nehmen, wie in Aufgabe 24, so ist der Vogel M, durch B und D ausgedrückt, B(B(D(BBD))(BBD))(BBD).
Eine kürzere Lösung erhalten wir, wenn wir M als ADDAD ausdrükken und dann auf B und D reduzieren. Das geht folgendermaßen: ADDAD = B(BBB)DDAD, weil A = B(BBB). Also B(BBB)DDAD = BBB(DD)AD = B(B(DD))AD = B(DD)(AD) = B(DD)(B(BBB)D).
Und so haben wir eine Lösung, die um vier Buchstaben kürzer ist.

27. zxy = Myxz = CMxyz, weil Myx = CMxy. Daher können wir P als CM nehmen.

28. Nach dem in Aufgabe 22 angeführten Gesetz a) ist CM = RMR, und CM ist ein Pirol. Also ist RMR ein Pirol.

29. Ja; CP ist eine Meise, weil CPxyz = Pyxz = zyx.

30. Für jeden Vogel O gilt, daß der Vogel ROF ein Identitätsvogel sein muß, weil ROFx = FxO = x. So sind beispielsweise RRF und RFF beide Identitätsvögel.

31. xywz = (xy)wz = C(xy)zw = BCxyzw. Also nehmen wir C* als BC.

32. Tatsächlich können wir den Vogel R* allein durch C* ausdrücken: xzwy = C*xzyw. Außerdem C*xzy = C*C*xyz, daher C*xzyw = C*C*xyzw. Somit xzwy = C*C*xyzw. Deshalb nehmen wir R* als C*C*.

33. Wir können M* wie folgt aus B, C* und R* erhalten: xwzy = R*xywz = (R*x)ywz = C*(R*x)yzw = BC*R*xyzw, da C*(R*x) = BC*R*x, also nehmen wir M* als BC*R*.

34. So wie wir P aus C und M(P = CM) erhalten haben, können wir P* aus C* und M* erhalten.
xwyz = M*xzyw = C*M*xyzw, weil M*xzy = C*M*xyz. Also nehmen wir P* als C*M*.

35. Das Geheimnis ist schnell gelüftet! Wir nehmen C** als BC*; R** als BR*; M** als BM* und P** als BP*.

36. C*D ist ein Pirol, weil C*Dxyz = Dxzy = zxy. Das bedeutet, daß BCD ein Pirol ist.

37. Auf folgendem Weg gewinnen wir K aus einem Buntspecht B und einem Kardinal C:
y(xz) = Byxz = CBxyz, da Byx = CBxy. Also nehmen wir K als CB.
Durch B und D ausgedrückt: K = CB = RRRB = RBR = BBBDBR = B(DB)R = B(DB)(BBD).

38. Jetzt können uns die mit Sternchen versehenen Vögel unter den Verwandten von Buntspecht und Dohle nützlich sein. x(zy) = Bxzy = C*Bxyz. Deshalb können wir K_1 als C*B nehmen. Durch B und C ausgedrückt, nehmen wir K_1 als BCB.

39. y(zx) = Byzx = R*Bxyz. Daher können wir K_2 als R*B nehmen. Durch B und C ausgedrückt, nehmen wir K_2 als BC(BC)B oder – noch einfacher – als C(BCB).

40. Angenommen, in dem Wald gibt es einen Kardinal C. Wenn ein Steinkauz K_1 anwesend ist, so muß CK_1 ein Habichtskauz sein, weil $CK_1xyz = K_1yxz = y(zx)$. Wenn anderseits ein Habichtskauz K_2 anwesend ist, so muß CK_2 ein Steinkauz sein, weil $CK_2xyz = K_2yxz = x(zy)$.

41. z(xy) = Bzxy = P*Bxyz. Daher können wir K_3 als P*B nehmen. K_3 läßt sich jedoch viel einfacher direkt aus B und D gewinnen: z(xy) = D(xy)z = BDxyz. Also ist es einfacher, K_3 als BD zu nehmen.

42. $z(yx) = Bzyx = M^*Bxyz$. Somit können wir K_4 als M^*B nehmen.
Eine weitere Lösung ergibt sich aus der nächsten Ausgabe.

43. Angenommen, ein Kardinal C ist anwesend. Wenn ein Bartkauz K_3 anwesend ist, so muß CK_3 ein Rauhfußkauz sein, weil $CK_3xyz = K_3yxz = z(yx)$. Wenn anderseits ein Rauhfußkauz K_4 anwesend ist, so muß CK_4 ein Bartkauz sein, weil $CK_4xyz = K_4yxz = z(xy)$.
Da BD ein Bartkauz ist, so ist C(BD) ein Rauhfußkauz, und somit können wir K_4 als C(BD) nehmen, anstatt als M^*B.

44. Ja; K_1D ist ein Rauhfußkauz, da $K_1Dxyz = D(yx)z = z(yx)$.
Da wir für K_1 auch BCB nehmen können, so ist $K_1D = BCBD = C(BD)$, und wir erhalten die gleiche Lösung, als würden wir K_4 als CK_3 nehmen.

45. KD(KK) ist ein Buntspecht, weil $KD(KK)xyz = KK(Dx)yz = Dx(Ky)z = Kyxz = x(yz)$.

46. KK(KD) ist ein Kardinal, da $KK(KD)xyz = KD(Kx)yz = Kx(Dy)z = Dy(xz) = (xz)y = xzy$.

47. $xw(yz) = Cx(yz)w = B(Cx)yzw = BBCxyzw$. Und somit nehmen wir Z als BBC.
Der Vogel Z hat einige merkwürdige Eigenschaften, wie wir später noch sehen werden.

12
Spottdrosseln, Gimpel und Elstern

Mehr über Spottdrosseln

Früh am nächsten Morgen kam Inspektor Craig zurück, und wieder fand er Professor Bravura im Garten. Das erste, was Craig auffiel, war der ferne Gesang eines Vogels, dessen Lied das Eigentümlichste war, das Craig je gehört hatte. Es schien völlig zusammenhanglos zu sein; zuerst war da eine einfache Melodie, dann kam ganz übergangslos ein Triller, der keinen Bezug zu der Melodie zu haben schien. Dann folgte eine Melodie in einer völlig anderen Tonart!
»Haben Sie noch nie eine Spottdrossel gehört?« fragte Bravura, der Craigs Verwunderung bemerkt hatte.
»Ich glaube nicht! Es klingt fast verrückt!«
»Nun ja«, sagte Bravura, »sie erinnert sich an Teile und Bruchstücke aus dem Gesang der anderen Vögel und bringt sie nicht immer in einen passenden Zusammenhang. Ich muß jedoch auch sagen, daß diese Spottdrossel wirrer klingt als alle anderen, die ich in meinem Leben schon gehört habe.
Ich möchte Ihnen von einigen kombinatorischen Eigenschaften der Spottdrossel S erzählen«, fuhr Bravura fort. »Sie hat das, was man einen *Duplikatoreffekt* nennt – sie bewirkt die Wiederholung von Variablen. Dies hat sie mit der Lerche und dem Gimpel gemeinsam. Kein Vogel, der aus B und D ableitbar ist, kann einen Duplikatoreffekt haben, also ist die Spottdrossel von ihnen ganz unabhängig – sie ist definitiv *nicht* aus B und D ableitbar. Doch aus den *drei* Vögeln B, D und S läßt sich eine beträchtliche Anzahl wichtiger Vögel ableiten.«

1. Der Vogel S_2

»Ein ganz einfaches, aber nützliches Beispiel ist der Vogel S_2, den ich manchmal als ›doppelte‹ Spottdrossel bezeichne und der durch folgende Bedingung definiert wird:
$$S_2xy = xy(xy)$$
Dieser Vogel läßt sich allein aus B und S ableiten. Das ist ganz offensichtlich, finden Sie nicht?«

2. Lerchen

»Sie werden sich an die Lerche L erinnern, die die Bedingung Lxy = x(yy) erfüllt. Nun läßt sich L aus B, D und S ableiten. Es gibt auch die Möglichkeit, L aus B, C und S oder aus B, R und S abzuleiten. Sehen Sie, wie?«

3.

»Ich möchte auch noch anführen, daß sich L aus dem Buntspecht B und dem Gimpel G ableiten läßt. Erkennen Sie, wie? Tatsächlich ist dieses Faktum von großer Bedeutung.«

4.

»Meine Lieblingskonstruktion einer Lerche«, sagte Bravura, »benutzt nur die Spottdrossel S und den Waldkauz K. Sie ist gleichzeitig die einfachste! Sehen Sie, wie es gemacht wird?«

Gimpel

In dem Augenblick flog ein Gimpel heran.
»Sagen Sie«, bat Craig, »läßt sich ein Gimpel aus B, D und S ableiten? Da es mit einer Lerche geht, wäre ich nicht allzu erstaunt, wenn es auch mit einem Gimpel ginge.«

»Oh, das ist eine gute Frage«, lobte Bravura, »und sie hat eine faszinierende Geschichte. Der Logiker Alonzo Church interessierte sich für die ganze Klasse der Vögel, die aus den vier Vögeln B, D, S und I ableitbar sind. Zufällig paßt mein Wald zu den Überlegungen von Church; all meine Vögel sind aus B, D, S und I ableitbar. Im Jahr 1941 hat Church gezeigt, wie man einen Gimpel aus B, D, S und I ableitet. Seine Methode war klug und bizarr zugleich; sein Ausdruck für G mit Hilfe von B, D, S und I enthielt 24 Buchstaben und 13 Klammernpaare! Ich will Ihnen später einmal davon erzählen.« *Anmerkung für den Leser:* Ich werde dies in einigen Übungen des Kapitels behandeln.

»Kurze Zeit später«, fuhr Bravura fort, »fand der Logiker J. Barkley Rosser einen viel kürzeren Ausdruck – einen mit nur zehn Buchstaben. Als ich mir seinen Ausdruck ansah, habe ich festgestellt, daß er den Identitätsvogel I gar nicht benutzt hat, also war Ihre Vermutung richtig: Ein Gimpel läßt sich bereits aus B, D und S ableiten. Noch einfacher kann man ihn aus B, C und S ableiten, und noch eine Stufe einfacher geht es mit B, C, R und S. Aber lassen Sie mich erst von einem anderen Vogel erzählen, der mit G eng verwandt ist.«

5. Der Vogel G′

»Zeigen Sie, daß man aus B, D und S einen Vogel G′ ableiten kann, der folgende Bedingung erfüllt:

$$G'xy = yxx$$

Wir könnten G′ als *umgekehrten* Gimpel bezeichnen«, sagte Bravura. »Es ist merkwürdig, aber G′ läßt sich leichter ableiten als G. Besonders leicht läßt sich G′ aus B, R und S ableiten. Sehen Sie, wie?«

6. Der Gimpel

»Wo Sie nun schon G′ haben, ist es einfach, G zu bekommen. Tatsächlich läßt sich G aus B, R, C und S ableiten, indem man einen Ausdruck aus nur vier Buchstaben benutzt. Sehen Sie, wie?«

7.

»Und jetzt sollen Sie G mit Hilfe von B, D und S ausdrücken. Es geht mit einem Ausdruck, der aus nur zehn Buchstaben besteht, und es gibt zwei derartige Ausdrücke.«

8. Eine Frage

»Sie sehen jetzt, daß sich G aus B, D und S ableiten läßt. Läßt sich eine Spottdrossel S aus B, D und einem Gimpel G ableiten?«

9. Zwei Verwandte von G

»Wir werden gelegentlich von einem Vogel G* Gebrauch machen, der die Bedingung G*xyz = xyzz erfüllt. Wie leiten Sie G* aus B, D und S ab? Und wie steht es mit einem Vogel G**, der die Bedingung G**xyzw = xyzww erfüllt?«

10. Gimpel und Nachtigallen

»Ein anderer Vogel, der sich als nützlich erwiesen hat, ist die *Nachtigall* N, die durch folgende Bedingung definiert wird:
$$Nxyz = xyzy$$
Zeigen Sie, daß sich N aus B, C und G ableiten läßt – und folglich auch aus B, S und D.«

11. Nachtigallen und Gimpel

»Sie können einen Gimpel auch aus B, C und N ableiten, ja, sogar aus C und N, und noch einfacher aus R und N. Sehen Sie, wie?«

Elstern

»Ich bin nun schon eine Weile in diesem Wald«, sagte Craig, »und ich habe nie einen Falken gesehen. Gibt es hier Falken?«
»Ganz und gar nicht!« rief Bravura unerwartet heftig. »Falken sind in diesem Wald *nicht erlaubt*!!«
Craig war erstaunt über die Schärfe, mit der Bravura antwortete, und war nahe daran, ihn zu fragen, *warum* Falken nicht erlaubt seien, entschied sich dann aber dafür, die Frage fallenzulassen, weil sie vielleicht taktlos sein könnte.
»Oh, da fliegt eine Elster«, sagte Bravura etwas heiterer. »Sagen Sie, haben Sie vor, den Meisterwald zu besuchen?«
»Ich habe einen Besuch in Currys Wald geplant«, erwiderte Craig.
»Das sollten Sie auch tun«, pflichtete ihm Bravura bei. »Aber Sie sollten dort nicht bleiben; Sie sollten weiterfahren, bis Sie den Meisterwald erreichen. Auf dem Weg dorthin werden Sie einige andere interessante Wälder passieren. Bevor Sie abfahren, will ich für Sie einen Plan aufzeichnen. Sie werden sehen, daß die Erfahrung im Meisterwald Sie wirklich weiterbildet!«
»Dann will ich ihn unbedingt kennenlernen«, sagte Craig.
»Gut so!« lobte Bravura. »Aber ich sollte Sie auf Ihren Besuch vorbereiten, indem ich Ihnen etwas über die Elster erzähle, denn dieser Vogel spielt im Meisterwald eine entscheidende Rolle.«

12. Elstern

»Eine Elster«, sagte Bravura, »ist ein Vogel E, der folgende Bedingung erfüllt: $Exyz = xz(yz)$.«
»Warum ist dieser Vogel so wichtig?« fragte Craig.
»Das werden Sie feststellen, wenn Sie im Meisterwald angekommen sind«, gab Bravura zurück. »Auf jeden Fall sollten Sie wissen, daß man eine Elster aus B, D und S ableiten kann sowie – einfacher noch – aus B, C und G. Der Standardausdruck für E mit Hilfe von B, C und G hat sieben Buchstaben, doch ich habe einen anderen entdeckt, der nur aus sechs Buchstaben besteht. Es wird Ihnen helfen, wenn Sie den Zeisig Z verwenden, der die Bedingung $Zxyzw = xw(yz)$ erfüllt. Die Elster E ist leicht aus B, G und Z abzuleiten.«
Wie macht man es?

Die Elster in Aktion

»Sie haben jetzt gesehen, daß sich E aus B, C und G ableiten läßt«, sagte Bravura. »Es ist aber auch möglich, G aus B, C und E abzuleiten. G läßt sich sogar nur aus C und E ableiten oder, alternativ dazu, aus R und E. Ich werde Ihnen außerdem zeigen, daß sich G aus D und E ableiten läßt.«

13. Noch mehr Nachtigallen

»Sie werden sich erinnern, daß die Nachtigall N durch die Bedingung Nxyz = xyzy definiert wird. Sie haben gesehen, daß N aus B, C und G abgeleitet werden kann. Jetzt wollen wir herausfinden, ob sich eine Nachtigall alternativ aus E und C ableiten läßt und – noch einfacher – aus E und R. Geht es?«

14.

»Schreiben Sie jetzt einen Ausdruck für einen Gimpel mit E und R und einen mit E und C.«
»Sie erkennen jetzt«, sagte Bravura, »daß die Klasse von Vögeln, die aus B, C und E abgeleitet werden können, der Klasse von Vögeln gleicht, die aus B, C und G abgeleitet werden können, da E aus B, C und G ableitbar ist und G aus C und E.«

15.

»Da G aus E und C abgeleitet werden kann und C aus B und D, so ist natürlich G auch aus B, D und E ableitbar. G läßt sich jedoch auch einfach aus D und E ableiten. Können Sie zeigen, wie?«

16.

»Zeigen Sie, daß S aus D und E ableitbar ist.«

»Und jetzt«, sagte Bravura, »erkennen Sie, daß die Klasse von Vögeln, die aus B, D und G ableitbar sind, der Klasse von Vögeln gleicht, die aus B, D und E ableitbar sind, da E aus B, D und G ableitbar ist, ja, sogar aus B, C und G, und in der anderen Richtung ist G aus D und E ableitbar. Diese Klasse von Vögeln gleicht auch der Klasse, die aus B, S und D ableitbar ist, da G aus B, S und D abgeleitet werden kann, und in der anderen Richtung S aus G und D, wie Sie gesehen haben.

Wichtiger noch«, fuhr Bravura fort, »ist die Tatsache, daß die Klasse von Vögeln, die aus B, D, S und I ableitbar sind, der Klasse von Vögeln gleicht, die aus B, C, G und I ableitbar sind, da G aus B, D und S abgeleitet werden kann, und in der anderen Richtung kann D aus C und I abgeleitet werden (Sie werden sich erinnern, daß CI eine Dohle ist). Jede dieser aus vier Vögeln bestehenden Gruppen bildet eine *Basis* für meinen Wald in dem Sinn, daß sich jeder Vogel hier aus jeder der Viererguppen ableiten läßt. Alonzo Church zog es vor, B, D, S und I als Basis zu benutzen. Curry dagegen bevorzugte die Basis B, C, G, I. Alternativ dazu könnten wir B, C, E und I als Basis verwenden, und für manche Zwecke ist dies technisch ausreichend, aber Sie werden mehr darüber lernen, wenn Sie im Meisterwald angekommen sind.«

»Ich werde morgen abreisen«, sagte Craig, »und ich bin Ihnen wirklich sehr dankbar für alles, was Sie mir beigebracht haben. Es dürfte mir bei meiner bevorstehenden Reise sehr nützlich sein.«

»Das wird es sicher«, stimmte Bravura zu. »Sie waren ein eifriger Schüler, und es hat mir viel Freude gemacht, Ihnen einiges von den Fakten über Vögel, die ich gelernt habe, mitzuteilen. Es gibt noch viel mehr Vögel, die aus B, D, S und I ableitbar sind und die Sie sicherlich interessieren würden. Ich denke, ich werde Ihnen diese Ableitungen als Übungen mitgeben, so daß Sie bei passender Gelegenheit daran arbeiten können. Auch werden Ihnen viele andere Vögel dieser Art auf Ihren zukünftigen Reisen begegnen.

Wenn Sie die Reise zu Fuß machen, werden Sie etwa drei Tage brauchen, bis Sie Currys Wald erreichen. Dieser Wald wurde nach Haskell Curry benannt, und dies zu Recht, da Curry sowohl ein hervorragender Kopf in der kombinatorischen Logik als auch ein sehr interessierter Vogelbeobachter war. Wenn Sie Currys Wald hinter sich lassen, erreichen Sie Russells Wald, so benannt nach Bertrand Russell. Dann kommen Sie zu einem anderen Wald – warten Sie, ich vergesse den Namen immer wieder! Jedenfalls kommen Sie anschließend zu einem äußerst interessanten Wald, der nach Kurt Gödel benannt ist. Diese vier Wälder bilden eine Kette, die man die Wälder der Singvögel nennt. Von Gödels Wald brauchen Sie etwa zwei Tage bis zum Meisterwald. Ich wünsche Ihnen gutes Gelingen!«

Hier sind einige der Übungen, die Bravura Craig gab. Skizzen der Lösungen finden Sie am Ende des Kapitels.

Übung 1 (nach dem Muster von Churchs Ableitung von G):
a) Leiten Sie aus B und D einen Vogel Z_1 ab, der die Bedingung $Z_1xyzwv = xyv(zw)$ erfüllt.
b) Leiten Sie aus Z_1 und S einen Vogel Z_2 ab, der die Bedingung $Z_2xyzw = xw(xw)(yz)$ erfüllt.
c) Leiten Sie aus B, D und I einen Vogel I_2 ab, so daß für jeden Vogel x gilt, daß $I_2x = xII$.
d) Zeigen Sie, daß für jeden Vogel x gilt, daß $I_2(Mx) = x$, wobei M eine Meise ist.
e) Zeigen Sie jetzt, daß $Z_2M(KI_2)$ ein Gimpel ist. *Anmerkung:* K ist der Waldkauz.

Übung 2 (die Standardelster): Der Standardausdruck für eine Elster mit Hilfe von B, C und G lautet $B(B(BG)C)(BB)$. Zeigen Sie, daß dies tatsächlich eine Elster ist.

Übung 3: Ein *Phönix* ist ein Vogel Φ, der die Bedingung $\Phi xyzw = x(yw)(zw)$ erfüllt. Der Vogel Φ gehört zum Standard in der kombinatorischen Logik. Zeigen Sie, daß Φ aus E und B abgeleitet werden kann. Die Aufgabe ist recht kompliziert! Es geht mit einem Ausdruck aus nur vier Buchstaben.

Übung 4: Ein Vogel Psi ist ein Vogel Ψ, der die Bedingung $\Psi xyzw = x(yz)(yw)$ erfüllt. Der Vogel Ψ gehört ebenfalls zum Standard in der kombinatorischen Logik. Zeigen Sie, daß Ψ aus B, C und G ableitbar ist. *Hinweis:* N* sei der Vogel BN. Der Vogel Ψ läßt sich leicht aus N* und dem Turmfalken T_2 ableiten; denken Sie daran, daß $T_2xyzwv = x(yz)(wv)$.

Übung 5: Es ist eine merkwürdige Tatsache, daß sich Ψ aus B, Φ und – ausgerechnet! – dem Falken F ableiten läßt. Wir wollen diese Aufgabe in zwei Teile zerlegen:
a) Zeigen Sie, daß wir aus Φ und B einen Vogel Γ gewinnen können, der die Bedingung $\Gamma xyzwv = y(zw)(xywv)$ erfüllt.

b) Zeigen Sie, daß Ψ aus Γ und F ableitbar ist.

Übung 6: a) Zeigen Sie, daß wir aus E und einem bereits aus B und D abgeleiteten Vogel einen Vogel E' gewinnen können, der die Bedingung E'xyz = yz(xz) erfüllt.

b) Zeigen Sie, daß ein Gimpel aus E' und dem Identitätsvogel I ableitbar ist.

Übung 7: Es gibt einen Vogel K̂, der allein aus K ableitbar ist, so daß CK̂G eine Elster ist. Finden Sie ihn? Der Ausdruck für ihn hat sechs Buchstaben.

Lösungen

1. xy(xy) = S(xy) = BSxy, und so nehmen wir S_2 als BS.

2. x(yy) = x(Sy) = BxSy = CBSxy, und somit ist CBS eine Lerche. Außerdem BxSy = RSBxy, und somit ist RSB ebenfalls eine Lerche.
Wir wissen, daß BBD ein Rotkehlchen R ist, also ist BBDSB eine Lerche. Außerdem BBDS = B(DS), und somit ist B(DS)B eine Lerche. Das ergibt einen recht einfachen Ausdruck für L mit Hilfe von B, D und S.

3. x(yy) = Bxyy = G(Bx)y = BGBxy. Daher ist BGB eine Lerche.

4. x(yy) = x(Sy) = KSxy, und somit ist KS eine Lerche!

5. S_2R ist ein umgekehrter Gimpel, weil S_2Rxy = Rx(Rx)y = Rxyx = yxx.
Ausgedrückt durch B, S und R, können wir G' als BSR nehmen.
Ausgedrückt durch B, S, D, können wir G' als BS(BBD) nehmen.
Ebenso könnten wir G' als B(BSB)D nehmen, wie der Leser beweisen kann.

6. CG' ist ein Gimpel, weil CG'xy = G'yx = xyy. Ausgedrückt durch B, S, C, R, können wir G als C(BSR) nehmen. Dies ist Bravuras Ausdruck für einen Gimpel.

7. In Aufgabe 22 des letzten Kapitels haben wir gezeigt, daß für jeden Vogel x gilt, daß Cx = B(Dx)R. Folglich ist B(DG')R ein Gimpel. Wenn wir BS(BBD) für G' und BBD für R nehmen, erhalten wir den

Ausdruck B(D(BS(BBD)))(BBD); dieser Ausdruck ist von Bravura. Alternativ könnten wir B(BSB)D für G' nehmen und erhielten dann B(D(B(BSB)D))(BBD); dies ist Rossers Ausdruck für einen Gimpel.

8. Ja; man kann S sogar aus G und D ableiten, da GDx = Dxx = xx, und somit ist GD eine Spottdrossel.
Wir sehen jetzt, daß die Klasse der Vögel, die aus B, D und S ableitbar sind, der Klasse von Vögeln gleicht, die aus B, D und G ableitbar sind.

9. Nehmen Sie G* als BG und G** als B(BG).

10. xyzy = C*xyyz = G*C*xyz. Daher nehmen wir N als G*C*. Ausgedrückt durch B, C und G, N = BG(BC).

11. Aus N und R leiten wir zunächst den Vogel G' ab. Also, yxx = Rxyx = NRxy. Daher ist NR ein umgekehrter Gimpel. Folglich ist C(NR) – oder alternativ dazu R(NR)R – ein Gimpel.

12. G**Z ist eine Elster, weil G**Zxyz = Zxyzz = xz(yz). Also nehmen wir E als G**Z, und das ist, ausgedrückt durch B, C und G, der Ausdruck B(BG)(BBC).

13. Ja, es geht. ER ist eine Nachtigall, da ERxy = Ry(xy), folglich ERxyz = Ry(xy)z = xyzy.

14. Da ER eine Nachtigall ist, so ist R(ERR)R ein Gimpel, Aufgabe 11 zufolge. C(ERR) ist ebenfalls ein Gimpel, und auch C(E(CC)(CC)) ist einer.

15. Diese Aufgabe ist besonders einfach: ED ist ein Gimpel, da EDxy = Dy(xy) = xyy.

16. Wir haben soeben gesehen, daß ED ein Gimpel ist. Auch gilt für jeden Gimpel G, daß der Vogel GD eine Spottdrossel ist, wie wir in Aufgabe 8 gesehen haben. Daher ist EDD eine Spottdrossel.

Lösungen zu den Übungen

Übung 1: a) Nehmen Sie $Z_1 = BZ$.
  b) Nehmen Sie $Z_2 = Z_1$ (BS).
  c) Nehmen Sie $I_2 = B(DI)(DI)$.

Die letzten beiden überlassen wir dem Leser.

Übung 2: Dem Leser überlassen.

Übung 3: Nehmen Sie $\Phi = B(BE)B$.

Übung 4: Nehmen Sie $\Psi = N^*T_2$.

Übung 5: a) Nehmen Sie $\Gamma = \Phi(\Phi(\Phi B))B$.
  b) Γ (FF) ist ein Vogel Psi.

Übung 6: a) Nehmen Sie $E' = CE$.
  b) $E'I$ ist ein Gimpel.

Übung 7: Nehmen Sie $\hat{K} = K(KK(KK))K$.

13
Eine Galerie weiser Vögel

Während Inspektor Craig auf dem Weg zu Currys Wald ist, wollen wir die Zeit dazu nutzen, uns ein Potpourri weiser Vögel anzusehen. Doch muß ich Ihnen zunächst etwas über *kombinatorische* Vögel im allgemeinen erzählen.

Unter einem Vogel *1. Ordnung* ist ein Vogel O zu verstehen, so daß für jeden Vogel x gilt, daß der Vogel Ox allein durch Verwendung von x ausgedrückt werden kann. Beispielsweise ist die Spottdrossel S 1. Ordnung, da Sx = xx, wobei der Ausdruck xx nicht mehr den Buchstaben S enthält; es ist ein Ausdruck, der nur aus dem Buchstaben x besteht. Ein anderes Beispiel ist der Identitätsvogel I, da Ix = x. Die Vögel S und I sind die einzigen Vögel 1. Ordnung, denen wir bisher begegnet sind. Natürlich könnten wir aus den Vögeln des letzten Kapitels eine unendliche Zahl von Vögeln 1. Ordnung bilden – beispielsweise könnten wir einen Vogel O in Betracht ziehen, so daß Ox = x(xx). Mit dem Vogel GL würde es gehen. Oder wir könnten einen Vogel O konstruieren, so daß Ox = (x(xx))((xxx)x) – auch ein solcher Vogel wäre von 1. Ordnung.

Unter einem Vogel *2. Ordnung* ist ein Vogel O zu verstehen, so daß Oxy allein mit Hilfe von x und y ausgedrückt werden kann. Beispiele sind die Dohle D, die Lerche L und der Gimpel G; diese drei Vögel sind offensichtlich 2. Ordnung.

Ein Vogel *3. Ordnung* ist ein Vogel O, dessen Definition drei Variablen enthält – sagen wir, die Variablen x, y, z. Somit kann man Oxyz allein mit Hilfe von x, y und z ausdrücken. Die meisten Vögel, die wir bisher kennengelernt haben, sind 3. Ordnung. Die Vögel B, C, R, M und P sowie der Waldkauz K und seine Verwandten K_1, K_2, K_3, K_4 sind alle Beispiele für Vögel 3. Ordnung.

In entsprechender Weise definieren wir Vögel 4., 5., 6., 7. und 8. Ordnung und so weiter. Tauben sind 4. Ordnung; der Königsadler Â ist 7. Ordnung.

Ein Vogel, für den man irgendeine Ordnung angeben kann, wird als *echter kombinatorischer* Vogel bezeichnet oder – etwas kürzer – als *echter* Vogel. Unter einem *kombinatorischen* Vogel ist ein beliebiger Vogel zu verstehen, der mit Hilfe echter Vögel ausgedrückt werden kann. Nicht jeder kombinatorische Vogel ist echt. Beispielsweise sind die Vögel D und I beide echt; folglich ist DI zwar ein kombinatorischer Vogel, jedoch kein echter, denn wäre er es, welcher Ordnung könnte er angehören? Er ist kein Vogel 1. Ordnung, denn DIx läßt sich zwar auf xI reduzieren, aber eine weitere Reduktion ist nicht möglich. DIxy läßt sich zwar als xIy ausdrücken, aber wir sind das I noch nicht losgeworden, also ist DI nicht 2. Ordnung. Das Beste, was wir mit DIxyz tun können, ist, es als xIyz auszudrücken, aber das x ist uns noch im Weg, also ist keine weitere Reduktion möglich. Egal, wie viele Variablen wir rechts von TIxyz anhängen, wir können das I nie losgewerden, also gehört DI keiner Ordnung an; folglich ist er kein echter Vogel. ID hingegen ist echt, da ID = D.

Weise Vögel

Wir erinnern uns, daß unter einem *weisen Vogel* ein Vogel Θ zu verstehen ist, so daß für jeden Vogel x gilt, daß, wenn man x dem Θ nennt, Θ mit dem Namen eines Vogels antwortet, den x liebt. Anders ausgedrückt: $x(\Theta x) = \Theta x$ (x liebt Θx).

Weise Vögel sind *keine* echten Vögel! Doch *können* weise Vögel mit Hilfe echter Vögel ausgedrückt werden; dies kann man auf verschiedenen Wegen tun, die alle recht faszinierend sind. Im 10. Kapitel haben wir einen weisen Vogel in keinem Fall wirklich *konstruiert*; wir haben nur bewiesen, daß, wenn der Wald bestimmte Bedingungen erfüllt, dort ein weiser Vogel *existieren* muß. Wir werden jetzt sehen, wie man weise Vögel *findet*, vorausgesetzt, daß bestimmte echte Vögel anwesend sind.

1.

Leiten Sie einen weisen Vogel aus einer Spottdrossel S, einem Buntspecht B und einem Rotkehlchen R ab. Es geht mit einem Ausdruck, der aus nur fünf Buchstaben besteht.

2.

Suchen Sie einen Ausdruck aus fünf Buchstaben für einen weisen Vogel, der aus B, C und S besteht.

3.

Eine einfachere Konstruktion eines weisen Vogels verwendet eine Spottdrossel, einen Buntspecht und eine Lerche. Können Sie sie entdecken?

4.

Leiten Sie einen weisen Vogel aus einer Spottdrossel, einem Buntspecht und einem Gimpel ab.

5.

Ein härteres Stück Arbeit ist es, einen weisen Vogel aus einem Buntspecht, einem Kardinal und einem Gimpel abzuleiten. Haben Sie Lust, es zu versuchen? Es geht auf verschiedenen Wegen, wie im Verlauf des Kapitels noch deutlich werden wird.

Der Waldkauz tritt auf

Wir erinnern uns, daß der Waldkauz K die Bedingung Kxyz = y(xz) erfüllt. Kxy verbindet folglich y mit x. Auch ist Kxyz = Byxz. Der Waldkauz ist in Kombination mit weisen Vögeln sehr nützlich.

6.

Zeigen Sie, daß ein weiser Vogel aus einem Waldkauz, einer Lerche und einem Gimpel ableitbar ist.

7.

Sehen Sie jetzt eine Möglichkeit, Aufgabe 5 zu lösen?

8. Waldkäuze und Spottdrosseln

Eine besonders geschickte Konstruktion eines weisen Vogels verwendet lediglich den Waldkauz K und die Spottdrossel S. Finden Sie sie?

Diskussion: Unter einem *regulären* Kombinator ist ein echter Kombinator zu verstehen, der so definiert ist, daß die äußerste linke Variable – sagen wir, es ist x – links vom Gleichheitszeichen auch die äußerste linke Variable auf der rechten Seite ist und auf der rechten Seite nur einmal vorkommt. Zum Beispiel ist der Kardinal regelmäßig; Cxyz = xzy, und x ist die äußerste linke Variable auf der rechten Seite – xzy – und kommt nur einmal in dem Ausdruck xzy vor. Das Rotkehlchen R ist demgegenüber nicht regelmäßig; Rxyz = yzx, und x ist nicht die äußerste linke Variable von yzx. Auch S ist unregelmäßig, weil x in xx zweimal vorkommt. Die Kombinatoren B, C, G, L, E, I und F sind alle regelmäßig; die Kombinatoren D, R, M, P und K sind alle unregelmäßig.

In jeder der Aufgaben 1, 2, 3, 4 haben wir einen weisen Vogel aus drei echten Kombinatoren abgeleitet; einer war unregelmäßig, nämlich die Spottdrossel, und die beiden anderen waren regelmäßig. In Aufgabe 7 haben wir einen Weisen aus drei regelmäßigen Kombinatoren abgeleitet. In Aufgabe 8 haben wir einen Weisen aus zwei unregelmäßigen

Kombinatoren, S und K, abgeleitet. Wir werden jetzt sehen, daß ein Weiser bereits aus zwei *regelmäßigen* Kombinatoren abgeleitet werden kann, und das sogar auf solche Weise, daß jeder von ihnen aus B, C und G ableitbar ist.

Currys weiser Vogel

9. Elstern und Lerchen

Zeigen Sie, daß ein weiser Vogel aus einer Elster E und einer Lerche L abgeleitet werden kann.

10. Currys weiser Vogel

Zeigen Sie jetzt, daß ein weiser Vogel aus einem Buntspecht, einem Gimpel und einer Elster abgeleitet werden kann. Es geht mit einem Ausdruck aus nur fünf Buchstaben.

Anmerkung: Die Lösung der obigen Aufgabe liefert uns eine zweite Lösung für Aufgabe 5, da E aus B, C und G abgeleitet werden kann.

Der Turingvogel

Ein Vogel, der besondere Aufmerksamkeit verdient, ist der *Turingvogel* T, der durch folgende Bedingung definiert wird:

$$Txy = y(xxy)$$

Dieser Vogel wurde von dem Logiker Alan Turing im Jahr 1937 entdeckt und gehört zu den bemerkenswertesten Vögeln, die es gibt! Der Leser wird bald sehen, warum.

11. Auf der Suche nach einem Turingvogel

Bevor ich Ihnen erzähle, warum ich den Turingvogel so sehr schätze, wollen wir sehen, ob Sie einen *finden* können. Gegeben sind die Vögel B, S und D und alle Vögel, die aus ihnen abgeleitet werden können. Finden Sie einen Turingvogel?

12. Turingvögel und weise Vögel

Das Bemerkenswerte an dem Turingvogel T ist, daß Sie allein aus T einen weisen Vogel ableiten können – ja, Sie können das sogar auf so einfache und direkte Weise, wie man es sich nur denken kann. Sehen Sie, wie?

Offene Fragen: Wir sehen jetzt, daß man einen weisen Vogel schon aus nur *einem* echten Kombinator – Turings Vogel T – ableiten kann. Natürlich ist T nicht regelmäßig. Kann man einen Weisen aus nur einem *regelmäßigen* Kombinator ableiten? Ich tendiere dazu, dies zu bezweifeln, kann aber nicht beweisen, daß die Antwort negativ ist. Kann man einen Weisen aus B und einem weiteren regelmäßigen Kombinator ableiten? Dies ist eine weitere Frage, die ich nicht beantworten kann. Soweit mir bekannt ist, sind diese beiden Fragen offen, obwohl ich mit der Literatur nicht so umfassend vertraut bin, um dessen ganz sicher zu sein.

Uhus

13. Uhus

Ein äußerst interessanter Vogel ist der *Uhu* U, der durch folgende Bedingung definiert wird:
$$Uxy = y(xy)$$
Zeigen Sie, daß ein Uhu aus B, C und G – ja, sogar nur aus K und G abgeleitet werden kann.

14.

Ein weiser Vogel kann aus U und L abgeleitet werden. Noch besser ist, daß ein Turingvogel aus U und L abgeleitet werden kann. Wie?

15.

Zeigen Sie, daß eine Spottdrossel aus U und I abgeleitet werden kann.

16.

Zeigen Sie, daß U aus E und I ableitbar ist.

Warum Uhus so interessant sind

17. Eine vorbereitende Aufgabe

Als Vorbereitung auf die nächste Aufgabe sollen Sie zeigen, daß, wenn ein Vogel x einen Vogel y liebt, x den xy liebt.

18.

Eine interessante Sache bei den Uhus ist, daß, wenn Sie einem Uhu einen weisen Vogel nennen, der Uhu immer mit einem weisen Vogel antwortet, entweder dem gleichen oder einem anderen. Mit anderen Worten, für jeden weisen Vogel Θ gilt, daß der Vogel UΘ auch ein weiser Vogel ist. Beweisen Sie das!

19.

Interessant ist an den Uhus außerdem, daß, wenn Sie einem weisen Vogel einen Uhu nennen, der weise Vogel damit antworten wird, daß er einen weisen Vogel nennt. Mit anderen Worten, für jeden weisen Vogel Θ und jeden Uhu U gilt, daß ΘU ein weiser Vogel ist. Bringen Sie den Beweis!

20.

Gleichermaßen interessant, wenn nicht sogar interessanter, ist die Tatsache, daß ein Uhu *nur* weise Vögel liebt! Mit anderen Worten, für jeden Vogel O gilt, wenn UO = O, dann muß O ein weiser Vogel sein. Liefern Sie den Beweis!

21.

Eine Folgerung aus der letzten Aufgabe ist ein Faktum, das das Ergebnis von Aufgabe 19 generalisiert. Wir wollen einen Vogel O *wählerisch* nennen, wenn er nur weise Vögel liebt. Alle Uhus sind wählerisch, wie die letzte Aufgabe gezeigt hat, aber möglicherweise gibt es noch andere wählerische Vögel. Nun sei Θ ein weiser Vogel. Zeigen Sie, daß es nicht nur der Fall ist, daß ΘU ein weiser Vogel ist, wie in Aufgabe 19, sondern daß für *jeden* wählerischen Vogel O gilt, daß der Vogel ΘO ein Weiser sein muß.

22. Ähnlichkeit

Von einem Vogel O_1 wollen wir sagen, daß er einem Vogel O_2 *ähnlich* ist, wenn O_1 und O_2 auf einen beliebigen Vogel x in gleicher Weise reagieren – mit anderen Worten, für jeden Vogel x gilt, daß $O_1x = O_2x$. In bezug auf ihre Reaktionen auf Vögel verhalten sich *ähnliche* Vögel identisch.

Wir haben in Aufgabe 18 gezeigt, daß für jeden weisen Vogel Θ gilt, daß auch der Vogel UΘ ein Weiser ist, aber wir haben nicht gezeigt, daß UΘ notwendigerweise der gleiche Vogel ist wie Θ. Man kann jedoch zeigen, daß UΘ dem Θ *ähnlich* ist. Wie?

Anmerkungen: Ein Vogelwald wird als *ausgedehnt* bezeichnet, wenn keine zwei verschiedenen Vögel sich ähnlich sind – mit anderen Worten, wenn für beliebige Vögel O_1 und O_2 gilt, daß, wenn O_1 dem O_2

ähnlich ist, dann $O_1 = O_2$. Ausgedehnte Wälder könnte man auch als *dünn besiedelt* bezeichnen, da man aus der Ausgedehntheitsbedingung leicht schließen kann, daß es nicht mehr als einen Identitätsvogel, eine Spottdrossel, einen Kardinal, eine Elster und so weiter geben kann. Auch wenn das Thema der Ausgedehntheit von Wichtigkeit ist, wollen wir es in diesem Buch nicht behandeln. Es gibt jedoch ein Faktum, von dem ich annehme, daß es Sie interessieren wird: In einem *ausgedehnten* Wald liebt ein Uhu *alle* weisen Vögel! Sehen Sie, wie sich das beweisen läßt?

Ich hoffe, Sie erkennen, welche Auswirkungen das hat! Dieses Faktum impliziert zusammen mit Aufgabe 20, daß ein Uhu alle weisen Vögel und keine anderen Vögel liebt. Wenn Sie sich also einem Uhu U nähern und ihm den Namen eines Vogels x nennen, so ist x dann ein weiser Vogel, wenn U seinerseits mit x antwortet; wenn U mit einem anderen Vogel als x antwortet, so ist x kein weiser Vogel. Somit scheinen Uhus in einem ausgedehnten Wald irgendwie zu wissen, welche Vögel weise Vögel sind und welche nicht. Ist das nicht weise von ihnen?

23.

Zeigen Sie, daß in einem ausgedehnten Wald ein Uhu alle weisen Vögel liebt.

Lösungen

1. Unser Ausgangspunkt ist, daß jeder Vogel x den Vogel S(BxS) liebt, wie wir in der Lösung zu Aufgabe 2 im 11. Kapitel gezeigt haben. Und damit reduziert sich unsere Aufgabe darauf, einen Vogel Θ zu finden, so daß für jeden Vogel x gilt, daß $\Theta x = S(BxS)$.

Also, BxS = RSBx (R ist das Rotkehlchen), folglich S(BxS) = S(RSBx) = BS(RSB)x. Und somit können wir Θ als BS(RSB) nehmen.

Machen wir die Probe, ob BS(RSB) wirklich ein weiser Vogel ist: Für jeden Vogel x gilt, daß BS(RSB)x = S(RSBx) = RSBx(RSBx) = BxS(RSBx) = x(S(RSBx)). Da S(RSBx) = BS(RSB)x, so x(S(RSBx)) = x(BS(RSB)x). Daher BS(RSB)x = x(BS(RSB)x) – sie gleichen beide BxS(RSBx) –, und somit ist BS(RSB) ein Weiser.

2. BxS = RSBx, aber auch BxS = CBSx, und somit S(BxS) = S(CBSx) = BS(CBS)x. Da x den S(BxS) liebt und S(BxS) = BS(CBS)x, so liebt x den BS(BCS)x, und somit ist BS(CBS) ebenfalls ein weiser Vogel.

3. Wir haben in Aufgabe 25 des 9. Kapitels bewiesen, daß x den Lx(Lx) liebt, wobei x ein beliebiger Vogel ist. Nun gilt, daß Lx(Lx) = S(Lx) = BSLx. Folglich liebt x den BSLx, was BSL zu einem weisen Vogel macht!

Zufällig liefert uns das einen alternativen Beweis für die Ergebnisse der letzten beiden Aufgaben:

Für *jede* Lerche L gilt, daß der Vogel BSL ein Weiser ist. Nun, CBS ist eine Lerche, Aufgabe 2 des letzten Kapitels zufolge, folglich ist BS(CBS) ein Weiser, was wiederum Aufgabe 2 löst. Auch ist RSB eine Lerche, Aufgabe 2 des letzten Kapitels zufolge, und somit ist BS(RSB) ein weiser Vogel, was wiederum Aufgabe 1 löst.

4. Da BGB ebenfalls eine Lerche ist, gemäß Aufgabe 3 des letzten Kapitels, so ist – nach der obigen Aufgabe – BS(BGB) ein weiser Vogel.

5. Wir wollen die Lösung bis zum Anschluß an die nächste Aufgabe zurückstellen.

6. Wieder verwenden wir das wichtige Faktum, daß x den Lx(Lx) liebt. Also, Lx(Lx) = KL(Lx)x. Auch KL(Lx) = KL(KL)x, folglich KL(Lx)x = KL(KL)xx, und somit Lx(Lx) = KL(KL)xx. Zudem KL(KL)xx = G(KL(KL))x. Das beweist, daß Lx(Lx) = G(KL(KL))x, und da x den Lx(Lx) liebt, so liebt x den G(KL(KL))x, was bedeutet, daß G(KL(KL)) ein weiser Vogel ist.

7. Wenn wir in dem obenstehenden Ausdruck BC für K nehmen, erhalten wir G(CBL(CBL)), was sich verkürzen läßt zu G(B(CBL)L). Dann können wir BGB für L nehmen und erhalten so den Ausdruck G(B(CB(BGB))(BGB)).

Eine weitere Lösung wird sich aus einer späteren Aufgabe ergeben.

8. Wieder verwenden wir die Tatsache, daß x den Lx(Lx) liebt, und daher liebt x den S(Lx). Nun, S(Lx) = KLSx, also liebt x den KLSx, was bedeutet, daß KLS ein weiser Vogel ist.

Wir können jetzt L als KS nehmen, weil KS eine Lerche ist, wie wir in Aufgabe 4 des 12. Kapitels gezeigt haben. Somit erhalten wir den Ausdruck K(KS)S. Und daher ist K(KS)S ein weiser Vogel, wie der Leser direkt verifizieren kann.

9. Es ist auch der Fall, daß Lx(Lx) = ELLx, und somit ist ELL ein weiser Vogel.

10. Wir haben gerade gezeigt, daß ELL ein Weiser ist. Auch ELL = GEL, und somit ist GEL ein Weiser. Da BGB eine Lerche ist, können wir BGB für L nehmen und erhalten so GE(BGB).
Dies ist Currys Ausdruck für einen Fixpunktkombinator.
Anmerkung: Wir wissen aus Aufgabe 12 im 12. Kapitel, daß B(BG)(BBC) eine Elster ist, also können wir diesen Ausdruck für E in GE(BGB) einsetzen und erhalten dann G(B(BG)(BBC))(BGB). Dies ist ein weiterer Ausdruck für einen Weisen mit Hilfe von B, C, G, und somit haben wir eine weitere Lösung für Aufgabe 5.

11. Es gibt viele Möglichkeiten, diese Aufgabe anzugehen. Hier ist eine davon. Da der Wald B, D und S enthält, so enthält er auch G, L und K. Also, y(xxy) = K(xx)yy = LKxyy = G(LKx)y = BG(LK)xy. Daher können wir T als BG(LK) nehmen.

12. Für alle x und y gilt, daß Txy = y(xxy), oder, was das gleiche ist, für alle y und x gilt, daß Tyx = x(yyx). Für y nehmen wir T und sehen, daß TTx = x(TTx). Folglich ist TT ein weiser Vogel.

13. y(xy) = Byxy = CBxyy = G(CBx)y = BG(CB)xy. Daher können wir U als BG(CB) nehmen.
Auch y(xy) = Kxyy = G(Kx)y = KKGxy, und somit ist KKG ebenfalls ein Uhu.

14. LU ist ein Turingvogel, da LUxy = U(xx)y = y(xxy). Und so ist LU(LU) ebenfalls ein weiser Vogel.

15. UIx = x(Ix) = xx, also ist UI eine Spottdrossel.

16. EIxy = Iy(xy) = y(xy), also ist EI ein Uhu.

17. Angenommen, x liebt y. Dann xy = y. Da x den y liebt und y = xy, so liebt x den xy.

18. Angenommen, Θ ist ein weiser Vogel; wir müssen zeigen, daß UΘ ein weiser Vogel ist.
Nehmen wir einen beliebigen Vogel x. Dann liebt x den Θx, da Θ ein Weiser ist. Daher liebt x, der letzten Aufgabe zufolge, den x(Θx). Aber x(Θx) = UΘx, und somit liebt x den UΘx. Also ist UΘ ein weiser Vogel.

19. Angenommen, Θ ist ein Weiser. Dann gilt für jeden Vogel y, daß Θy = y(Θy), also auch speziell, daß ΘU = U(ΘU). Dann gilt für jeden Vogel x, daß ΘUx = U(ΘU)x = x(ΘUx). Somit ΘUx = x(ΘUx), oder, gleichbedeutend damit, x(ΘUx) = ΘUx, was bedeutet, daß x den ΘUx liebt. Daher ist ΘU ein Weiser.

20. Angenommen, UO = O. Dann O = UO, folglich gilt für jeden Vogel x, daß Ox = UOx = x(Ox). Da Ox = x(Ox), so liebt x den Ox, und somit ist O ein Weiser.

21. Angenommen, O ist wählerisch und Θ ist ein Weiser. Da Θ ein Weiser ist, so liebt O den ΘO. Da jedoch O nur Weise liebt, muß ΘO ein Weiser sein.

22. Angenommen, Θ ist ein Weiser. Dann gilt für jeden Vogel x, daß Θx = x(Θx). Außerdem UΘx = x(Θx). Daher UΘx = Θx, da beide x(Θx) gleichen. Also ist UΘ dem Θ ähnlich.

23. Angenommen, der Wald ist ausgedehnt. Nehmen wir nun an, daß Θ ein Weiser ist. Der letzten Aufgabe zufolge ist UΘ dem Θ ähnlich, und da der Wald ausgedehnt ist, so *ist* UΘ der Vogel Θ. Somit UΘ = Θ, was bedeutet, daß U den Θ liebt. Und daher liebt U in einem ausgedehnten Wald *alle* weisen Vögel.

14
Currys munterer Vogelwald

Als Inspektor Craig in Currys Wald ankam, stattete er als erstes dem dort ansässigen Vogelsoziologen, der sinnigerweise Professor Fogel hieß, einen Besuch ab.

»In diesem Wald«, sagte Fogel, »singen bestimmte Vögel an bestimmten Tagen. Mein Ziel ist zu bestimmen, welche Vögel an welchen Tagen singen. Bislang habe ich noch keine endgültige Lösung gefunden. Ich habe nach einem alles vereinenden Prinzip gesucht, einem allgemeinen Gesetz, das mich in die Lage versetzen würde zu bestimmen, welche Vögel an welchen Tagen singen. Ich habe jetzt über einen Zeitraum von vielen Jahren eine ungeheure Menge an statistischem Datenmaterial gesammelt; ich habe Zehntausende von Fakten zusammengetragen, und mit Hilfe eines Hochgeschwindigkeitsrechners ist es mir gelungen, all diese Fakten in vier allgemeinen Gesetzen zu vereinigen. Diese vier Gesetze geben mir zwar *partielle* Informationen, aber ich sehe nicht, wie ich mit ihnen genau bestimmen kann, welche Vögel an welchen Tagen singen. Ich habe das Gefühl, daß es *ein einziges allgemeines Gesetz* geben müßte, das diese vier Gesetze vereinen würde – so wie etwa Newtons universales Gravitationsgesetz die drei Keplerschen Gesetze über die Bewegung der Planeten vereinigt hat. Aber es ist mir bisher nicht gelungen, es zu finden, und ich frage mich, ob Sie mir helfen könnten?«

»Ich werde tun, was ich kann«, sagte Craig. »Welches sind die vier Gesetze?«

»Nun, wir haben hier einen ganz speziellen Vogel V. Ich weiß nicht, zu welcher Spezies er gehört, und es tut auch nichts zur Sache. Das Wichtige an ihm ist, daß für jeden Vogel x und jeden Vogel y, sei er der gleiche wie x oder ein anderer, folgende Gesetze gelten:

Gesetz 1: Wenn y an einem bestimmten Tag singt, so singt auch Vxy an diesem Tag.

Gesetz 2: Wenn x an einem bestimmten Tag nicht singt, so singt Vxy an dem Tag.

Gesetz 3: Wenn der Vogel x und der Vogel Vxy *beide* an einem bestimmten Tag singen, so singt y an dem Tag.
Gesetz 4: Für jeden Vogel x gibt es einen Vogel y, so daß y an den und nur an den Tagen singt, an denen Vyx singt.
Dies sind meine vier Gesetze«, sagte Fogel. »Können Sie sie in einem übergeordneten Gesetz zusammenbringen?«
»Ich muß darüber nachdenken«, sagte Craig und erhob sich. »Ich komme morgen wieder und werde Ihnen berichten, wenn ich etwas Brauchbares gefunden habe.«
Craig ging zurück zu dem Gasthaus, in dem er abgestiegen war, und widmete sich einige Zeit der Angelegenheit. Schließlich brach er in Lachen aus. »Was für ein lächerlich einfaches Gesetz!« dachte Craig. »Wie hat Fogel es nur all die Jahre übersehen können? Ich glaube, morgen werde ich einigen Spaß mit ihm haben.«
Am nächsten Tag machte Craig einen Besuch bei Fogel.
»Ich habe Ihr Problem gelöst«, sagte Craig. »Es ist mir gelungen, aus Ihren vier Gesetzen ein ganz allgemeines Gesetz abzuleiten, das wiederum leicht erklärt, warum die vier speziellen Gesetze wahr sind.«
»Wunderbar!« rief Fogel. »Wie heißt dieses allgemeine Gesetz?«
»Anstatt es Ihnen direkt zu sagen, möchte ich Ihnen einen Hinweis geben. Aus Ihren Gesetzen folgt, daß hier alle Spatzen dienstags singen.«
»Erstaunlich!« rief Fogel. »Es stimmt, daß alle Spatzen hier dienstags singen, aber wie konnten Sie das aus dem ableiten, was ich Ihnen erzählt habe? Ich habe nichts über Spatzen und auch nichts über Dienstage gesagt. Was ist so besonders an Spatzen und Dienstagen?«
»Nichts von beidem ist besonders«, gab Craig zurück, »und eben dies sollte für Sie ein Hinweis darauf sein, wie mein allgemeines Gesetz lautet.«
Fogel versank in verwundertes Nachdenken.
»Sie wollen mir doch nicht erzählen«, meinte er schließlich, »daß *alle* Vögel hier an *allen* Tagen singen?«
»Genau das!« bestätigte Craig.
»Phantastisch!« rief Fogel. »Warum ist mir diese Möglichkeit nie in den Sinn gekommen? Aber so ganz habe ich es immer noch nicht verstanden. Warum folgt aus den vier Gesetzen, die ich Ihnen gegeben habe, daß alle Vögel hier an allen Tagen singen?«

1.

Warum folgt es?

2.

Angenommen, die ersten drei Gesetze von Fogel wären gegeben, doch statt Fogels viertem Gesetz wäre gegeben, daß es in dem Wald eine Lerche gibt. Folgt dann, daß alle Vögel an allen Tagen singen? Angenommen, es wäre gegeben, daß es anstelle der Lerche nun einen Kardinal gibt; würde auch dann folgen, daß alle Vögel an allen Tagen singen? Angenommen, es wäre *sowohl* eine Lerche *als auch* ein Kardinal gegeben; folgt dann, daß alle Vögel an allen Tagen singen?

3.

Wir gehen wieder davon aus, daß die ersten drei von Fogels Gesetzen gegeben sind, das vierte jedoch nicht. Können Sie einen *einzelnen* kombinatorischen Vogel finden, dessen Anwesenheit implizieren würde, daß alle Vögel an allen Tagen singen?

Diskussion (zu lesen, *nachdem* der Leser die Lösungen der letzten drei Aufgaben durchgegangen ist)*:* Die oben angeführten Aufgaben stehen alle in engem Zusammenhang mit einem berühmten Faktum, das *Currys Paradoxon* genannt wird. Angenommen, es wäre, anstatt von Vögeln, von Sätzen die Rede. Und angenommen, wir würden, anstatt von Vögeln, die an einem bestimmten Tag singen oder nicht, von Sätzen reden, die wahr oder falsch sind; jeder Satz ist das eine oder das andere, nicht aber beides. Für jeden Satz x und y soll gelten, daß Vxy der Satz ist, daß entweder x falsch oder y wahr ist, oder – was das gleiche ist –, wenn x wahr ist, so ist auch y wahr. Dann entsprechen die ersten drei Fogelschen Gesetze den folgenden drei elementaren Gesetzen der Logik:

Gesetz 1: Wenn y wahr ist, dann ist Vxy wahr.
Gesetz 2: Wenn x falsch ist, dann ist Vxy wahr.
Gesetz 3: Wenn x und Vxy beide wahr sind, ist auch y wahr.

Gesetz 1 besagt, daß, wenn y wahr ist, entweder x falsch oder y wahr ist, was offensichtlich ist, denn wenn y wahr ist, dann ist unabhängig davon, ob x wahr oder falsch ist, mindestens einer der Sätze x und y wahr – nämlich y. Gesetz 2 besagt, daß, wenn x falsch ist, entweder x falsch oder y wahr ist; dies ist wieder offensichtlich. Was Gesetz 3 betrifft, so wollen wir annehmen, daß x und Vxy beide wahr sind. Da Vxy wahr ist, so ist entweder x falsch oder y wahr. Die erste Alternative – x ist falsch – trifft nicht zu, da x wahr ist, also muß die zweite Alternative zutreffen – y ist wahr.

Nehmen wir nun an, daß wir das folgende Gesetz hinzufügen, das Fogels viertem Gesetz entspricht:

Gesetz 4: Für jeden Satz x gibt es einen Satz y, so daß der Satz y und der Satz Vyx entweder beide wahr oder beide falsch sind. Das heißt, der Vogel y und der Vogel Vyx singen an einem bestimmten Tag entweder beide oder beide nicht.

Was geschieht, wenn wir Gesetz 4 zu den anderen drei Gesetzen der Logik hinzufügen? Dann erhalten wir ein Paradoxon, denn mit den vier Gesetzen 1, 2, 3 und 4 können wir beweisen, daß *alle* Sätze wahr sind, in genau der gleichen Weise, wie wir mit Fogels vier Gesetzen bewiesen haben, daß alle Vögel singen. Offensichtlich ist es *nicht* der Fall, daß alle Sätze wahr sind, und somit führt das Hinzufügen von Gesetz 4 zu den drei anderen Gesetzen zu einer Absurdität. Dies ist Currys Paradoxon.

Wir sollten darauf hinweisen, daß Fogels vier Gesetze, *wenn sie auf Vögel angewandt werden*, wie Fogel es getan hat, keinerlei Paradoxon erzeugen; es führt nur zu dem Schluß, daß alle Vögel in dem Wald an allen Tagen singen, und es gibt keinen Grund, warum dies nicht der Fall sein könnte. Nur dann, wenn die vier Gesetze in der oben angezeigten Weise auf *Sätze* angewandt – oder, wie ich vielleicht sagen sollte, »fehlangewandt« – werden, entsteht ein echtes Paradoxon.

Angenommen, wir betrachten jetzt eine beliebige Sammlung von Einheiten, die wir *Objekte* nennen, und angenommen, wir haben eine bestimmte Operation, die, auf Objekt x und Objekt y angewandt, ein bestimmtes Objekt xy hervorbringt. Wir haben dann das, was man ein *Anwendungssystem* nennt, in dem das Objekt xy als Ergebnis der *Anwendung* von x auf y bezeichnet wird. In mehreren vorausgegangenen Kapiteln haben wir Anwendungssysteme untersucht; unsere »Objekte« waren Vögel, und wir haben xy als Antwort von x an y verstanden. Die kombinatorische Logik untersucht Anwendungssysteme mit bestimmten speziellen Eigenschaften, zu denen die Existenz verschiedener Kombinatoren gehört, einschließlich C, von uns *Kardinal* genannt, und L, von uns als *Lerche* bezeichnet. Nehmen wir nun an, daß zu den »Objekten«, die wir untersuchen, alle Sätze gehören, sowohl wahre als auch falsche, sowie andere Objekte, die *Kombinatoren*. Angenommen, wir haben ein Objekt V, so daß für jeden *Satz* x und y gilt, daß das Objekt Vxy der Satz ist, daß entweder x falsch oder y wahr ist. Wenn x und y nicht beide Sätze sind, so ist Vxy dennoch ein genau festgelegtes Objekt und kann ein Satz sein oder auch nicht, je nachdem, welcher Art x und y sind. Natürlich gelten die Gesetze 1, 2 und 3, *vorausgesetzt, daß x und y Sätze sind!* Auch gilt, vorausgesetzt, daß C und L anwesend sind, daß es, wenn ein beliebiges Objekt x gegeben ist, ein Objekt y geben muß, so daß y = Vyx, wie wir in der Lösung zu Aufgabe 2 gesehen haben. Speziell muß es, wenn ein beliebiger *Satz* x gegeben ist, ein *Objekt* y geben, so daß y = Vyx, doch dieses y muß kein Satz sein! Tatsächlich *kann* y kein Satz sein, denn wäre es einer, so wäre Vyx ebenfalls ein Satz, und zwar der gleiche Satz wie y, was bedeuten würde, daß Gesetz 4 gelten würde, und wir würden wieder auf Currys Paradoxon stoßen. Um aus dem Paradoxon herauszukommen, ist es also nötig zu erkennen, daß, wenn ein Satz x gegeben ist, obwohl die Axiome der kombinatorischen Logik implizieren, daß es ein *Objekt* y gibt, für das y = Vyx, ein solches y kein Satz sein kann. Einige der früheren Systeme, die versucht haben, die Aussagenlogik mit der kombinatorischen Logik zu verbinden, waren an diesem Punkt unachtsam, so daß sich die Systeme als inkonsistent erwiesen. Doch waren, wie Haskell Curry gezeigt hat, die Paradoxa kein Fehler der kombinatorischen Logik selbst, sondern das Resultat der falschen Anwendung der kombinatorischen Logik auf die Aussagenlogik.

Lösungen

1. Wir wollen zunächst feststellen, daß aus Fogels ersten beiden Gesetzen folgt, daß, wenn y an allen Tagen singt, an denen x singt, dann der Vogel Vxy an allen Tagen singen muß. *Begründung:* Angenommen, y singt an allen Tagen, an denen x singt. Betrachten wir einen beliebigen Tag. Entweder singt x an dem Tag, oder er singt nicht. Wenn x nicht singt, so singt – Fogels zweitem Gesetz zufolge – Vxy an dem Tag. Nehmen wir nun an, x singt an dem Tag. Dann singt auch y an dem Tag (auf Grund der Voraussetzung, daß y an all den Tagen singt, an denen x singt), und folglich muß – laut Fogels erstem Gesetz – Vxy an dem Tag singen. Das beweist, daß unabhängig davon, ob x an dem Tag singt oder nicht, der Vogel Vxy an dem Tag singt. Folglich singt Vxy an allen Tagen.

Wir wollen jetzt zeigen, daß, wenn ein beliebiger Vogel x gegeben ist, er an allen Tagen singt. Gesetz 4 zufolge gibt es einen Vogel y, der an den und nur an den Tagen singt, an denen Vyx singt. Betrachten wir nun einen beliebigen Tag, an dem y singt. Vyx singt ebenfalls an dem Tag, laut Gesetz 4, und da y an dem Tag singt, so singt – Gesetz 3 zufolge – auch x an dem Tag. Das beweist, daß x an allen Tagen singt, an denen y singt, und folglich singt Vyx an allen Tagen, wie in dem voranstehenden Absatz gezeigt wurde. Dann singt, da y an den gleichen Tagen singt wie Vyx, der Vogel y an allen Tagen. Folglich singen an überhaupt allen Tagen der Vogel y und der Vogel Vyx beide, also singt – laut Gesetz 3 – auch x an dem Tag. Das beweist, daß x an allen Tagen singt.

2. Wenn nur L allein oder nur C allein gegeben ist, sehe ich keine Möglichkeit zu beweisen, daß alle Vögel an allen Tagen singen, doch wenn C und L *beide* gegeben sind, können wir Gesetz 4 auf folgende Weise ableiten:

Da die Lerche L anwesend ist, so liebt jeder Vogel mindestens einen Vogel; wir erinnern uns, daß x den Lx(Lx) liebt. Nehmen wir nun einen beliebigen Vogel x. Dann liebt der Vogel CVx irgendeinen Vogel y, was bedeutet, daß CVxy = y, folglich y = CVxy. Doch auch CVxy = Vyx, und somit y = Vyx. Dann singt y natürlich an den gleichen Tagen wie Vyx, denn y *ist* der Vogel Vyx! Also folgt Gesetz 4.

3. Angenommen, daß statt der Anwesenheit von C und L gegeben ist, daß ein Vogel O anwesend ist, der die Bedingung Oxyz = x(zz)y erfüllt. Dann gilt für beliebige Vögel x und y, daß OVxy = V(yy)x. Folglich OVx(OVx) = V(OVx(OVx))x, und somit ist y = Vyx, wobei y der Vogel OVx(OVx) ist.

Bonusübungen

Übung 1: Angenommen, die ersten drei Fogelschen Gesetze sind gegeben, nicht jedoch das vierte. Beweisen Sie, daß für beliebige Vögel x, y und z folgende Fakten gelten:
a) Vxx singt an allen Tagen.
b) Wenn Vy(Vyx) an allen Tagen singt, so auch Vyx.

c) Wenn Vxy und Vyz an allen Tagen singen, so auch Vxz.
d) Wenn Vx(Vyz) an allen Tagen singt, so auch V(Vxy)(Vyz).
e) Wenn Vx(Vyz) an allen Tagen singt, so auch Vy(Vxz).

Übung 2: Angenommen, wir haben einen Vogelwald, in dem bestimmte Vögel als *lebhaft* bezeichnet werden. Wir bekommen keine Definition von *lebhaft*, erhalten jedoch die Information, daß es einen Vogel V gibt, für den die folgenden drei Bedingungen gelten:

a) Für beliebige Vögel x und y gilt: Wenn Vx(Vxy) lebhaft ist, so auch Vxy.
b) Für beliebige Vögel x und y gilt: Wenn x und Vxy beide lebhaft sind, so auch y.
c) Für beliebige Vögel x gibt es einen Vogel y, so daß die Vögel Vy(Vyx) und V(Vyx)y beide lebhaft sind.

Zeigen Sie, daß alle Vögel des Waldes lebhaft sind.

Übung 3: Die obenstehende Übung beinhaltet ein etwas strengeres Ergebnis, als es das von Aufgabe 1 zu Currys Wald war. Definieren Sie einen Vogel in Currys Wald als *lebhaft,* wenn er an allen Tagen singt. Zeigen Sie dann, daß die vier Fogelschen Gesetze implizieren, daß die drei obenstehenden Bedingungen alle gelten. Dann folgt aus Übung 2, daß alle Vögel des Waldes an allen Tagen singen, folglich ist die Lösung von Aufgabe 1 eine Folge von Übung 2.

15
Russells Wald

Der nächste Wald, den Inspektor Craig besuchte, wurde Russells Wald genannt. Sehr bald nach seiner Ankunft hatte Craig ein Gespräch mit einem Vogelsoziologen namens McSnurd. Er berichtete McSnurd von den Erfahrungen, die er im letzten Wald gemacht hatte.

»Soweit mir bekannt ist«, sagte McSnurd, »haben wir hier keinen Vogel, der Fogels vier Gesetze erfüllt. Was wir haben, ist ein besonderer Vogel a, so daß für jeden Vogel x gilt, daß der Vogel ax an den und nur an den Tagen singt, an denen xx singt. Auch gibt es für jeden Vogel x einen Vogel x′, so daß für jeden Vogel y gilt, daß der Vogel x′y an den und nur an den Tagen singt, an denen xy nicht singt. Ich hoffe, daß ich Ihnen mit dieser Information helfen konnte.«

Inspektor Craig hatte diesem Bericht interessiert zugehört. Später am Abend, als er ruhig in seinem Zimmer im Vogelwaldgasthof saß, überdachte Craig den Bericht noch einmal, und ihm wurde klar, daß McSnurd kein besonders guter Beobachter sein konnte, denn die beiden Fakten, die er mitgeteilt hatte, waren logisch unvereinbar.

1. Warum ist McSnurds Bericht widersprüchlich?

Lösung: Es ist am besten, wenn wir die Lösung sofort angeben. Angenommen, McSnurds Bericht wäre wahr. Wir betrachten den Vogel a, der die Bedingung erfüllt, daß für jeden Vogel x gilt, daß ax genau an den Tagen singt, an denen xx singt. Dann gibt es laut McSnurds zweiter Aussage einen Vogel a′, so daß für jeden Vogel x gilt, daß a′x an genau den Tagen singt, an denen ax nicht singt. Doch die Tage, an denen ax nicht singt, sind genau die Tage, an denen auch xx nicht singt (denn ax singt an genau den gleichen Tagen wie xx), und somit haben wir einen Vogel a′, so daß für jeden Vogel x gilt, daß a'x an genau den Tagen singt, an denen xx nicht singt. Da dies für *jeden* Vogel x gilt, trifft es auch zu, wenn x der Vogel a' ist, und somit singt a'a' an den und nur an den Tagen, an denen a'a' nicht singt, was offenbar ein Widerspruch ist.

Es handelt sich hier um ein echtes Paradoxon, das dem Paradoxon von dem Barbier entspricht, der die und nur die Leute rasiert, die sich nicht selbst rasieren, oder Russells berühmtem Paradoxon von der Gruppe, die als Mitglieder die und nur die Gruppen enthält, die sich nicht selbst als Mitglieder enthalten. Eine solche Gruppe würde sich selbst als Mitglied enthalten dann und nur dann, wenn sie sich nicht enthielte.

2. Eine Fortsetzung

Inspektor Craig war mit Professor McSnurd entschieden unzufrieden, und so fragte er einen Bewohner, der sich besser auskannte, ob in Russells Wald noch andere Vogelsoziologen ansässig seien.

»Darüber weiß ich nichts«, war die Antwort, »aber mir ist bekannt, daß es in diesem Wald einen *Metavogelsoziologen* gibt; sein Name ist Professor MacSnuff.«

»Und was ist ein Metavogelsoziologe?« fragte Craig verwundert.

»Ein Metavogelsoziologe ist jemand, der sich dem Studium der Soziologie der Vogelsoziologen widmet. Professor MacSnuff ist der führende Fachmann nicht auf dem Gebiet der Vogelsoziologie, worüber er nichts weiß, sondern auf dem Gebiet der Vogelsoziologen. Er kennt alle Vogelsoziologen der Welt und sollte also auch wissen, welche es hier gibt. Ich würde Ihnen raten, ihn aufzusuchen.«

Craig dankte und vereinbarte ein Treffen mit MacSnuff.

»Ja, es gibt hier noch einen anderen Vogelsoziologen«, sagte MacSnuff. »Auch er heißt McSnurd. Er ist ein Bruder des McSnurd, mit dem Sie sich bereits unterhalten haben.«

Craig war hoch erfreut und vereinbarte ein Treffen mit diesem anderen McSnurd.

»Ach ja«, sagte McSnurd, »mein Bruder ist nicht immer genau; er hätte Ihnen das nicht erzählen sollen. Was er hätte sagen *sollen*, ist, daß es hier einen Vogel J gibt, so daß für jeden Vogel x gilt, daß der Vogel Jx an den und nur an den Tagen singt, an denen x nicht singt. Außerdem gibt es in diesem Wald einen weisen Vogel, wenn Sie das weiterbringt.«

Inspektor Craig dankte ihm und ging. »Zum Henker!« sagte sich Craig einen Augenblick später. »Dieser McSnurd ist genauso schlimm wie sein Bruder!«
Wie konnte Craig dies wissen?

3. Eine zweite Fortsetzung

»Gibt es denn keinen *kompetenten* Vogelsoziologen in diesem Wald?« fragte Craig MacSnuff bei seinem zweiten Besuch.
»Es gibt hier nur noch einen weiteren Vogelsoziologen«, sagte MacSnuff. »Auch er heißt McSnurd und ist der Bruder der anderen beiden McSnurds.«
Nicht allzu hoffnungsvoll verabredete sich Craig mit dem noch verbliebenen McSnurd.
»Ach ja,« sagte der dritte McSnurd, »meine beiden Brüder sind weder besonders gut im Beobachten noch im Schlußfolgern. Der letzte McSnurd, den Sie gesehen haben, hatte recht mit dem weisen Vogel; ich habe hier selbst einen gesehen. Mit dem Vogel J hatte er jedoch nicht recht; erzählen *sollen* hätte er Ihnen, daß es hier einen Vogel O gibt, so daß für beliebige Vögel x und y gilt, daß der Vogel Oxy an den und nur an den Tagen singt, an denen weder x noch y singt. Jetzt sollten Sie eigentlich keine Schwierigkeiten mehr haben.«
Ist der Bericht des dritten McSnurd stichhaltig?

Lösungen

2. Angenommen, McSnurds Bericht wäre korrekt. Dann gilt für jeden Vogel x, daß $Jx \neq x$ – das heißt, Jx ist ungleich X –, weil Jx nur an den Tagen singt, an denen x nicht singt. Da jedoch ein weiser Vogel anwesend ist, so liebt jeder Vogel irgendeinen Vogel, folglich liebt J irgendeinen Vogel x, was bedeutet, daß $Jx = x$. Das ist ein Widerspruch.

3. Der Widerspruch in diesem Bericht ist etwas subtiler und interessanter! Angenommen, der Bericht ist wahr. Nehmen wir einen beliebigen Vogel x. Da es einen weisen Vogel gibt, so liebt Ox, wie jeder andere Vogel, irgendeinen Vogel y, so daß $Oxy = y$. Also singt y an den und nur an den Tagen, an denen weder x noch y singt. Wenn y jemals an einem bestimmten Tag gesungen hat, dann würde weder x noch y an dem Tag singen, was bedeutet, daß y an dem Tag nicht singen würde, und damit hätten wir einen Widerspruch. Also singt y überhaupt nicht. Nehmen wir nun an, es wäre ein Tag, an dem x nicht singt. Dann singt weder x noch y an dem Tag, folglich singt Oxy an dem Tag, und y singt an dem Tag, im Widerspruch zu dem bereits bewiesenen Faktum, daß y niemals singt. Also muß x an allen Tagen singen. Und somit haben wir bewiesen, daß *jeder* Vogel x an allen Tagen singt, doch wir haben gezeigt, daß es für jeden Vogel x einen Vogel y gibt, der nie singt. Und das ist offensichtlich ein Widerspruch.

16
Der Wald ohne Namen

Nachdem es ihm nicht gelungen war, in Russells Wald einen vertrauenswürdigen Vogelsoziologen zu finden, reiste Craig verärgert weiter. An den Tagen darauf suchte er seinen beschwerlichen Weg durch den Wald dieser Geschichte.

An den ersten Tagen seines Aufenthalts hier fühlte er sich auf unerklärliche Weise traurig. Er konnte nicht einmal sagen, *warum* er traurig war, es war einfach eine Tatsache, daß er es war. »Vielleicht sind es die enttäuschenden Ergebnisse meines Besuchs in dem letzten Wald?« dachte Craig. »Nein«, schloß er, »es ist noch etwas anderes, das nicht in Ordnung ist, aber ich komme nicht darauf, was es sein könnte!«

Craigs Stimmung hellte sich etwas auf, als er hörte, daß der Vogelsoziologe in diesem Wald der berühmte Professor McSnurtle war. Obwohl ein Cousin der Brüder McSnurd, war McSnurtle als außerordentlich zuverlässig bekannt. Craig hatte zu Hause in der *Enzyklopädie der Vogelsoziologie* über ihn gelesen, und darin war besonders herausgestellt worden, daß McSnurtle *niemals Fehler machte*! Craig wurde eine Unterredung gewährt.

»Wir haben hier einen besonderen Vogel e«, sagte McSnurtle. »Nach Jahren der Forschung habe ich die folgenden vier Gesetze über e aufgestellt:

Gesetz 1: Für beliebige Vögel x und y gilt, daß, wenn exy an einem bestimmten Tag singt, auch y dies tut.

Gesetz 2: Für beliebige Vögel x und y gilt, daß der Vogel x und der Vogel exy niemals an dem gleichen Tag singen.

Gesetz 3: Für beliebige Vögel x und y gilt, daß der Vogel exy an allen Tagen singt, an denen x nicht singt und y singt.

Gesetz 4: Für einen beliebigen Vogel x gibt es einen Vogel y, so daß y an den gleichen Tagen singt wie eyx.

Und damit«, sagte McSnurtle stolz, »ist alles genau zusammengefaßt, was ich über die Singgewohnheiten der Vögel dieses Waldes weiß.«

Inspektor Craig dachte über diese Analyse genau nach. Schließlich konnte er einen etwas geringschätzigen Ausdruck nicht ganz unterdrücken.
»Stimmt etwas nicht?« fragte McSnurtle, der ein sehr einfühlsamer Mensch war. »Haben Sie in meinen Aussagen eine Unstimmigkeit entdeckt?«
»Oh, nein!« erwiderte Craig. »Ich vertraue durchaus Ihrem Ruf, völlig genau zu sein. Da ist nur eine Frage, die ich Ihnen gerne stellen würde: Haben Sie in diesem Wald überhaupt jemals einen Vogel singen hören?«
Professor McSnurtle versank für Minuten in tiefes Nachdenken.
»Wenn Sie mich so fragen – nein, ich glaube nicht, daß ich je einen gehört habe!« gab er schließlich zur Antwort.
»Und ich fürchte, Sie werden auch nie einen hören«, sagte Craig, indem er sich erhob. »Sie hätten Ihre Gesetze noch kürzer abfassen können, wenn Sie sie in einem einfachen Gesetz zusammengefaßt hätten: *Kein Vogel in diesem Wald singt jemals.* Jetzt weiß ich auch, warum ich hier so traurig war!«
Wie war Craig darauf gekommen?

Lösung

Hier geht es im wesentlichen wieder um Aufgabe 1 aus Currys Wald. Wir wollen sagen, daß ein Vogel an einem bestimmten Tag *schweigt*, wenn er an dem Tag nicht singt. Dann kann man McSnurtles vier Gesetze in entsprechender Weise wie folgt angeben:
Gesetz 1: Wenn y an einem bestimmten Tag schweigt, so schweigt auch exy an dem Tag.
Gesetz 2: Wenn x an einem bestimmten Tag nicht schweigt, so schweigt exy an dem Tag.
Gesetz 3: Wenn der Vogel x und der Vogel exy an einem bestimmten Tag beide schweigen, so schweigt y an dem Tag.
Gesetz 4: Für einen beliebigen Vogel x gibt es einen Vogel y, so daß y an den und nur an den Tagen schweigt, an denen eyx schweigt.
Und somit gelten Fogels vier Gesetze für O auch für e, wenn wir »singt« einfach durch »schweigt« ersetzen. Das gleiche Argument, das zeigt, daß alle Vögel in Currys Wald an allen Tagen singen, zeigt dann, daß alle Vögel in diesem Wald an allen Tagen schweigen.

Epilog: Viele Jahre später wurde der »Wald ohne Namen« (der tatsächlich einen Namen von paradoxer Art hatte) als »Wald des Schweigens« bekannt.

17
Gödels Wald

Craigs nächstes Abenteuer war weitaus erfreulicher und zudem höchst informativ. Nachdem er den Wald ohne Namen verlassen hatte, fand er sich in dem lieblichen Wald dieses Kapitels wieder. Das erste, was ihm auffiel, war die Fülle singender Vögel. Sie sangen so wunderschön – genau wie Nachtigallen! Der Vogelsoziologe dieses Waldes war ein gewisser Giuseppe Baritoni, der zu seiner Zeit selbst ein ausgezeichneter Sänger gewesen war.

»In *diesem* Wald nun«, erklärte Baritoni, »messen wir der Frage, welche Vögel an welchen Tagen singen, keine besondere Bedeutung zu; die entscheidende Frage ist, welche Vögel überhaupt singen können! Nicht alle Vögel in diesem Wald können singen. Wir haben viele Nachtigallen, und sie alle singen, wie Sie vielleicht schon bemerkt haben.«

»Oh, ja«, sagte Craig. »Tatsächlich haben alle Vögel, die ich bisher gehört habe, für mich wie Nachtigallen geklungen. Sind Nachtigallen die *einzigen* Vögel, die hier singen, oder gibt es noch andere?«

»Oh, eine höchst interessante Frage!« entgegnete Baritoni. »Leider haben wir die Antwort noch nicht gefunden. Die einzigen Vögel, die ich hier habe singen hören, sind Nachtigallen, und ich kenne niemanden, der einen Singvogel gehört hat, der keine Nachtigall ist. Das ist jedoch noch kein endgültiger Beweis dafür, daß Nachtigallen die einzigen Singvögel in diesem Wald sind; es ist möglich, daß es einen bisher noch nicht entdeckten Vogel gibt, der singt, aber keine Nachtigall ist. Es wäre höchst interessant, wenn es so wäre!

In der Tat hat ein Logiker vom Institute for Advanced Study in Princeton vor einigen Jahren diesen Wald besucht, und nachdem ich ihm einiges über die Singgesetze dieses Waldes erzählt hatte, schloß er, daß es auf der Basis dieser Gesetze entscheidbar sein *müßte*, ob es einen solchen Vogel gibt oder nicht. Unglücklicherweise verließ er uns eines Tages ganz plötzlich, und ich habe seinen Namen vergessen. Seitdem habe ich nie mehr von ihm gehört.«

»Welches *sind* diese Gesetze?« fragte Craig mit großem Interesse.

»Also«, fing Baritoni an zu erklären, »das erste Interessante an diesem Wald ist, daß alle Vögel verheiratet sind. Für jeden Vogel x gilt, daß ich mit x' den Gefährten von x meine. Das Interessante ist nun, daß für beliebige Vögel x und y gilt, daß der Vogel x'y dann und nur dann singt, wenn xy nicht singt.

Das zweite Interessante ist, daß jeder Vogel x einen besonderen Verwandten x* hat, der als *Begleiter* von x bezeichnet wird. Der Vogel x* ist so geartet, daß für jeden Vogel y gilt, daß der Vogel x*y dann und nur dann singt, wenn x(yy) singt.

Die dritte Sache ist, daß es einen speziellen Vogel N gibt, so daß immer dann, wenn Sie N den Namen einer Nachtigall nennen, N mit dem Namen eines Vogels antwortet, der singt, doch wenn Sie N den Namen eines Vogels nennen, der keine Nachtigall ist, dann antwortet N mit dem Namen eines Vogels, der nicht singt. Mit anderen Worten, für jeden Vogel x gilt, daß der Vogel Nx dann und nur dann singt, wenn x eine Nachtigall ist.«

»Sehr interessant«, sagte Craig, der daraufhin sein Notizbuch aus der Tasche zog und die folgenden vier Bedingungen aufschrieb, damit er sie nicht vergessen konnte:

Bedingung 1: Alle Nachtigallen (in diesem Wald) singen.
Bedingung 2: x'y singt dann und nur dann, wenn xy nicht singt.
Bedingung 3: x*y singt dann und nur dann, wenn x(yy) singt.
Bedingung 4: Nx singt dann und nur dann, wenn x eine Nachtigall ist.

Inspektor Craig dankte Professor Baritoni herzlich, verabschiedete sich und verbrachte den Tag damit, gemächlich durch diesen lieblichen Wald zu schlendern. Schon früh am Abend ging er schlafen, und seltsamerweise fiel ihm die Lösung des Problems gegen Morgen ein, als er noch schlief. »Eureka!« rief er und sprang aus dem Bett. »Ich muß sofort Baritoni treffen!« Und so zog er sich eilig an, nahm ein kleines Frühstück zu sich und ging schnellen Schrittes auf Baritonis ornithologisches Labor zu – sehr ungewöhnlich für einen wohlerzogenen englischen Gentleman, dies ohne Einladung zu tun, doch können wir Craig in Anbetracht seines euphorischen Zustandes sicher entschuldigen. Er machte eine scharfe Kurve und lief fast in Baritoni hinein, der sich gerade zu seinem Morgenspaziergang aufgemacht hatte, eine Melodie aus *Aida* vor sich hin summend.

»Ich habe Ihr Problem gelöst!« rief Craig überschwenglich. »Es gibt tatsächlich einen Vogel in diesem Wald, der singt, aber keine Nachtigall ist.«

»Wunderbar!« rief Baritoni und klatschte vor Freude laut in die Hände. »Aber sagen Sie mir, gibt es irgendeine Möglichkeit, wie wir einen solchen Vogel auch wirklich *finden* können?«

»Das werden wir sehen«, sagte Craig. »Zunächst einmal, wenn Sie wissen, wie man einen Vogel x finden kann und wie man einen Vogel y finden kann, wissen Sie dann auch, wie man den Vogel xy finden kann?«

»Nicht unbedingt«, erwiderte Baritoni. »Wenn ich jedoch weiß, wie ich x ausfindig machen kann, und den *Namen* von y kenne, dann kann ich den Vogel xy finden: Ich gehe einfach auf x zu und nenne ihm den Namen von y. Dann *benennt* x den Vogel xy. Und wenn ich erst einmal den Namen von xy weiß, kann ich ihn finden, denn ich kann jeden Vogel finden, dessen Namen ich kenne. Ich brauche vielleicht etliche Stunden dafür, aber es geht.«

»Sehr gut!« sagte Craig. »Weiter, wenn Sie den Namen eines Vogels x kennen, können Sie dann den Namen seines Gefährten x' feststellen?«

»Oh, ja, ich habe eine komplette Liste mit allen mir bekannten Vögeln, die mir sagt, wer mit wem verheiratet ist.«

»Und wenn Sie den Namen eines Vogels x kennen«, fragte Craig weiter, »sind Sie dann in der Lage, den Namen seines Begleiters x^* herauszufinden?«

»Auch das kann ich. Dafür habe ich eine andere Liste.«

»Eine letzte Frage noch«, sagte Craig. »Kennen Sie den Namen dieses speziellen Vogels *N*?«

»Aber natürlich; sein Name ist einfach der Buchstabe *N*.«

»Gut!« freute sich Craig. »Dann glaube ich, daß ich Sie zu einem Singvogel führen kann, der keine Nachtigall ist, doch nach dem, was Sie mir gesagt haben, kann es mehrere Stunden dauern.«

»Wenn das so ist«, sagte Baritoni eifrig, »dann lassen Sie uns sofort aufbrechen. Wir machen am Labor Halt, und ich packe für uns einen Picknickkorb.«

Die beiden verbrachten einen großen Teil des Tages mit ihrer Suche, aber sie wurden reich belohnt. Als der Abend schon dämmerte, befanden Sie sich in einem entlegenen, einsamen und fast unbekannten Teil des Waldes, und tatsächlich fanden sie, auf einem niedrigen Zweig sitzend, einen Vogel *G*, der so wunderbar sang, wie sie es nie schöner gehört hatten, und *G* war entschieden *keine* Nachtigall. Tatsächlich gehörte der Vogel zu einer Art, die weder Craig noch Baritoni jemals zuvor gesehen oder gehört hatte.

1.

Wie konnte Craig wissen, daß es einen solchen Vogel gab, und wie haben es die beiden angefangen, ihn zu finden?

Anmerkung: Der Vogel G ist später als *Gödelscher* Vogel bekannt geworden, weil die Methode, mit der Craig ihn fand, Gödels Methode entsprach, einen wahren Satz zu finden, der in einem bestimmten Axiomensystem nicht beweisbar ist. Leser, die daran interessiert sind, diese Parallele genauer zu betrachten, sollten die Aufgaben in diesem Kapitel mit denen von Kapitel 14 und 15 in *Dame oder Tiger?* vergleichen. Der Schlüssel zu der Parallele ist, daß Singvögel den wahren Sätzen entsprechen und Nachtigallen den *beweisbaren* Sätzen. Also entspricht ein Singvogel, der keine Nachtigall ist, einem wahren Satz, der in dem Axiomensystem, um das es geht, nicht beweisbar ist.

2. Eine Fortsetzung

Am nächsten Morgen trafen sich Craig und Baritoni erneut. »Wissen Sie«, sagte Craig, »gestern abend ist mir noch ein anderer Weg eingefallen, wie man einen Vogel finden kann, der singt, aber keine Nachtigall ist. Wenn Ihnen daran liegt, können wir uns aufmachen, ihn zu finden, obwohl ich nicht garantieren kann, daß er sich nicht schließlich doch als der gleiche Vogel herausstellen könnte, den wir gestern gefunden haben. Aber es könnte den Versuch lohnen.«
Baritoni war von der Idee sehr angetan. Also verbrachten sie den Tag im Wald, und es gelang ihnen, einen Vogel G_1 zu finden, der sang, aber keine Nachtigall war. Und wie es das Glück wollte, zeigte sich, daß G_1 ein anderer Vogel war als G, obwohl das nicht vorauszusehen war. Haben Sie eine Erklärung?

3. Die Vogelvereine

Craig war von diesem Wald sehr angetan und blieb eine Weile. Er fand heraus, daß die Vögel diverse Vereine gegründet hatten. Man sagt von einem Vogel O, er *repräsentiere* eine Menge M von Vögeln, wenn für jeden Vogel x in der Menge M gilt, daß der Vogel Ox ein Singvogel ist, und wenn für jeden Vogel x außerhalb der Menge M

gilt, daß der Vogel Ox ein Vogel ist, der nicht singt – mit anderen Worten, für jeden Vogel x gilt, daß der Vogel Ox dann und nur dann singt, wenn x ein Mitglied von M ist. Eine Vogelmenge wird als *Verein* bezeichnet, wenn sie von irgendeinem Vogel repräsentiert wird. Beispielsweise bildet die Menge der Nachtigallen einen Verein, weil diese Menge von dem Vogel N repräsentiert wird.

Craig interessierte sich für folgende Frage: Bildet die Menge der Singvögel einen Verein? Dies läßt sich auf der Grundlage der von Baritoni festgelegten Bedingungen 2 und 3 beantworten. Wie lautet die Antwort? Auch läßt sich allein mit Bedingung 3 zeigen, daß jedem Verein entweder mindestens ein Vogel, der singt, angehören muß, oder mindestens ein Vogel, der nicht singt, nicht angehören darf. Wie läßt sich das beweisen, und in welchem Zusammenhang steht dies mit der Frage, ob die Singvögel einen Verein bilden?

Lösungen

1. Sie fanden den Vogel G auf folgende Weise:

Baritoni kannte bereits den Namen des Vogels N, also wußte er auch, indem er seine erste Liste zu Rate zog, den Namen von N' – dem Gefährten von N. Als nächstes stellte er, indem er in seiner zweiten Liste nachsah, den Namen des Vogels $N'*$ fest. Um die Sache übersichtlicher zu machen, wollen wir den Vogel $N'*$ als O bezeichnen. Als nächstes fanden die beiden Männer den Vogel O, gingen zu ihm hin und riefen seinen eigenen Namen. O antwortete, indem er den Vogel OO nannte. Die beiden waren dann in der Lage, OO zu finden. Jetzt wollen wir beweisen, daß OO ein Vogel sein muß, der singt, aber keine Nachtigall ist.

G soll der Vogel OO sein – mit anderen Worten, G ist der Vogel $N'*N'*$, und wir wollen zeigen, daß G singt, aber keine Nachtigall ist.

Der Vogel O hat die Eigenschaft, daß für jeden Vogel x gilt, daß der Vogel Ox dann und nur dann singt, wenn xx keine Nachtigall ist. Der Grund ist: Laut Bedingung 3 singt $N'*x$ dann und nur dann, wenn $N'(xx)$ singt, und $N'(xx)$ singt dann und nur dann, wenn $N(xx)$ nicht singt, was dann und nur dann zutrifft, wenn xx *keine* Nachtigall ist, denn laut Bedingung 4 singt Nxx dann und nur dann, wenn xx eine Nachtigall *ist*. Wenn wir diese drei Faktoren zusammenbringen, so sehen wir, daß $N'*x$ dann und nur dann singt, wenn xx keine Nachtigall ist, und da $N'*$ der Vogel O ist, so singt Ox dann und nur dann, wenn xx keine Nachtigall ist.

Da es zutrifft, daß für *jeden* Vogel x gilt, daß der Vogel Ox dann und nur dann singt, wenn xx keine Nachtigall ist, so trifft dies auch zu, wenn x der Vogel O ist, und somit singt OO dann und nur dann, wenn OO keine Nachtigall ist. Das bedeutet, daß entweder OO singt und keine Nachtigall ist, oder OO singt nicht und ist eine Nachtigall. Es singen jedoch alle Nachtigallen, wie in Bedingung 1 gegeben ist, und damit scheidet die zweite Alternative aus. Folglich singt OO, ist aber keine Nachtigall.

Diese kluge Beweisführung verdanken wir letztlich Kurt Gödel.

2. O_1 sei der Vogel $N*'$, und nicht mehr $N'*$. Dann ist O_1 nicht notwendigerweise der Vogel O, sondern hat auch die Eigenschaft, daß für jeden Vogel x gilt, daß der Vogel $O_1 x$ dann und nur dann singt, wenn $O_1 x$ keine Nachtigall ist. Den Nachweis dafür überlassen wir dem Leser.

Dann folgt aus der gleichen Beweisführung, daß der Vogel $O_1 O_1$ – wir nennen diesen Vogel G_1 – singt, aber keine Nachtigall ist.

Zusammengefaßt ergibt sich, daß der Vogel $N'*N'*$ und der Vogel $N*'N*'$ beide Vögel sind, die singen, aber keiner ist eine Nachtigall.

3. Wir wollen zunächst auf der Basis nur von Bedingung 3 beweisen, daß jedem Verein entweder ein Sänger angehören muß oder ein Nichtsänger nicht angehören darf.

Wir nehmen einen beliebigen Verein V. Dann wird V von irgendeinem Vogel O repräsentiert. Nun betrachten wir den Vogel O*. Für jeden Vogel x gilt, daß der Vogel O*x dann und nur dann singt, wenn O(xx) singt, Bedingung 3 zufolge. Auch singt O(xx) dann und nur dann, wenn xx ein Mitglied von V ist, denn O repräsentiert V. Daher singt O*x dann und nur dann, wenn xx ein Mitglied von V ist. Da dies für jeden Vogel x zutrifft, so singt speziell O*O* dann und nur dann, wenn O*O* ein Mitglied von V ist. Wenn also O*O* singt, ist er ein Mitglied von V, und folglich enthält V den Singvogel O*O*. Wenn anderseits O*O* nicht singt, so ist O*O* nicht in V, folglich gehört mindestens ein Vogel, der nicht singt, nämlich O*O*, nicht zu V. Damit ist bewiesen, daß jeder Verein V entweder mindestens einen Singvogel enthalten muß oder mindestens einen nicht singenden Vogel nicht enthalten darf.

Nehmen wir nun an, die Menge aller Singvögel würde einen Verein bilden; wir würden folgenden Widerspruch erhalten: Die Menge aller Singvögel würde von irgendeinem Vogel O repräsentiert werden. Dann würde laut Bedingung 2 der Vogel O′, der Gefährte von O, die Menge aller Vögel repräsentieren, die *nicht* singen – erkennen Sie, wie? Das bedeutet, daß die Menge der nicht singenden Vögel einen Verein bildet, doch das ist unmöglich, da diese Menge weder einen Singvogel enthält, noch mangelt es ihr an einem nicht singenden Vogel. Folglich wird die Menge der Singvögel von keinem Vogel repräsentiert – sie ist kein Verein.

Übrigens liefert die Lösung dieser Aufgabe zusammen mit Bedingung 1 und Bedingung 4 einen alternativen Beweis dafür, daß es einen Singvogel gibt, der keine Nachtigall ist. Da die Menge der Singvögel keinen Verein bildet, wohl aber die Menge der Nachtigallen, Bedingung 4 zufolge, sind die beiden Mengen nicht gleich. Doch laut Bedingung 1 singen alle Nachtigallen, folglich gibt es irgendeinen Singvogel, der keine Nachtigall ist.

18
Der Meisterwald

Es gibt nur eine Straße, die in den großen Meisterwald führt. Als Craig am Eingang angekommen war, sah er ein großes Schild:

> **DER MEISTERWALD**
> **ZUTRITT NUR FÜR DIE ELITE!**

»Oh, du meine Güte!« dachte Craig. »Ich habe keine Idee, ob sie mich einlassen werden. Ich habe mich nie als Elite verstanden; ja, ich bin im Grunde nicht einmal sicher, ob ich weiß, was das Wort wirklich bedeutet!«

In dem Augenblick versperrte ihm ein Hüne von einem Wächter den Weg.

»Zutritt nur für die Elite!« sagte er in drohendem Ton. »Gehören Sie zur Elite?«

»Das hängt davon ab, wie man ›Elite‹ definiert«, entgegnete Craig. »Was verstehen Sie unter einer Elite?«

»Es kommt nicht darauf an, was *ich* darunter verstehe, sondern was Griffin darunter versteht.«

»Und wer ist Griffin?« fragte Craig.

»Professor Charles Griffin – er ist der für diesen Wald zuständige Vogelsoziologe, und er ist der Boss hier. Was *er* darunter versteht, zählt!«

»Und wie lautet seine Definition?«

»Also«, entgegnete der Wärter in etwas milderem Ton, »seine Definition ist eine sehr liberale. Für ihn gehört der zur Elite, der Zutritt haben möchte. Wollen *Sie* Zutritt haben?«

«Natürlich!« sagte Craig.

»Dann gehören Sie der Definition nach zur Elite und dürfen den Wald betreten. Ich bin sicher, daß sich Professor Griffin freuen wird, Sie zu sehen. Wenn Sie auf dieser Straße weitergehen, kommen Sie nach drei Kilometern an sein Haus. Sie können es nicht verfehlen; es hat die Form eines riesigen Vogels.«

»Jetzt bin ich aber erleichtert!« dachte Craig, als er sich zu dem Haus aufmachte. »Ich frage mich, warum Professor Griffin eine so strenge Regel eingeführt hat, die in der Tat *niemanden* ausschließt. Was für ein Bursche ist dieser Griffin überhaupt?«

Nun, Craig war angenehm überrascht, in Professor Griffin einen höchst freundlichen und aufgeschlossenen Zeitgenossen zu finden. Er war ein Herr Mitte Sechzig, mit langem, fließendem, weißem Haupthaar und einem langen, fließenden, weißen Bart. Er sah ein bißchen aus wie die volkstümlichen Bilder von Moses oder von Gottvater selbst.

»Seien Sie willkommen!« sagte Griffin. »Ich hoffe, Sie werden diesen Wald interessant finden.«

»Es war ein langer Weg für mich bis hierher«, sagte Craig, »und ich bin sehr gespannt zu hören, was Sie hier für Vögel haben.«

»Eine Elster und einen Falken«, entgegnete Griffin.

»Mehr nicht?« fragte Craig.

»Und alle Vögel, die man aus ihnen ableiten kann«, gab Griffin zurück.

»Oh, das ist etwas anderes! Kann man viele Vögel allein aus einer Elster und einem Falken ableiten?«

»Es sind in der Tat sehr viele!« erwiderte Griffin mit einem feinen und recht geheimnisvollen Lächeln. Kennen Sie den Buntspecht, die Taube, die Blaumeise, den Adler, den Bussard, die Tannenmeise, die Bachstelze, den Turmfalken, den Königsadler, den Gimpel, den Kardinal, den Identitätsvogel, die Dohle, das Rotkehlchen, die Meise, den Pirol, den Waldkauz, den Steinkauz, den Habichtskauz, den Bartkauz, den Rauhfußkauz, die Spottdrossel, die Lerche, den weisen Vogel, den Turingvogel und die Eule?«

»Ich kenne sie alle«, antwortete Craig, »und Sie wollen mir sagen, daß man sie alle allein aus den beiden Vögeln E und F ableiten kann?«

»Allerdings kann man das!«

Craig versank in Schweigen.

»Vielleicht ist das gar nicht so erstaunlich«, sagte Craig schließlich. »Mir ist bereits bekannt, daß alle Vögel, die Sie gerade erwähnt haben, aus den vier Vögeln B, D, S und I ableitbar sind, aber ich wußte nicht, daß diese vier Vögel aus nur zwei kombinatorischen

Vögeln abgeleitet werden können. Diese vier Vögel sind aus E und F ableitbar?«

»Das sind sie in der Tat«, entgegnete Griffin, »und dazu viele andere Vögel, von denen Sie noch nie gehört haben.«

»Zum Beispiel?«

»Nun, folgendes wird Sie überraschen«, gab Griffin zurück. »Allein aus E und F können Sie *jeden* kombinatorischen Vogel ableiten, den es überhaupt gibt! Und es gibt unendlich viele kombinatorische Vögel!«

»Phantastisch!« rief Craig. »Nur eine Sache gibt mir noch zu denken. Wie kann dieser endliche Wald *unendlich* viele Vögel enthalten?«

»Oh, sie sind nicht unbedingt alle zur gleichen *Zeit* hier«, entgegnete Griffin. »Dies ist ein Wald, der *sich entwickelt*, und es gibt eine alte Legende, die das erklärt. – Warten Sie, wo habe ich das Buch hingelegt?«

Bei diesen Worten begann Professor Griffin in der Bibliothek seines Arbeitszimmers zu stöbern und förderte schließlich ein Buch zutage, das so abgenutzt aussah, wie Craig es noch nie gesehen hatte, auch wenn man ihm noch anmerkte, daß es ursprünglich einen sehr schönen, vielleicht sogar etwas überladenen Einband gehabt hatte. Das Buch war voll von bemerkenswerten alten Bildern und Zeichnungen von Vögeln – viele davon ganz unbekannt. Es war in einer alten Schrift gesetzt, die Craig nicht identifizieren konnte.

»Ich will Ihnen die Legende so gut übersetzen, wie ich es eben kann«, sagte Griffin. »Ich kenne die Sprache etwas, aber nicht sehr gut. Wie ich sie verstehe, geht sie etwa so:

Die Waldgötter begannen den Wald mit nur zwei Vögeln – der Elster E und dem Falken F. Auch gab es schon Menschen in dem Wald. Auf folgende Weise entstanden fortwährend neue Vögel: Ein Mensch rief den Namen eines bereits existierenden Vogels y einem existierenden Vogel x zu; x antwortete daraufhin, indem er entweder den Namen eines bereits existierenden Vogels oder eines nichtexistierenden Vogels rief, und das Wunderbare war, daß, wenn x einen nichtexistierenden Vogel rief, dieser Vogel daraufhin entstand! Auf diese Weise wurden ständig neue Vögel erzeugt. Die Weisheit der Waldgötter zeigte sich darin, daß sie mit der Elster und dem Falken begannen, denn mit diesen beiden Vögeln lassen sich alle kombinatorischen Vögel erzeugen.

So geht die Legende«, fuhr Griffin fort. »Natürlich ist es nur eine Legende, aber sie gibt einem Stoff zum Nachdenken. Einige ornithologische Historiker haben sie mit der Geschichte von Adam und Eva

verglichen, doch wer von den Vögeln E oder F nun Adam und wer Eva ist, ist Gegenstand erbitterter Kontroversen gewesen. Männliche Historiker stellen sich F gern als Adam vor, doch viele Historikerinnen sehen darin männlichen Chauvinismus. Es bedarf weiterer Forschung, um hier zu einem endgültigen Ergebnis zu kommen. Alte chinesische Historiker sehen F als Yang und E als Yin und ihre Vereinigung als das allumfassende Tao. Ich könnte noch viel zu den literarischen und historischen Aspekten der Legende sagen, aber ich würde gern auf die rein wissenschaftliche Seite der Geschichte zurückkommen.
Offenbar hat die Legende eine *gewisse* reale Grundlage«, fuhr Griffin fort, »denn es ist eine Tatsache, daß alle kombinatorischen Vögel allein aus den beiden Vögeln E und F abgeleitet werden können.«
»Woher weiß man das?« fragte Craig.
»Ich will Ihnen das Geheimnis gleich verraten«, erwiderte Griffin, »aber zuvor möchte ich, daß Sie sich an ein paar konkreten Aufgaben versuchen.«

1.

»Bevor wir zur ersten Basis kommen können«, fuhr Griffin fort, müssen wir einen Identitätsvogel I aus E und F ableiten. Sehen Sie, wie man das machen könnte?«
Inspektor Graig machte sich mit Bleistift und Papier an die Arbeit und fand die Lösung. (Die Lösung zu dieser Aufgabe und zu den drei folgenden enthält der Abschnitt »Das Geheimnis« weiter unten in diesem Kapitel.)

2.

»Gut!« lobte Griffin. »Und nachdem wir jetzt den Identitätsvogel I haben, steht es uns frei, ihn bei weiteren Ableitungen zu benutzen, da er mit Hilfe von E und F ableitbar ist. Die meisten unserer weiteren Ableitungen wollen wir mit Hilfe von E, F und I machen.
Versuchen Sie jetzt, ob Sie eine Spottdrossel aus E, F und I ableiten können. Ich will Ihnen einen Hinweis geben: Eine Spottdrossel läßt sich schon allein aus E und I ableiten. Sehen Sie, wie?«
Craig hatte auch damit keine größeren Schwierigkeiten.

3.

»Lassen Sie uns jetzt einen anderen bekannten Vogel nehmen – die Dohle«, sagte Professor Griffin. »Sehen Sie, ob Sie eine Dohle aus E, F und I ableiten können.«

Inspektor Craig arbeitete eine Weile daran, konnte die Lösung aber nicht finden.

»Ich will Ihnen ein paar Hinweise geben«, sagte Griffin. »Suchen Sie zunächst einen Ausdruck X_1, der die folgenden beiden Bedingungen erfüllt:

1. X_1 ist allein aus den Buchstaben E, F, I und der Variable x zusammengesetzt; die Variable y sollte kein Bestandteil von X_1 sein.
2. Die Relation $X_1 y = yx$ muß gelten, und zwar auf der Basis der gegebenen Bedingungen für E und F und auch I.«

Craig arbeitete kurze Zeit daran und fand einen solchen Ausdruck X_1.

»Und was tue ich jetzt damit?« fragte Craig.

»Der nächste Schritt«, antwortete Griffin, »besteht darin, einen Ausdruck X_2 zu finden, der überhaupt keine Variablen hat – einen Ausdruck, der nur aus den Buchstaben E, F und I besteht –, so daß die Relation $X_2 x = X_1$ gelten muß. Dann ist $X_2 xy = X_1 y$, und $X_1 y = yx$ muß gelten, folglich muß die Relation $X_2 xy = yx$ gelten, also ist X_2 ein Ausdruck für eine Dohle.«

»Ah!« sagte Craig. »Langsam dämmert es mir!«

4.

»Lassen Sie es uns jetzt mit einer komplizierteren Aufgabe versuchen«, schlug Griffin vor. »Versuchen Sie, einen Buntspecht mit Hilfe von E, F und I zu finden. Jetzt sind drei Variablen einbezogen – x, y und z. Suchen Sie zunächst einen Ausdruck X_1, in dem z nicht vorkommt, so daß die Relation $X_1 z = x(yz)$ gelten muß. Suchen Sie dann einen Ausdruck X_2, in dem weder y noch z vorkommt – das heißt, x soll die einzige Variable sein –, so daß die Relation $X_2 y = X_1$ gilt. Schließlich sollen Sie noch einen Ausdruck X_3 suchen, in dem keine Variable vorkommt, so daß die Relation $X_3 x = X_2$ gelten muß. X_3 wird dann ein Ausdruck für einen Buntspecht sein.«

Das Geheimnis

Bevor der Leser die allgemeine Methode, nach der man jeden kombinatorischen Vogel aus E und F ableiten kann, erfahren soll, wollen wir die vier Aufgaben von Griffin lösen.
Zunächst leiten wir aus E und F (Aufgabe 1) einen Identitätsvogel ab. Nun, EFF ist ein solcher Vogel, denn für jeden Vogel x gilt, daß EFFx = Fx(Fx) = x.
Wir könnten sagen, daß für *jeden* Vogel O gilt, daß der Vogel EFO ein Identitätsvogel ist (warum?), und so ist beispielsweise auch EFE ein Identitätsvogel. Doch um größerer Präzision willen wollen wir unter I den Vogel EFF verstehen, wie es allgemein üblich ist.
Jetzt wollen wir eine Spottdrossel aus E, F und I ableiten (Aufgabe 2). Wie Professor Griffin bemerkt hat, können wir eine Spottdrossel schon aus E und I erhalten. Da Ix = x, so folgt, daß EIIx = Ix(Ix) = x(Ix) = xx, und somit ist EII eine Spottdrossel.
Kommen wir als nächstes zur Dohle. Jetzt wird es schwieriger, weil nun zwei Variablen einbezogen sind – x und y. Wie Professor Griffin vorgeschlagen hat, wollen wir zunächst nach einem Ausdruck X_1 suchen, dessen einzige Variable x ist, so daß die Relation $X_1y = yx$ gelten muß. Nun, I ist ein Ausdruck, so daß Iy = y, und Fx ist ein Ausdruck, so daß Fxy = x, folglich ist EI(Fx) ein Ausdruck, so daß EI(Fx)y = yx, weil EI(Fx)y = Iy(Fxy) = Iyx = yx. Also ist EI(Fx) ein Ausdruck, in dem y nicht vorkommt und der so geartet ist, daß EI(Fx)y = yx. Wir haben somit den gewünschten Ausdruck X_1 gefunden – nämlich EI(Fx).
Jetzt folgen wir Professor Griffins zweitem Vorschlag und suchen nach einem Ausdruck X_2, der überhaupt keine Variablen enthält, so daß die Relation $X_2x = EI(Fx)$ gilt. Nun ist F(EI) ein Ausdruck, so daß F(EI)x = EI, und F ist offensichtlich ein Ausdruck, so daß Fx = Fx, und somit ist E(F(EI))F ein Ausdruck, so daß E(F(EI))Fx = EI(Fx). Wir können das überprüfen: E(F(EI))Fx = F(EI)x(Fx) = EI(Fx), da F(EI)x = EI. Folglich ist E(F(EI)) eine Dohle. Der Leser kann die Probe machen, indem er E(F(EI))xy berechnet; er wird mit yx enden.
Kommen wir nun zum Buntspecht (Aufgabe 4): Wir müssen zunächst einen Ausdruck X_1 finden, dessen einzige Variablen x und y sind, so daß die Relation $X_1z = x(yz)$ gilt. Da nun Fx ein Ausdruck ist, so daß Fxz = x, und y ein Ausdruck ist, so daß yz = yz, ist dann E(Fx)y ein

Ausdruck, so daß $E(Fx)yz = x(yz)$. *Probe:* $E(Fx)yz = Fxz(yz) = x(yz)$. Somit können wir X_1 als $E(Fx)y$ nehmen. Es enthält nur die Variablen x und y.

Als nächstes brauchen wir einen Ausdruck X_2, dessen einzige Variable x ist, so daß die Relation $X_2y = E(Fx)y$ gilt. Hier haben wir unerwartetes Glück, denn wir können X_2 als $E(Fx)$ nehmen. *Anmerkung*: Der Ausdruck $E(Fx)y$ ist bereits in der Form X_2y, wenn y nicht eine Variable von X_2 ist. So viel Glück haben wir nicht oft!

Schließlich brauchen wir einen Ausdruck X_3, der überhaupt keine Variablen enthält, so daß die Relation $X_3x = E(Fx)$ gilt. Da nun FE ein Ausdruck ist, so daß $FEx = E$, und F ein Ausdruck ist, so daß $Fx = Fx$, so ist $E(FE)F$ der Ausdruck X_3, den wir suchen. *Probe*: $E(FE)Fx = FEx(Fx) = E(Fx)$. Daher muß $E(FE)F$ ein Buntspecht sein, was der Leser überprüfen kann, indem er zeigt, daß $E(FE)Fxyz = x(yz)$.

Mittlerweile haben wir die allgemeine Methode schon sehr anschaulich gemacht, die folgendermaßen aussieht: Unsere Ausdrücke setzen sich zusammen aus den Buchstaben E, F, I und den Variablen x, y, z, w, v und beliebigen anderen, die wir vielleicht brauchen. α soll für irgendeine der Variablen stehen. Für jeden Ausdruck X wollen wir einen Ausdruck X_1 als α-Eliminator von X bezeichnen, wenn die folgenden beiden Bedingungen gelten:

1) Die Variable α kommt in X_1 nicht vor.
2) Die Relation $X_1α = X$ muß gelten. Damit meine ich nicht, daß $X_1α$ notwendigerweise der Ausdruck X *ist*, sondern nur, daß die Gleichung $X_1α = X$ aus den definierenden Bedingungen von E und F ableitbar ist. Beispielsweise sind »FFα« und »F« verschiedene Ausdrücke, aber die Relation $FFα = F$ gilt, kraft der definierenden Bedingung des Falken – nämlich, daß für *jedes* x und y gilt, daß $Fxy = x$.

Das grundlegende Problem ist dann: Wie finden wir, wenn ein Ausdruck X und eine Variable α gegeben sind, einen α-Eliminator von X? Es geht immer mit einer endlichen Zahl von Anwendungen der folgenden vier Prinzipien:

Prinzip 1: Wenn X nur aus der allein stehenden Variable α besteht, so ist I ein α-Eliminator von X. Anders gesagt, I ist ein α-Eliminator von α. *Begründung*: Die Variable α ist offenbar kein Teil des Ausdrucks I, und $Iα = α$ gilt. Folglich erfüllt I beide Bedingungen eines α-Eliminators von α.

Prinzip 2: Wenn X ein Ausdruck ist, in dem die Variable α nicht einmal auftaucht, so ist FX ein α-Eliminator von X. Der Grund ist offensichtlich: Da α in X nicht vorkommt, kommt es auch in FX nicht vor, und die Relation FXα = X gilt.

Prinzip 3: Wenn X ein zusammengesetzter Ausdruck Yα ist und α in Y nicht vorkommt, so ist Y selbst ein α-Eliminator von X. Anders gesagt, wenn α in Y nicht vorkommt, so ist Y ein α-Eliminator von Yα. Die Gründe sind offensichtlich. Um ein Beispiel zu nennen: yz ist ein x-Eliminator von yzx, da x in yz nicht vorkommt, und yz *ist* ein Ausdruck A, so daß Ax = yzx. Ebenso ist FyI ein x-Eliminator von FIyx, aber FIy ist *kein* y-Eliminator von FIyx!

Prinzip 4: Angenommen, X ist ein zusammengesetzter Ausdruck YZ, Y_1 ist ein α-Eliminator von Y und Z_1 ist ein α-Eliminator von Z. Dann ist der Ausdruck EY_1Z_1 ein α-Eliminator von X.

Begründung: Die Relationen $Y_1α = Y$ und $Z_1α = Z$ gelten beide, wie vorausgesetzt, und die Relation $EY_1Z_1α = Y_1α(Z_1α)$ gilt, folglich gilt die Relation $EY_1Z_1α = YZ = X$. Auch kommt α in Y_1 oder in Z_1 nicht vor – weil vorausgesetzt ist, daß Y_1 und Z_1 jeweils α-Eliminatoren von Y und Z sind –, folglich kommt α in EY_1Z_1 nicht vor. Folglich ist EY_1Z_1 ein Ausdruck X_1, in dem α nicht vorkommt und der die Eigenschaft hat, daß die Relation $X_1α = X$ gelten muß.

Wir stellen fest, daß das vierte Prinzip die Aufgabe, einen α-Eliminator für einen komplexen Ausdruck YZ zu finden, auf die Aufgabe reduziert, einen α-Eliminator für jeden der kürzeren Ausdrücke Y und Z zu finden. Um einen davon oder beide zu finden, müssen Sie wieder Prinzip 4 anwenden, und möglicherweise wieder und wieder, doch da die einbezogenen Ausdrücke immer kürzer werden, muß der Prozeß schließlich zu einem Ende kommen.

Betrachten wir einige Beispiele. Angenommen, wir wollen einen x-Eliminator für den Ausdruck yx(xy) finden. In nicht abgekürzter Schreibweise liest sich der Ausdruck (yx)(xy). Wir sehen, daß das 4. Prinzip das einzige ist, das unmittelbar anzuwenden ist, folglich müssen wir zunächst einen x-Eliminator von yx und einen x-Eliminator von xy finden. Nun ist laut Prinzip 3 y ein x-Eliminator von yx. Was xy betrifft, so müssen wir wieder Prinzip 4 verwenden: Da I ein x-Eliminator von x ist und Fy ein x-Eliminator von y, so ist, laut Prinzip 4, EI(Fy) ein x-Eliminator von xy. Somit ist y ein x-Eliminator von yx und EI(Fy) ein x-Eliminator von xy; daher ist, Prinzip 4 zufolge, Ey(EI(Fy)) ein x-Eliminator von yx(xy). Der Leser kann nachprüfen, daß Ey(EI(Fy))x = yx(xy).

Nehmen wir anderseits an, wir wollen einen y-Eliminator von (yx)(xy) finden. Dannn müssen wir zunächst einen y-Eliminator von yx und einen y-Eliminator von xy suchen. Was den ersteren betrifft, so ist, da I ein y-Eliminator von y und Fx ein y-Eliminator von x ist, EI(Fx) ein y-Eliminator von yx. Was letzteren betrifft, so ist x ein y-Eliminator von xy. Somit ist EI(Fx) ein y-Eliminator von yx und x ein y-Eliminator von xy, folglich ist, dem 4. Prinzip zufolge, E(EI(Fx))x ein y-Eliminator von yx(xy). Der Leser kann nachprüfen, daß die Relation E(EI(Fx))xy = yx(xy) gelten muß.

Nachdem wir nun wissen, wie wir für jede Variable α und jeden Ausdruck X einen α-Eliminator von X finden können, können wir aus E, F und I jeden Kombinator ableiten, mit dem wir jede erforderliche Arbeit machen können. Wenn X nur eine Variable hat – sagen wir x – und wir einen Kombinator O finden wollen, so daß die Relation Ox = X gilt, nehmen wir für O irgendeinen x-Eliminator von X.

Beispiel: Angenommen, wir wollen einen Kombinator O haben, so daß die Relation Ox = x(xx) gilt. Nun ist I ein x-Eliminator von x, also ist EII ein x-Eliminator von xx. Da I ein x-Eliminator von x und EII ein x-Eliminator von xx ist, so ist EI(EII) ein x-Eliminator von x(xx). Ein Kombinator O, der unseren Zweck erfüllt, ist somit EI(EII), wie der Leser überprüfen kann.

Angenommen, wir haben einen Ausdruck X, der zwei Variablen enthält – sagen wir, x und y –, und wir suchen einen Kombinator O, so daß die Relation Oxy = X gilt. Wir suchen dann zuerst einen y-Eliminator von X – nennen wir ihn X_1 –, dann suchen wir einen x-Eliminator von X_1 – nennen wir ihn X_2, also ist X_2 der Kombinator, den wir suchen. Nehmen wir beispielsweise an, daß wir einen Kombinator O suchen, so daß für jedes x und y gilt, daß Oxy = yx(xy). Nun haben wir bereits einen y-Eliminator für yx(xy) – nämlich E(EI(Fx))x. Wir müssen dann einen x-Eliminator für E(EI(Fx))x suchen. Wir können unsere Arbeit folgendermaßen aufbauen:

1. F(EI) ist ein x-Eliminator für EI.
2. F ist ein x-Eliminator für Fx.
3. Daher ist E(EI)F ein x-Eliminator für EI(Fx).
4. FE ist ein x-Eliminator für E.
5. Folglich ist, gemäß den Schritten 4 und 3 und Prinzip 4, E(E(FE)(E(EI)F))I ein x-Eliminator für E(EI(Fx))x und ein ...
6. I ist ein x-Eliminator für x.
7. ...

Kurz gesagt, wenn X ein Ausdruck aus nur zwei Variablen x und y ist, so erhalten wir einen Kombinator O, der für X geht – womit wir meinen, daß die Relation Oxy = X gilt –, wenn wir einen x-Eliminator für einen y-Eliminator für X finden, einen Ausdruck, den wir als x-y-Eliminator für X bezeichnen. Wenn X drei Variablen x, y und z enthält, so erhalten wir O, wenn wir einen x-Eliminator für einen y-Eliminator für einen z-Eliminator für X finden, einen Ausdruck, den wir als x-y-z-Eliminator für X bezeichnen. Wir haben dies bereits für den Ausdruck x(yz) gemacht, als wir den Buntspecht abgeleitet haben.
Wir wollen mit einem anderen Beispiel schließen – der Suche nach einem Waldkauz. Natürlich haben wir bereits B und D aus E und F abgeleitet, und in einem früheren Kapitel haben wir K aus B und D abgeleitet, aber wir wollen einmal so tun, als wüßten wir dies nicht, und sehen, wie wir K direkt aus E, F und I ableiten können.
Der Ausdruck X ist jetzt y(xz). Ich will einige Schritte zusammenfassen. So ist Fy ein z-Eliminator für y; x ist ein z-Eliminator für xz, also ist E(Fy)x ein z-Eliminator für y(xz). Jetzt müssen wir einen y-Eliminator für E(Fy)x finden. Nun ist E(FE)F ein y-Eliminator für E(Fy) – ich habe zwei Schritte zusammengefaßt –, und Fx ist ein y-Eliminator für x, also ist E(E(FE)F)(Fx) ein y-Eliminator für E(Fy)x. Schließlich müssen wir einen x-Eliminator für E(E(FE)F)(Fx) finden. Nun, ein x-Eliminator für E(E(FE)F) ist F(E(E(FE)F)) und ein x-Eliminator für Fx ist F, also ist E(F(E(E(FE)F))F) ein x-Eliminator für E(E(FE)F)(Fx) und ist folglich ein Waldkauz, wie der Leser überprüfen kann.
Natürlich ist das Verfahren auf einen Ausdruck X mit einer beliebigen Zahl von Variablen anwendbar. Wenn X vier Variablen x, y, z und w hat, finden wir den gewünschten Kombinator, indem wir zunächst den w-Eliminator für X suchen, dann den z-Eliminator für das Ergebnis; dann den y-Eliminator für dieses Ergebnis; und dann den x-Eliminator *hierfür*. Ein solcher Ausdruck wird x-y-z-w-Eliminator für X genannt. Als Übung sollte der Leser versuchen, eine Taube T aus E, F und I abzuleiten. Wir erinnern uns daran, daß Txyzw = xy(zw).
Hier sind nun einige Anmerkungen am Platze. Zunächst einmal kann das beschriebene Verfahren überaus umständlich sein und führt oft zu viel längeren Ausdrücken, als man mit Hilfe von Geschick und Scharfsinn finden kann. Es ist jedoch zuverlässig und muß schließlich als Ergebnis den Kombinator bringen, den Sie suchen.
Zweitens sollten Sie bedenken, daß der Kombinator, den Sie schließlich zutage fördern, nicht notwendigerweise der einzige ist, denn die

Methode, α-Eliminatoren zu suchen, kann zu verschiedenen Lösungen führen, je nachdem, in welcher Reihenfolge Sie die vier Prinzipien anwenden. Nehmen wir beispielsweise an, daß wir einen z-Eliminator für den Ausdruck xy finden wollen. Einerseits können wir Prinzip 2 anwenden und erhalten F(xy) als z-Eliminator für xy. Da anderseits Fx ein z-Eliminator für x und Fy ein z-Eliminator für y ist, so ist E(Fx)(Fy) ein z-Eliminator für xy. Natürlich ist der Ausdruck F(xy) der einfachere der beiden, aber F(xy) und E(Fx)(Fy) sind beide z-Eliminatoren für xy, da F(xy)z = xy und außerdem E(Fx)(Fy)z = Fxz(Fyz) = xy.

Ein anderes Beispiel: Angenommen, wir wollen einen y-Eliminator für xy finden. Einerseits ist x ein y-Eliminator für xy, gemäß Prinzip 3. Da anderseits Fx, Prinzip 2 zufolge, ein y-Eliminator für x ist und I, Prinzip 1 zufolge, ein y-Eliminator für y ist, so ist, Prinzip 4 zufolge, E(Fx)I ebenfalls ein y-Eliminator für xy – sicherlich ein weitaus schwerfälligerer als x!

Wir sehen jetzt, daß der Prozeß, in dem wir einen α-Eliminator für einen Ausdruck X finden, nicht deterministisch ist; er kann zu mehr als einem α-Eliminator führen. Man kann ihn völlig deterministisch machen, wenn man sich nur an folgende Einschränkung hält: *Benutze nie Prinzip 4, wenn du eines der anderen drei Prinzipien anwenden kannst!*

Mit dieser Einschränkung des Verfahrens können Sie nur einen α-Eliminator für einen gegebenen Ausdruck X finden. Dieses deterministische Verfahren läßt sich leicht in einen Computer einprogrammieren, und für diejenigen meiner Leser, die Heimcomputer haben und gerne Software erarbeiten, dürfte es eine spannende und nützliche Übung sein, ein Programm zu schreiben, mit dem Sie für jeden gegebenen Ausdruck Kombinatoren finden können.

19
Aristokratische Vögel

Craig blieb mehrere Wochen im Meisterwald und konnte von Professor Griffin viel Interessantes lernen.
»Ich hatte den Eindruck, daß Sie viele Vögel schon kannten, bevor Sie hierherkamen«, bemerkte Griffin in einem ihrer täglichen Gespräche. »Wo haben Sie etwas darüber gelernt?«
»Das meiste habe ich von einem gewissen Professor Adriano Bravura gelernt. Haben Sie von ihm gehört?«
»Allerdings!« rief Griffin. »Er war mein Lehrer! Ich habe mehrere Jahre in seinem Wald verbracht. Dort habe ich begonnen.«
»Über einiges bin ich mir noch nicht im klaren«, sagte Craig. »Professor Bravura hat mir gezeigt, wie man eine große Zahl von Vögeln allein aus den vier Vögeln B, D, S und I ableitet. Kann man *alle* kombinatorischen Vögel aus diesen vier Vögeln ableiten?«
»Durchaus nicht«, entgegnete Griffin. »Der Falke F kann aus B, D, S und I nicht abgeleitet werden.«
»Warum ist das so?« fragte Craig.
»Das läßt sich genau beweisen«, war die Antwort. »Der wesentliche Gedanke, der dem Beweis zugrunde liegt, ist folgender:
Der Vogel F hat einen sogenannten *aufhebenden Effekt*, indem $Fxy = x$. Betrachten Sie die rechte Seite der Gleichung $Fxy = x$. Was ist mit dem Vogel y passiert? Er ist auf geheimnisvolle Weise verschwunden – vielleicht ist er weggeflogen! Aber wie dem auch sei, wir sagen, daß y *aufgehoben* worden ist, und entsprechend, daß F einen *aufhebenden* Effekt hat. Ebenso wirkt der Vogel F_2, der der Bedingung $F_2xy = y$ folgt, aufhebend; die Variable x ist verschwunden. Ich könnte Ihnen noch viele weitere aufhebende Vögel nennen. Nun wirkt keiner der Vögel B, S, D und I aufhebend, und es ist unmöglich, einen aufhebenden Vogel aus nicht aufhebenden Vögeln abzuleiten. Daher kann der aufhebende Vogel F nicht aus B, D, S und I abgeleitet werden.«
»Das ist interessant«, sagte Craig, »und es erinnert mich an etwas

anderes, worüber ich mich gewundert habe. Ich habe Professor Bravura einmal gefragt, ob es in seinem Wald überhaupt Falken gäbe. Die Frage schien ihn leicht aus der Fassung gebracht zu haben, und er sagte in einem etwas gezwungenen Ton: ›Nein! Falken sind in diesem Wald nicht erlaubt!‹ Ich hätte ihn gerne nach dem Grund gefragt, aber das Thema war ihm offenbar unbehaglich. Wissen Sie irgend etwas darüber?«

»Aber ja«, sagte Griffin mit einem Lachen. »Wissen Sie, Bravura ist in gewisser Hinsicht ein Purist und wünscht nur aristokratische Vögel in seinem Wald.«

»Was in aller Welt verstehen Sie unter einem aristokratischen Vogel?« fragte Craig erstaunt.

»Ich habe den Begriff von Bravura übernommen«, erwiderte Griffin, immer noch schmunzelnd. »Unter einem *aristokratischen* Vogel versteht er einfach einen kombinatorischen Vogel, der nicht aufhebend wirkt.«

»Warum der Begriff ›aristokratisch‹?« fragte Craig.

»Nun, sehen Sie, er ist in mancher Hinsicht etwas exzentrisch. Er kommt aus dem alten italienischen Adel und hat einige recht altmodische aristokratische Einstellungen dem Leben gegenüber. Für ihn fehlt es jedem Vogel, der andere Vögel ›aufhebt‹, irgendwie an Würde; er nennt solche Vögel *gewöhnliche* Vögel. Die anderen Vögel nennt er *aristokratische* Vögel.

In gewisser Hinsicht kann ich seinen Standpunkt verstehen«, fuhr Griffin fort, »obwohl ich natürlich gewöhnliche Vögel in meinem Wald zulasse, da sie eine wichtige mathematische Funktion haben. Und doch, wenn ich die Wahl habe, einen aristokratischen Vogel entweder aus E und F oder aus den vier aristokratischen Vögeln B, D, S und I abzuleiten, tendiere ich dahin, letzteren den Vorzug zu geben. Ich hatte immer ein etwas ungutes Gefühl, wenn ich einen gewöhnlichen Vogel dazu verwende, einen aristokratischen abzuleiten.«

»Kann man alle aristokratischen Vögel aus B, D, S und I ableiten?« fragte Craig.

»Ja, es gibt ein bekanntes Verfahren, nach dem man alle aristokratischen Vögel aus B, D, S und I ableiten kann – oder direkter aus B, C, E und I. Ich werde es Ihnen bei Gelegenheit zeigen, wenn Sie wollen.«

Anmerkung: Das Verfahren steht im Anhang zu diesem Kapitel.

»Eine Sache kommt mir merkwürdig vor«, sagte Craig. »Aus nur zwei Kombinatoren – E und F – sind *alle* Kombinatoren ableitbar; doch brauchen wir offenbar *vier* aristokratische Vögel, um alle aristokratischen Vögel abzuleiten. Warum ist das so?«

»Das stimmt so nicht«, entgegnete Griffin. »Es ist wahr, daß von den vier Vögeln B, D, S und I keiner aus den drei anderen ableitbar ist. Es ist auch wahr, daß von den vier Vögeln B, C, G und I – die die gleiche Gruppe erzeugen wie B, D, S und I – keiner aus den drei anderen ableitbar ist. Wahr ist außerdem, daß von den vier Vögeln B, C, E und I – die wieder die gleiche Gruppe erzeugen wie jede der beiden anderen Vierergruppen – keiner aus den drei anderen ableitbar ist. Dennoch *gibt* es ein Paar aristokratischer Vögel, aus denen alle aristokratischen Vögel ableitbar sind.«

»Das ist ja interessant!« rief Craig. »Welche beiden Vögel sind das?«

»Einer von ihnen ist der Identitätsvogel I«, antwortete Griffin, »und der andere ist ein Vogel, der Ihnen vielleicht nicht bekannt ist – es ist der *Häher*, der von J. Barkley Rosser im Jahr 1935 entdeckt wurde. Der Vogel H wird durch folgende Bedingung definiert:

$$Hxyzw = xy(xwz).«$$

»Das ist ein merkwürdiger Vogel!« sagte Craig. »Sie haben recht; ich kenne ihn nicht. Bitte erzählen Sie mir mehr über ihn.«

»Sehr gern«, sagte Griffin. »Ich will Ihnen zuerst zeigen, daß H aus B, D, S und I abgeleitet werden kann – direkter noch aus B, C, G und I. Tatsächlich ist H sogar nur aus B, C und G ableitbar. Dann will ich Ihnen zeigen, daß B, D und S aus H und I ableitbar sind. Dann folgt, daß die Klasse der Vögel, die aus H und I ableitbar sind, die gleiche ist wie die Klasse der Vögel, die aus B, D, S und I ableitbar sind.«

Die Ableitung des Hähers

1. Ableitung von H

»Es gibt verschiedene Möglichkeiten, H aus B, C und G abzuleiten«, sagte Griffin. »Die vielleicht einfachste davon benutzt den Adler A, den Vogel C^* – das heißt, den Kardinal ersten Grades – und den Vogel C^{**} – das heißt, den Kardinal zweiten Grades. Versuchen Sie, H aus A, C^*, C^{**} und G abzuleiten. Drücken Sie dann H durch B, C und G aus.«

In die andere Richtung

»Und jetzt«, sagte Griffin, »begeben wir uns in die andere Richtung. Wir fangen mit den beiden Vögeln H und I an und setzen uns zum Ziel, B, D und S abzuleiten. Wir werden auf dem Weg dahin etliche bekannte Vögel neu ableiten, und die Anordnung wird sehr anders sein als bei den ursprünglichen Ableitungen aus B und D. Beispielsweise müssen wir C vor B ableiten, und *davor* müssen wir – ausgerechnet! – den Steinkauz K_1 ableiten.«

2. Ableitung von K_1

»Sie werden sich an den Steinkauz K_1 erinnern, der durch die Bedingung $K_1xyz = x(zy)$ definiert wurde. Zeigen Sie, daß ein Steinkauz aus H und I ableitbar ist.«

3. Ableitung der Dohle

»Leiten Sie dann eine Dohle D aus K_1 und I ab.«

4. Ableitung des Rotkehlchens

»Als nächstes sollen Sie aus H und D das Rotkehlchen R ableiten.

5. Ableitung des Buntspechts

»Nachdem wir nun R haben«, sagte Griffin, »können wir C als RRR nehmen, und so haben wir den Kardinal. Aus C und K_1 können wir jetzt den Buntspecht B gewinnen. Sehen Sie, wie?
Tatsächlich«, fügte Griffin hinzu, »ist der Vogel C* leicht aus C und K_1 abzuleiten, und B ist aus C* und K_1 abzuleiten. Vielleicht ist das der leichteste Weg.«

»Jetzt müssen wir die Spottdrossel ableiten«, sagte Griffin. »Das ist der schwierigste und interessanteste Teil. Dabei wird es uns helfen, zuerst einen Verwandten von H abzuleiten.«

6. Der Vogel H_1

»Leiten Sie aus den drei Vögeln H, B und D einen Vogel H_1 ab, der folgende Bedingung erfüllt:
$$H_1xyzw = yx(wxz).«$$

7. Die Spottdrossel

»Und jetzt können wir die Spottdrossel aus C, D und H_1 ableiten. Zeigen Sie, wie.
Ich will Ihnen einen Hinweis geben«, fügte Griffin hinzu. »Für jeden Vogel x gilt, daß $H_1xDDD = xx$. Sie können das leicht überprüfen.«

Griffin fuhr fort: »Jetzt sehen Sie, daß die Klasse von Vögeln, die aus H und I ableitbar sind, der Klasse von Vögeln entspricht, die aus B, D, S und I ableitbar sind. Wenn wir einen Vogelwald nur mit den beiden Vögeln H und I neu beginnen würden, würden wir schließlich zu den gleichen Vögeln kommen, als hätten wir mit B, D, S und I angefangen. Der Falke F würde nie in Erscheinung treten, es sei denn, er würde aus einem anderen Wald hinzufliegen, ebensowenig, wie eine ganze Schar von Vögeln, die aus E und F ableitbar sind.«
Anmerkung: Die Theorie der Kombinatoren, die aus B, D, S und I ableitbar sind oder, gleichbedeutend damit, aus B, C, G und I oder nur H und I, ist unter der technischen Bezeichnung der λI-Rechnung bekannt. Die Theorie der Kombinatoren, die aus E und F ableitbar sind, kennt man als λF-Rechnung. Von keiner der Theorien könnte man sagen, daß sie »besser« ist als die andere; für jede gibt es Anwendungsmöglichkeiten, die die andere nicht kennt.

Lösungen

1. $xy(wz) = Axyxwz = C*Axxywz = G(C*A)xywz = C**(G(C*A))xyzw$. Und somit können wir H als $C**(G(C*A))$ nehmen. Ausgedrückt durch B, C und G, haben wir $H = B(BC)(G(BC(B(BBB))))$.

2. Ursprünglich haben wir K_1 als BCB genommen. Doch ausgedrückt durch H und I, können wir K_1 als HI nehmen, weil $HIxyz = Ix(Izy) = x(Izy) = x(zy)$.

3. Wir können D als K_1I nehmen, weil $K_1Ixy = I(yx) = yx$. Ausgedrückt durch H und I, können wir D als HII nehmen.

4. $HDxyz = Dx(Dzy) = Dx(yz) = yzx$. Folglich ist HD ein Rotkehlchen.
Ausgedrückt durch H und I, können wir R somit als H(HII) nehmen.

5. Wir können C^* als K_1C nehmen, weil
$C(K_1C)xyzw = K_1Cyxzw = C(xy)zw = xywz$.
Dann können wir B als C^*K_1 nehmen, weil
$C^*K_1xyz = K_1xzy = x(yz)$. Folglich ist C^*K_1 ein Buntspecht.
Durch C und K_1 ausgedrückt, $B = (K_1C)K_1$.

6. $BHDxyzw = H(Dx)yzw = Dxy(Dxwz) = yx(wxz)$. Also nehmen wir H_1 als BHD.

7. Folgen wir zunächst Griffins Hinweis. $H_1xDDD = Dx(DxD) = Dx(Dx) = (Dx)x = Dxx = xx$.
Weiterhin:
$H_1xDDD = CH_1DxDD = C(CH_1D)DxD = C(C(CH_1D)D)Dx$. Und somit nehmen wir S als $C(C(CH_1D)D)D$. Ausgedrückt durch B, C, D und H, $S = C(C(C(BHD)D)D)D$. In der Tat ein bizarrer Ausdruck für eine Spottdrossel! Aber er funktioniert.

Wie Curry bemerkte, sieht der Kombinator H recht eigentümlich aus. Das ist zwar richtig, doch liefert er das theoretisch interessante Ergebnis, daß die Klasse aller Kombinatoren, die aus B, D, S und I ableitbar sind, zwei Kombinatoren enthält, aus denen alle anderen abgeleitet werden können.

Anhang

Für den interessierten Leser ist hier ein Verfahren, mit dem man jeden aristokratischen Vogel aus den vier Vögeln B, C, E und I ableiten kann.

Wir verwenden den Begriff des α-*Eliminators*, wie wir ihn im letzten Kapitel definiert haben. Wir wollen einen Ausdruck X als *passenden* Ausdruck bezeichnen, wenn er aus den Buchstaben B, C, E, I und Variablen zusammengesetzt ist. Der Buchstabe F ist unter keinen Umständen erlaubt! Jetzt müssen wir zeigen, daß wir, wenn X ein *beliebiger passender Ausdruck ist* und α irgendeine Variable ist, *die tatsächlich in* X *vorkommt,* einen *passenden* α-*Eliminator* von X finden können. Das Verfahren, das wir beschreiben, um ihn zu finden, wird tatsächlich zu einem *einzigen* passenden α-Eliminator von X führen, den wir den *charakteristischen* α-Eliminator von X nennen. Unser Verfahren ist wieder *rekursiv* in dem Sinn, daß die Aufgabe, den charakteristischen α-Eliminator für einen zusammengesetzten Ausdruck XY zu finden, manchmal auf die Aufgabe reduziert wird, zunächst den charakteristischen α-Eliminator von X und den charakteristischen α-Eliminator von Y zu finden.

Hier sind die Regeln für das Verfahren.

Regel 1: Der charakteristische α-Eliminator von α selbst ist I.

Regel 2: Wenn α in X nicht vorkommt, so ist der charakteristische α-Eliminator von Xα einfach X.

Regel 3: Betrachten wir jetzt einen zusammengesetzten Ausdruck XY, in dem α vorkommt. Dann muß α entweder in X oder in Y und möglicherweise in beiden vorkommen. Wir nehmen an, daß Y nicht nur aus der Variable α besteht, denn sonst würde sich die Situation auf Regel 2 reduzieren. Nun sei X_1 der charakteristische α-Eliminator von X und Y_1 der charakteristische α-Eliminator von Y. Angenommen, Sie haben bereits X_1 und Y_1 gefunden, so erfahren Sie jetzt, wie Sie den charakteristischen α-Eliminator von XY finden.

a) Wenn α sowohl in X als auch in Y vorkommt, so nehmen Sie EX_1Y_1 als den charakteristischen α-Eliminator von XY.

b) Wenn α in Y vorkommt, nicht aber in X, so nehmen Sie BXY_1 als den charakteristischen α-Eliminator von XY.

c) Wenn α in X vorkommt, nicht aber in Y, so nehmen Sie CX_1Y als den charakteristischen α-Eliminator von XY.

Lassen Sie uns einige Beispiele betrachten:

1. Welches ist der charakteristische z-Eliminator von yz?

Regel 2 zufolge ist es y.

2. Welches ist der charakteristische z-Eliminator von zy?

Hier ist die passende Regel Teil c) von Regel 3: Wir müssen zunächst den charakteristischen z-Eliminator von z finden; laut Regel 1 ist dies I. Dann ist, Teil c) von Regel 3 zufolge, der charakteristische z-Eliminator von zy CIy. Wir machen die Probe; CIyz = Izy = zy.

3. Suchen Sie den charakteristischen y-Eliminator von y(xy).

Lösung: I ist der charakteristische y-Eliminator von y, und x ist der charakteristische y-Eliminator von xy, also ist EIx der charakteristische y-Eliminator von y(xy) – laut Teil a) von Regel 3.

4. Suchen Sie den charakteristischen y-Eliminator von z(xy).
Lösung: x ist der charakteristische y-Eliminator von xy, also ist Bzx der charakteristische y-Eliminator von z(xy). Die Probe ergibt offensichtlich: Bzxy = z(xy).

Übung: Suchen Sie, ausgedrückt durch B, C, E und I, einen Kombinator O, der die Bedingung Oxyz = xz(zy) erfüllt. Die Aufgabe sollte in drei Abschnitte unterteilt werden:
a) Suchen Sie den charakteristischen z-Eliminator von xz(zy).
b) Suchen Sie den charakteristischen y-Eliminator für den Ausdruck, den Sie in a) erhalten haben.
c) Suchen Sie den charakteristischen x-Eliminator für den Ausdruck, den Sie in b) gefunden haben. Dies ist der gewünschte Ausdruck O. Zeigen Sie, daß er wirklich brauchbar ist!

20
Craigs Entdeckung

»Ich habe eine Frage an Sie«, sagte Craig am nächsten Tag zu Griffin. »Wenn wir die Klasse aller Vögel nehmen, die allein aus den drei Vögeln B, D und I ableitbar sind, so ...«
»Oh, das ist eine interessante Klasse!« unterbrach Griffin. »Diese Klasse hat J. B. Rosser im Zusammenhang mit bestimmten Logikproblemen untersucht, bei denen für verdoppelnde Vögel wie S, G, L, E und H kein Platz war. Daher interessierte sich Rosser für die Klasse von Vögeln, die aus B, C und I ableitbar sind, doch das ist die gleiche Klasse wie die, die Sie gerade beschrieben haben. Also, was wollen Sie darüber wissen?«
»Können Sie die drei Vögel B, D und I durch nur *zwei* Mitglieder dieser Klasse ersetzen, aus denen alle Mitglieder der Klasse ableitbar sind?«
»Das ist eine interessante Frage!« sagte Griffin. »Ich habe mir das nie überlegt.«
»Ich habe heute nacht darüber nachgedacht«, sagte Craig, »und ich glaube, daß ich die Antwort gefunden habe. Ich habe einen Vogel entdeckt, der allein aus B und D abgeleitet werden kann, so daß sowohl B als auch D aus diesem Vogel zusammen mit I ableitbar ist.«
»Höchst interessant!« rief Griffin. »Welcher Vogel ist das?«
»Es ist der Zeisig Z«, entgegnete Craig. »Der Vogel, der durch die Bedingung $Zxyzw = xw(yz)$ definiert wird. Jedenfalls ist es mir gelungen, B und D aus Z und I abzuleiten, folglich ist die Klasse der Vögel, die aus B, D und I ableitbar sind, die gleiche wie die Klasse der Vögel, die aus Z und I ableitbar sind.«
»Geschickt!« lobte Griffin. »Wie gewinnen Sie B und D aus Z und I?«
»D zu bekommen, ist recht einfach«, erwiderte Craig, »aber ich hatte eine Menge Schwierigkeiten damit, B zu bekommen. Hier, ich zeige Ihnen, was ich gemacht habe.«

1.

»Als erstes habe ich den *Bartkauz* abgeleitet – den Vogel K_3, der die Bedingung $K_3xyz = z(xy)$ erfüllt. Dieser Vogel läßt sich leicht aus Z und I ableiten. Sehen Sie, wie?«

2.

»Auch wenn es uns nur am Rande interessiert, möchte ich erwähnen, daß die Dohle D leicht aus K_3 und I abzuleiten ist – und damit aus Z und I. Sehen Sie, wie man es macht?«

3.

»Von großer Bedeutung ist es, den Kardinal C zu bekommen«, sagte Craig. »Sehen Sie, wie man C aus Z und I erhalten kann?«

4.

»Nachdem wir nun C haben«, sagte Craig, »haben wir auch CC, nämlich ein Rotkehlchen R. Dann können wir aus R, Z und K_3 den Waldkauz K erhalten. Sehen Sie, auf welche Weise? Damit, daß wir C und K haben, haben wir dann natürlich auch CK, und das ist ein Buntspecht B.«

»Ausgezeichnet!« sagte Griffin, nachdem er diese Aufgaben gelöst hatte. »Ich freue mich darüber, daß Sie schon nach so kurzer Zeit angefangen haben, auf diesem Gebiet eigenständig zu arbeiten!«

Lösungen

1. ZI ist ein Bartkauz, da $ZIxyz = Iz(xy) = z(xy)$. Also nehmen wir K_3 als ZI.

2. K_3I ist eine Dohle, da $K_3Ixy = y(Ix) = yx$.

3. ZZII ist ein Kardinal, da ZZIIxyz = Zx(II)yz = ZxIyz = xz(Iy) = xzy.

4. ZRK$_3$ ist ein Waldkauz, da ZRK$_3$xyz = Ry(K$_3$x)z = K$_3$xzy = y(xz). Also nehmen wir K als ZRK$_3$.

Erwähnt sei noch, daß ZR tatsächlich ein Kardinal ersten Grades ist, wie der Leser leicht überprüfen kann, und somit sollten wir C* als ZR nehmen. C*K$_3$ ist dann ein Waldkauz K.

21
Das Fixpunktprinzip

Zwei Tage später hatte Craig ein anderes Treffen mit Professor Griffin.

»Heute«, sagte Griffin, »möchte ich Ihnen ein wichtiges Prinzip zeigen, das als *Fixpunktprinzip* bekannt ist und das im Zusammenhang mit verschiedenen Themen steht, über die ich später mit Ihnen noch diskutieren möchte. Einen Spezialfall dieses Prinzips kennen Sie bereits – nämlich, daß jeder Vogel hier mindestens einen Vogel liebt. Bevor ich Ihnen das allgemeine Prinzip erkläre, wird es, glaube ich, nützlich sein, wenn Sie sich mit einigen Spezialfällen befassen. Wenn Sie diese Spezialfälle lösen können, werden Sie sicher auch keine Schwierigkeiten haben, das Fixpunktprinzip zu verstehen.«

1.

»Wie finden Sie einen Vogel V, so daß für jeden Vogel y gilt, daß Vy = yV(VyV)?«

2.

»Wie finden Sie einen Vogel V, so daß für beliebige Vögel y und z gilt, daß Vyz = (z(yV))(yVz)?«

Lösungen

Inspektor Craig schien an diesem Tag einen besonders wachen Kopf zu haben, jedenfalls löste er die beiden Aufgaben in erstaunlich kurzer Zeit.
»Ich sehe zwei möglich Wege, die Aufgaben anzugehen«, sagte Craig.

»Eine Methode benutzt die Tatsache, daß jeder Vogel mindestens einen Vogel liebt; die andere Methode benutzt keinerlei Vorgaben. Wenn ich die erste Methode verwende, löse ich Ihre Aufgabe 1 folgendermaßen. Wenn Sie sich den Ausdruck yx(xyx) ansehen, werden Sie feststellen, daß er wie yV(VyV) ist, abgesehen davon, daß er anstelle des Buchstabens V den Buchstaben x hat. Wenn wir nun einen x-y-Eliminator von yx(xyx) nehmen, können wir einen Vogel V_1 finden, so daß für beliebige Vögel x und y gilt, daß V_1xy = yx(xyx).«
»Das ist soweit richtig«, sagte Griffin.
»Nun, dieser Vogel V_1 liebt irgendeinen Vogel V – genauer gesagt, den Vogel $LV_1(LV_1)$, wobei L eine Lerche ist. Somit $V_1V = V$.«
»Ausgezeichnet!« sagte Griffin.
»Da $V_1V = V$«, fuhr Craig fort, »so gilt für jeden Vogel y, daß $V_1Vy = Vy$. Ebenso gilt, daß $V_1Vy = yV(VyV)$, weil für *jeden* Vogel x gilt, daß $V_1xy = yx(xyx)$. Da $V_1Vy = yV(VyV)$ und auch $V_1Vy = Vy$, so $Vy = yV(VyV)$. Damit ist die Aufgabe gelöst.«
»Großartig!« rief Griffin anerkennend. »Aber jetzt bin ich auf die zweite Methode gespannt, die Sie sich überlegt haben – die Methode, die ›keinerlei Vorgaben benutzt‹. Welche Methode ist das?«
»Bei der Methode«, erwiderte Craig, »ersetzen Sie in dem Ausdruck yx(xyx) einfach x durch (xx) und erhalten damit den Ausdruck y(xx)((xx)y(xx)). Dann gibt es einen Vogel V_2, so daß für beliebige Vögel x und y gilt, daß V_2xy = y(xx)((xx)y(xx)). Wenn Sie dann V_2 für x nehmen, so erhalten Sie $V_2V_2y = y(V_2V_2)((V_2V_2)y(V_2V_2))$. Und dann nehmen wir für V den Vogel V_2V_2, und somit $Vy = yV(VyV)$.«
»Tatsächlich!« sagte Griffin.
»Allerdings glaube ich«, meinte Craig, »daß man mit der ersten Methode im allgemeinen zu einem viel kürzeren Ausdruck für V kommt. Einen x-y-Eliminator für den Ausdruck y(xx)((xx)y(xx)) zu finden, scheint mir ein viel schwierigeres Unterfangen zu sein, als einen x-y-Eliminator für den Ausdruck yx(xyx) zu finden. Ich glaube also, daß ich in der Praxis die erste Methode verwenden würde.
Natürlich kann man mit der gleichen Methode – vielmehr, mit jeder der beiden – Ihre zweite Aufgabe lösen. Um einen Vogel V zu finden, der die Bedingung erfüllt, daß Vyz = (z(yV))(yVz), sei V_1 ein x-y-z-Eliminator für den Ausdruck (z(yx))(yxz) und V der Vogel $LV_1(LV_1)$. Dann $V_1V = V$, also $V_1Vyz = Vyz$, also $Vyz = V_1Vyz = (z(yz))(yVz)$, und V ist der gewünschte Vogel.
Die gleiche Methode würde sich auf jeden Ausdruck mit vier anstatt

drei Variablen anwenden lassen. Nehmen wir beispielsweise den Ausdruck x(zwy)(xxw). Wenn wir V_1 als x-y-z-w-Eliminator für diesen Ausdruck nehmen und V als den Vogel $LV_1(LV_1)$, so gilt für beliebige Vögel y, z, w, daß Vyzw = V(zwy)(VVw). Tatsächlich kann man die gleiche Methode auf jeden Ausdruck mit einer *beliebigen* Anzahl von Variablen anwenden. Ist dies das Prinzip, das Sie das *Fixpunktprinzip* genannt haben?«

»Der Gedanke steckt darin«, sagte Griffin. »Um das Fixpunktprinzip in seiner allgemeinsten Form aufstellen zu können, wollen wir annehmen, daß wir eine beliebige Anzahl von Variablen x, y, z ... nehmen und eine beliebige Gleichung der Form Vxyz ... = (―――) aufschreiben, wobei (―――) irgendein Ausdruck ist, der sich aus diesen Variablen und dem Buchstaben V zusammensetzt. Beispielsweise könnte (―――) der Ausdruck yV(wVV)(xVz) sein. Das Fixpunktprinzip besteht darin, daß die Gleichung immer für V gelöst werden kann – mit anderen Worten, es gibt einen Vogel V, so daß für beliebige Vögel x, y, z ... gilt, daß Vxyz ... = (―――). In dem oben angeführten Beispiel gibt es einen Vogel V, so daß für beliebige Vögel x, y, z, w gilt, daß Vxyzw = yV(wVV)(xVz). Sie werden die Bedeutung dieses Prinzips erkennen, wenn wir zur Untersuchung der arithmetischen Vögel kommen.

Ich könnte noch anmerken«, fügte Griffin hinzu, »daß die Existenz eines weisen Vogels nur ein Spezialfall für das Fixpunktprinzip ist, der Fall nämlich, in dem (―――) der Ausdruck x(Vx) ist. Nach dem Fixpunktprinzip gibt es dann einen Vogel V, so daß für jeden Vogel x gilt, daß Vx = x(Vx); ein solcher Vogel V ist ein weiser Vogel.«

»Das ist interessant!« sagte Craig. »In dem Licht habe ich einen weisen Vogel noch nicht gesehen.«

Die folgenden Übungen sollen das Verständnis des Lesers für das Fixpunktprinzip erweitern.

Übung 1 (noch einmal weise Vögel)*:* Sehen wir uns noch einmal die Aufgabe an, einen weisen Vogel V zu finden – diesmal jedoch aus der Sicht des Fixpunktprinzips.

Wir müssen einen Vogel V finden, der die Gleichung Vx = x(Vx) erfüllt – für alle Vögel x. In diesem Kapitel haben wir zwei verschiedene Methoden kennengelernt, nach denen man eine solche Gleichung lösen kann. Versuchen Sie es mit beiden Methoden und stellen Sie fest, was für Vögel Sie erhalten. Beiden sind wir in Kapitel 13 schon begegnet.

Übung 2 (noch einmal vertauschbare Vögel)*:* Suchen Sie, unter Verwendung beider Methoden, einen Vogel V, so daß für jeden Vogel x gilt, daß Vx = xV. Ein solcher Vogel V ist mit jedem Vogel x *vertauschbar* (vergleichen Sie Aufgabe 18 in Kapitel 11). Eine der Lösungen entspricht der von Aufgabe 18 in Kapitel 11; die andere ist neu. Welche neue Lösung finden Sie?

Übung 3: Suchen Sie für jeden der Fälle einen Vogel V, der die gegebene Bedingung erfüllt. (Sie verwenden besser die erste Methode.)
a) Vx = Vxx
b) Vx = V(xx)
c) Vx = VV(xx)

Übung 4: Suchen Sie einen Vogel V, so daß für jeden Vogel x gilt, daß Vx = VV.

Übung 5: Suchen Sie für jeden der Fälle einen Vogel V, der die gegebene Bedingung erfüllt.
a) Vxy = xyV
b) Vxy = Vyx
c) Vxy = x(Vy)

Übung 6: Nach dem Fixpunktprinzip gibt es einen Vogel V, so daß für beliebige Vögel x, a und b gilt, daß Vxab = x(Vaab)(Vbab). Beweisen Sie unter Verwendung dieses Faktums das folgende Theorem (bekannt als das *doppelte Fixpunkttheorem*): Für beliebige Vögel a und b gibt es Vögel c und d, so daß acd = c und bcd = d. Dies stellt einen neuen und ganz einfachen Beweis für das doppelte Fixpunkttheorem dar.

Lösungen

Übung 1: Wenn wir die erste Methode verwenden, müssen wir zunächst einen Vogel V_1 finden, so daß für alle x und y gilt, daß V_1yx = x(yx), und jeder Vogel, den V_1 liebt, ist eine Lösung. Der Uhu U ist ein solcher Vogel V_1, und LU(LU) – oder jeder andere Vogel, den U liebt – ist ein weiser Vogel. Wir kommen also zu der gleichen Lösung, die wir in Aufgabe 14, Kapitel 13 gefunden haben.

Wenn wir die zweite Methode verwenden, müssen wir zunächst einen Vogel V_1 finden, so daß für alle x und y gilt, daß $V_1yx = x(yyx)$, und dann ist V_1V_1 eine Lösung. Nun, der Turingvogel T ist ein solcher Vogel V_1, und so sehen wir wieder, daß unser alter Freund TT ein weiser Vogel ist.

Übung 2: Mit Hilfe der ersten Methode sollten Sie LD(LD) – oder jeden anderen Vogel, den die Dohle D liebt – als Lösung erhalten. Es ist die gleiche Lösung wie in Aufgabe 18, Kapitel 11.
Mit Hilfe der zweiten Methode sollten Sie die Lösung $G'G'$ erhalten, wobei G' der umgekehrte Gimpel ist – $G'xy = yxx$. Wenn Sie CG(CG) erhalten, liegen Sie ebenfalls richtig, da CG ein umgekehrter Gimpel ist. Sie können leicht nachprüfen, daß $G'G'x = x(G'G')$.

Übung 3:
a) LG(LG)
b) LL(LL)
c) L(LL)(L(LL))

Übung 4: Vielleicht haben sich einige von Ihnen hiervon aus der Fassung bringen lassen, da V der einzige Buchstabe auf der rechten Seite der Gleichung ist. Doch sind beide Methoden immer noch anwendbar; wir werden die erste benutzen.
Zunächst müssen wir einen Vogel V_1 finden, so daß für jedes x und y gilt, daß $V_1yx = yy$. Wie Sie leicht nachprüfen können, ist BFS ein solcher Vogel, und somit ist L(BFS)(L(BFS)) eine Lösung.

Übung 5:
a) LR(LR)
b) LC(LC)
c) LK(LK)

Übung 6: Für *beliebige* Vögel x, a und b gilt, daß Vxab = x(Vaab)(Vbab). Wenn wir a für x nehmen, sehen wir also, daß Vaab = a(Vaab)(Vbab). Wenn wir hingegen b für x nehmen, sehen wir, daß Vbab = b(Vaab)(Vbab). Wenn wir also so vorgehen, daß c = Vaab und d = Vbab, so sehen wir, daß c = acd und d = bcd.

22
Ein Blick
in die Unendlichkeit

Einige Fakten über den Falken

»Wissen Sie«, sagte Griffin zu Craig in einem anderen ihrer täglichen Gespräche, »trotz der Tatsache, daß Professor Bravura den ›niederen‹ Falken nicht schätzt, hat dieser Vogel einige interessante Eigenschaften.«

1.

»Nehmen wir zum Beispiel an«, fuhr Professor Griffin fort, »daß wir einen Vogelwald haben, in dem es mindestens zwei Vögel gibt. Sie wissen, daß ein Falke nicht sich selbst lieben kann?«
»Ja, ich erinnere mich daran«, entgegnete Craig. Er dachte an Aufgabe 19 in Kapitel 9.
»Wußten Sie, daß es dann, wenn der Wald mindestens zwei Vögel enthält, für einen Falken unmöglich ist, einen Identitätsvogel zu lieben?«
»Darüber habe ich nie nachgedacht«, sagte Craig.
»Der Beweis ist ganz leicht«, bemerkte Griffin.
Wie geht der Beweis?

2.

»Ich hasse diese lächerlichen Wälder, die nur einen Vogel haben«, sagte Griffin. »Bei allen Aufgaben, die ich Ihnen heute gebe, gehe ich von der Voraussetzung aus, daß es in dem Wald mindestens zwei Vögel gibt.

Beweisen Sie, daß, wenn F ein Falke und I ein Identitätsvogel ist, dann I ≠ F – mit anderen Worten, kein Vogel kann gleichzeitig ein Identitätsvogel und ein Falke sein.«

3.

»Hier ist eine andere Sache«, kündigte Griffin an: »Keine Elster kann einen Falken lieben. Sehen Sie, warum das so ist?«

4.

»Daraus folgt«, fuhr Griffin fort, »daß keine Elster gleichzeitig ein Identitätsvogel sein kann. Sehen Sie, warum?«

5.

»Ich sehe jetzt«, sagte Craig, »daß kein Vogel gleichzeitig eine Elster und ein Identitätsvogel sein kann, und kein Vogel kann gleichzeitig ein Falke und ein Identitätsvogel sein. Ist es möglich, daß ein Vogel gleichzeitig eine Elster und ein Falke ist?«
»Eine gute Frage!« sagte Griffin. »Die Antwort ist nicht schwer zu finden.«
Wie lautet die Antwort? Denken Sie daran, daß wir davon ausgehen, daß der Wald mindestens zwei Vögel enthält.

6.

»Hier ist ein einfaches, aber wichtiges Prinzip«, sagte Griffin. »Sie haben mir bereits darin zugestimmt, daß kein Falke F sich selbst lieben kann. Das bedeutet, daß FF ≠ F. Dieses Faktum läßt sich generalisieren: Für *keinen* Vogel x trifft es zu, daß Fx = F! Können Sie das beweisen?«
Anmerkung: Es wird für den Leser hilfreich sein, sich an das Aufhebungsgesetz für Falken zu erinnern, das wir in Kapitel 9, Aufgabe 16 bewiesen haben – nämlich, daß, wenn Fx = Fy, dann x = y.

7.

»Ein anderes Faktum«, sagte Griffin: »Wir haben gezeigt, daß ein Falke F keinen Identitätsvogel I lieben kann. Das bedeutet, daß FI ≠ I. Auch dieses Faktum läßt sich generalisieren: Zeigen Sie, daß es keinen Vogel x geben kann, so daß Fx = I.«

»In Kürze will ich Ihnen ein äußerst wichtiges Faktum über Falken mitteilen«, kündigte Griffin an. »Aber wie wäre es zunächst mit einer guten Tasse Tee?«
»Eine ausgezeichnete Idee!« sagte Craig.

Einige unegozentrische Vögel

Während Craig und Griffin in Ruhe ihren Tee trinken, möchte ich Ihnen von einigen anderen unegozentrischen Vögeln erzählen. Wir wollen annehmen, daß der Wald die Vögel F und I enthält und daß F ≠ I. Auf dieser Basis haben wir bereits gezeigt, daß der Falke F nicht egozentrisch sein kann; Sie werden sich erinnern, daß wir unter einem egozentrischen Vogel einen Vogel x verstehen, so daß xx = x. Man kann noch vielen weiteren Vögeln nachweisen, daß sie unegozentrisch sind. Wir wollen uns einige davon ansehen.

8.

Zeigen Sie, daß kein Vogel gleichzeitig ein Falke und eine Dohle sein kann.

9.

Zeigen Sie jetzt, daß keine Dohle D egozentrisch sein kann.

10.

Zeigen Sie, daß, wenn R ein Rotkehlchen ist, dann RII ≠ I. Übrigens kann man auch zeigen, daß RI ≠ I und daß R ≠ I. Ich empfehle dem Leser diese Beweise als Übungen.

11.

Zeigen Sie jetzt, daß kein Rotkehlchen R egozentrisch sein kann.

12.

Zeigen Sie, daß kein Kardinal C egozentrisch sein kann.

13.

Zeigen Sie, daß kein Pirol P egozentrisch sein kann (Pxyz = zxy).

14.

Zeigen Sie, daß für jeden Gimpel G gilt:
a) G liebt nicht I.
b) G ist nicht egozentrisch.

15.

Zeigen Sie, daß für jede Elster E gilt:
a) EI liebt nicht I. Ebenso läßt sich zeigen, daß E nicht I liebt.
b) E ist nicht egozentrisch.

16.

Zeigen Sie, daß für jeden Buntspecht B gilt:
a) BFF ≠ FF.
b) B kann nicht egozentrisch sein.

17.

Kann ein Waldkauz K egozentrisch sein?

Vielleicht haben meine Leser Spaß daran, sich andere bekannte Vögel daraufhin anzusehen, ob man zeigen kann, daß sie unegozentrisch sind. Eine weitere gute Übung könnte darin bestehen zu zeigen, daß von den Vögeln B, C, G, E, R und D kein Paar identisch sein kann, daß heißt, $B \neq C$, $B \neq G$, ..., $B \neq D$, $C \neq G$, ..., $C \neq D$, usw.

Falken und Unendlichkeit

»Nun«, sagte Griffin, nachdem sie bei einem ausgezeichneten Tee, zu dem es frische Waffeln gab, wieder neue Kräfte gesammelt hatten, »einige der kleinen Aufgaben über Falken, die ich Ihnen gegeben habe, führen uns zu einem sehr wichtigen Faktum. Wieder betrachten wir einen Wald, in dem es mindestens zwei Vögel gibt. Wußten Sie, daß ein Wald, der einen Falken F enthält, *unendlich* viele Vögel enthalten muß?«
»Das klingt äußerst interessant!« rief Craig.
»Einige meiner früheren Studenten haben mir falsche Beweise für dieses Faktum gegeben«, sagte Griffin. »Ich erinnere mich, daß ich einmal von einem Studenten, dem ich davon erzählt hatte, sofort die Antwort erhielt: ›Oh, natürlich! Man denke nur an die unendliche Reihe, F, FF, FFF, FFFF, ...‹
Sehen Sie, warum dieser Beweis falsch ist?«

18.

Warum ist dieser Beweis falsch?

19.

»Natürlich sehe ich, warum der Beweis falsch ist«, entgegnete Craig. Doch angenommen, wir nehmen statt dessen die Reihe F, FF, F(FF), F(F(FF)), F(F(F(FF))), ... Würde das gehen?«

»Sie haben es!« lobte Griffin.

»Um die Wahrheit zu sagen, es war nur eine *Vermutung*«, erwiderte Craig. »Ich bin mir noch nicht ganz im klaren darüber, warum all diese Vögel wirklich verschieden sind. Wie kann ich beispielsweise wissen, daß F(FF) nicht in Wirklichkeit der gleiche Vogel ist wie F(F(F(F(F(FF))))?«

»Ich will Ihnen einen Hinweis geben«, entgegnete Griffin. »Um die Notation zu vereinfachen, sei F_1 der Vogel F; sei $F_2 = FF_1$, und das ist FF; sei $F_3 = FF_2$, und das ist F(FF); sei $F_4 = FF_3$, und das ist F(F(FF)), und so weiter. Somit gilt für jede Zahl n, daß $F_{n+1} = FF_n$. Die Aufgabe besteht darin zu zeigen, daß es bei zwei verschiedenen Zahlen n und m nicht sein kann, daß $F_n = F_m$. Beispielsweise kann nicht gelten, daß $F_3 = F_8$; auch $F_5 = F_{17}$ kann nicht gelten. Vergegenwärtigen Sie sich zuerst das Aufhebungsgesetz für Falken: Wenn Fx = Fy, dann x = y. Dann teilen Sie Ihren Beweis in drei Schritte auf:

Schritt 1: Zeigen Sie, daß für jedes n größer als 1 gilt, daß $F_1 \neq F_n$ – das heißt, F_1 kann keiner der Vögel $F_2, F_3, F_4, \ldots$ sein.

Schritt 2: Zeigen Sie, daß für beliebige Zahlen n und m gilt, wenn $F_{n+1} = F_{m+1}$, dann $F_n = F_m$. Wäre beispielsweise F_4 gleich F_7, so müßte F_3 gleich F_6 sein.

Schritt 3: Zeigen Sie unter Verwendung von Schritt 1 und Schritt 2, daß für keine zwei *verschiedenen* Zahlen m und n zutreffen kann, daß $F_n = F_m$, und deshalb gibt es tatsächlich unendlich viele Vögel in der Reihe $F_1, F_2, F_3 \ldots$«

Mit diesen Hinweisen versehen, löste Craig die Aufgabe. Wie lautet die Lösung?

Lösungen

1. Angenommen, ein Falke F liebt einen Identitätsvogel I. Dann FI = I. Daher gilt für jeden Vogel x, daß FIx = Ix, und da Ix = x, so FIx = x. Außerdem FIx = I, da F ein Falke ist. Das bedeutet, daß FIx sowohl x als auch I gleicht, folglich x = I. Wenn also F den I liebt, so ist *jeder* Vogel x gleich I, und folglich ist I der einzige Vogel in dem Wald. Vorausgesetzt war jedoch, daß es mindestens zwei Vögel in dem Wald gibt; folglich kann F nicht I lieben.

2. Dies folgt aus der letzten Aufgabe. Angenommen, F = I. Dann FI = II, folglich FI = I. Das bedeutet, daß F den I liebt, was jedoch, der letzten Aufgabe zufolge, nicht sein kann.

3. Angenommen, EF = F. Dann gilt für beliebige Vögel x und y, daß EFxy = Fxy. Folglich EFxy = x, da Fxy = x. Außerdem EFxy = Fy(xy) = y. Daher ist EFxy sowohl gleich x als auch gleich y, folglich sind x und y gleich. Wenn also EF = F, so sind beliebige Vögel x und y gleich, was bedeutet, daß es in dem Wald nur einen Vogel gibt.

4. Angenommen, E = I. Dann EF = IF = F, folglich EF = F. Aber EF ≠ F, wie wir in der letzten Aufgabe gezeigt haben; daher E ≠ I.

5. Angenommen, E = F. Dann EIFI = FIFI. Damit EIFI = II(FI) = I(FI) = FI, während FIFI = II = I. Wenn also E = F, dann FI = I. Aber FI ≠ I, laut Aufgabe 1; folglich E ≠ F.

6. Angenommen, es gäbe einen Vogel x, so daß Fx = F. Dann würde für jeden Vogel y folgen, daß Fxy = Fy, und demzufolge, daß x = Fy. Dann würde für beliebige Vögel y_1 und y_2 folgen, daß $Fy_1 = Fy_2$, da x jedem von ihnen gleicht. Dann folgt nach dem Aufhebungsgesetz – Aufgabe 16, Kapitel 9 –, daß $y_1 = y_2$. Und somit führt die Annahme, daß es einen Vogel x gibt, so daß Fx = F, zu dem Schluß, daß für beliebige Vögel y_1 und y_2 gilt, daß der Vogel y_1 gleich y_2 ist – mit anderen Worten, daß es nur einen Vogel in dem Wald gibt!

7. Diese Aufgabe ist leichter. Angenommen, es gibt einen Vogel x, so daß Fx = I. Dann FxI = II, folglich x = I, da FxI = x und II = I. Dann folgt, da Fx = I und x = I, daß FI = I. Aber FI ≠ I, wie Aufgabe 1 gezeigt hat. Also gibt es keinen Vogel x, so daß Fx = I.

8. Angenommen, D = F. Dann DIF = FIF, folglich FI = FIF = I, aber FI ≠ I, laut Aufgabe 7.

9. Bei dieser Aufgabe und bei den folgenden will ich die Lösungen abkürzen. Mittlerweile sollte der Leser genug Erfahrung haben, um die fehlenden Schritte ergänzen zu können. Ich möchte mit der Lösung zu dieser Aufgabe illustrieren, was ich unter »fehlenden Schritten« verstehe.

Angenommen, DD = D. Dann DDFI = DFI, folglich FDI = IF.
Fehlende Schritte: »weil DDFI = FDI und DFI = IF.« Daher D = F.
Fehlende Schritte: »weil FDI = D und IF = F.« Jedoch D ≠ F, laut Aufgabe 8. Somit kann es nicht sein, daß DD = D.

10. Angenommen, RII = I. Dann RIIF = IF, folglich IFI = F, indem wir beide Seiten der Gleichung vereinfachen, folglich FI = F, im Gegensatz zu Aufgabe 7. In Aufgabe 7 haben wir bewiesen, daß es *keinen* Vogel x gibt, so daß Fx = F, also gilt speziell, daß FI ≠ F.

11. Angenommen, RR = R. Dann RRII = RII. Jetzt RRII = IIR = R, also R = RII, folglich RII = RIIII = IIII = I. Damit haben wir RII = I, im Gegensatz zu der letzten Aufgabe.

12. Angenommen, CC = C. Dann CCIFI = CIFI = IIF = F. Außerdem CCIFI = CFII = FII = I. Dann haben wir I = F, im Gegensatz zu Aufgabe 2.

13. Angenommen, PP = P. Dann PPIII = PIII = III = I. Auch PPIII = IPII = PII, und somit PII = I. Dann PIIF = IF = F. Auch PIIF = FII = I, und somit haben wir F = I, im Gegensatz zu Aufgabe 2.

14. a) Angenommen, GI = I. Dann GIF = IF = F. Dann IFF = F, folglich FF = F, wovon wir wissen, daß es nicht sein kann; kein Falke ist egozentrisch.
b) Angenommen, GG = G. Dann GGI = GI. Es ergibt sich GGI = GII = III = I. Folglich hätten wir GI = I, im Gegensatz zu Teil a) der Aufgabe.

15. a) Angenommen, EI würde I lieben. Dann EII = I. Dann EIIF = IF, folglich IF(IF) = IF, also FF = F. Aber FF ≠ F, also EII ≠ I.
b) Angenommen, EE = E. Dann EEIII = EIII = II(II) = I. Auch EEIII = EI(EI)I = II(EII) = EII. Folglich haben wir EII = I, im Gegensatz zu Teil a) der Aufgabe.

16. a) Angenommen, BFF = FF. Dann BFFI = FFI, folglich F(FI) = F. Dies steht wieder im Gegensatz zu Aufgabe 6, die feststellt, daß es *keinen* Vogel x gibt, so daß Fx = F.
b) Angenommen, BB = B. Dann BBIF = BIF, folglich B(IF) = BIF. Daher BF = BIF. Daher BFF = BIFF = I(FF) = FF, und wir haben BFF = FF, im Gegensatz zu Teil a) der Aufgabe.

17. Angenommen, KK = K. Dann KKIFI = KIFI = F(II) = FI. Auch KKIFI = I(KF)I = KFI. Folglich KFI = FI. Dann KFII = FII, also I(FI) = I, folglich FI = I, im Gegensatz zu Aufgabe 1. Somit ist K eindeutig *nicht* egozentrisch.

18. Der Trugschluß besteht darin, daß die unendlich vielen Ausdrücke der Reihe nur zwei verschiedene Vögel bezeichnen – nämlich F und FF. Offenbar FFF = F, folglich FFFFF = FFF = F, und tatsächlich verkürzen sich alle Ausdrücke mit einer ungeraden Zahl von Fs auf F; all jene mit einer geraden Anzahl von Fs verkürzen sich auf FF.

19. Es geht tatsächlich mit der von Craig angegebenen Reihe!
Schritt 1: Wir haben in Aufgabe 6 gezeigt, daß für jeden Vogel x gilt, daß F ≠ Fx. Folglich kann F keiner der Vögel FF_1, FF_2, FF_3, ... sein. Somit ist F_1 keiner der Vögel F_2, F_3, F_4 ...
Schritt 2: Nehmen wir beispielsweise an, daß $F_3 = F_{10}$. Dann $FF_2 = FF_9$, somit ergibt sich nach dem Aufhebungsgesetz für Falken, daß $F_2 = F_9$.
Natürlich kann man den Beweis bei beliebigen Zahlen n und m anwenden: Wenn $F_{n+1} = F_{m+1}$, dann $FF_n = FF_m$, und somit $F_n = F_m$.
Schritt 3: Nehmen wir beispielsweise an, daß $F_4 = F_{10}$. Dann erhalten wir, wenn wir der Reihe nach Schritt 2 anwenden, $F_3 = F_9$, $F_2 = F_8$, $F_1 = F_7$, was im Widerspruch zu Schritt 1 steht.
Offenbar funktioniert der Beweis für beliebige zwei voneinander verschiedenen Zahlen.

23
Logische Vögel

»Ich bin sehr stolz auf diesen Wald«, sagte Professor Griffin eines Tages. »Einige der Vögel hier sind sehr klug. Wußten Sie beispielsweise, daß sich einige von ihnen in der Aussagenlogik auskennen?«
»Ich bin nicht sicher, ob ich verstehe, was Sie damit meinen«, entgegnete Craig.
»Lassen Sie mich zunächst einige Grundlagen der Aussagenlogik erklären«, sagte Griffin. »Erstens einmal verwende ich die *Aristotelische* Logik, nach der jeder Satz p entweder wahr oder falsch ist, nicht aber beides. Wir verwenden das Symbol w für *Wahrheit* und f für *Falschheit*. Und somit ist der Wert jeder Aussage p entweder w oder f – w, wenn p wahr ist, und f, wenn p falsch ist. Nun haben Logiker die Möglichkeit, komplexere Sätze aus einfacheren zu bilden. Wenn wir beispielsweise irgendeinen Satz p haben, gibt es den Satz *nicht p* – symbolisiert als $\sim p$ –, der falsch ist, wenn p wahr ist, und wahr, wenn p falsch ist. Dies läßt sich auf einfache Weise so schematisieren: $\sim w = f;\ \sim f = w$. Gewöhnlich wird dieser Zusammenhang in der folgenden Tafel dargestellt, die als *Wahrheitstafel* der Negation bezeichnet wird:

Negation

p	$\sim p$
w	f
f	w

Weiterhin können wir, wenn wir beliebige Sätze p und q haben, ihre *Konjunktion* bilden – den Satz, daß p und q beide wahr sind. Dieser Satz wird symbolisiert als p & q. Er ist wahr, wenn p und q beide wahr sind, und in allen anderen Fällen falsch. Anders gesagt, w & w = w; w & f = f; f & w = f; f & f = f. Diese vier Bedingungen sind in der folgenden Tafel tabellarisch dargestellt – der sogenannten Wahrheitstafel der Konjunktion:

Konjunktion

p	q	p & q
w	w	w
w	f	f
f	w	f
f	f	f

Ferner, wenn die Sätze p und q gegeben sind, können wir den Satz p v q bilden. Er liest sich ›p oder q oder möglicherweise beides‹ und wird als *Disjunktion* von p und q bezeichnet. Dieser Satz ist wahr, wenn *mindestens* einer der Sätze p und q wahr ist; anderenfalls ist er falsch. Die Operation der Disjunktion hat folgende Wahrheitstafel:

Disjunktion

p	q	p v q
w	w	w
w	f	w
f	w	w
f	f	f

Wie Sie sehen, ist der Satz p v q nur im letzten der vier möglichen Fälle falsch – in dem Fall, wo p und q beide den Wert f haben.

Weiterhin können wir mit den Sätzen p und q den sogenannten *Bedingungssatz* oder die *Implikation* p → q bilden, der gelesen wird ›wenn p, dann q‹ oder ›p impliziert q‹. Der Satz p → q wird als *wahr* betrachtet, wenn entweder p falsch ist oder p und q beide wahr sind. Der einzige Fall, in dem p → q falsch ist, ist gegeben, wenn p wahr und q falsch ist. Hier ist die Wahrheitstafel für p → q:

	p	q	p → q
Implikation	w	w	w
	w	f	f
	f	w	w
	f	f	w

Da p → q dann und nur dann wahr ist, wenn p falsch ist oder p und q beide wahr sind, kann man auch schreiben: (~ p) v (p & q). Es läßt sich sogar noch einfacher schreiben als (~ p) v q oder als ~ (p & ~ q).

Schließlich gibt es, wenn beliebige Sätze p und q gegeben sind, den Satz p ↔ q, der sich liest ›p dann und nur dann, wenn q‹, womit behauptet wird: p impliziert q, und q impliziert p. Dieser Satz ist nur dann wahr, wenn p und q beide den Wert w oder beide den Wert f haben.

	p	q	p ↔ q
Äquivalenz	w	w	w
	w	f	f
	f	w	f
	f	f	w

Diese fünf Symbole – ~ (nicht), & (und), v (oder), → (wenn – dann), ↔ (dann und nur dann, wenn) – werden als *logische Verbindungen* bezeichnet. Mit ihrer Hilfe kann man aus einfachen Sätzen Sätze von beliebiger Komplexität bilden. Beispielsweise können wir den Satz p & (q v r) bilden, der dann und nur dann wahr ist, wenn p wahr ist und außerdem mindestens einer der Sätze q und r wahr ist. Oder wir könnten den völlig anderen Satz (p & q) v r bilden, der nur in dem Fall wahr ist, in dem entweder p und q beide wahr sind oder r wahr ist. Man kann leicht ihre Wahrheitswerte berechnen, wenn die Wahrheitswerte von p, q und r gegeben sind, indem man die Tafeln für & und v kombiniert. Da jetzt drei Variablen einbezogen sind – p, q und r –, haben wir jetzt natürlich acht Möglichkeiten anstatt vier. Hier ist die Wahrheitstafel für (p & q) v r.

p	q	r	(p & q)	(p & q) v r
w	w	w	w	w
w	w	f	w	w
w	f	w	f	w
w	f	f	f	f
f	w	w	f	w
f	w	f	f	f
f	f	w	f	w
f	f	f	f	f

Demgegenüber haben wir hier die Wahrheitstafel für p & (q v r).

p	q	r	q v r	p & (q v r)
w	w	w	w	w
w	w	f	w	w
w	f	w	w	w
w	f	f	f	f
f	w	w	w	f
f	w	f	w	f
f	f	w	w	f
f	f	f	f	f

»Wie Sie sehen, haben die beiden Sätze verschiedene Wahrheitstafeln«, sagte Griffin.

»Ich verstehe das alles«, sagte Craig, »aber in welchem Zusammenhang steht dies mit den Vögeln?«

»Darauf komme ich jetzt«, entgegnete Griffin. »Zunächst einmal habe ich für w und f zwei *spezielle* Vögel ausgesucht. Der erste, w, repräsentiert *Wahrheit* oder kann verstanden werden als Repräsentant aller wahren Sätze. Der zweite Vogel, natürlich f, repräsentiert *Falschheit* oder ist der Repräsentant aller falschen Sätze. Ich nenne w den *Vogel der Wahrheit* oder den *Wahrheitsvogel* oder, noch kürzer, einfach *Wahrheit*. Ich nenne f den *Falschheitsvogel* oder den *Vogel der Falschheit* oder, noch kürzer, einfach *Falschheit*.«

»Was für Vögel sind das?« fragte Craig.

»Für w nehme ich den Falken F; für f nehme ich den Vogel FI. Also verwende ich, wenn wir uns mit Aussagenlogik befassen, w synonym mit F und f synonym mit FI.«

»Warum speziell diese Wahl?« fragte Craig. »Sie scheint mir recht willkürlich zu sein!«

»Oh, es gibt viele andere Möglichkeiten, mit denen es ginge«, entgegnete Griffin, »doch diese spezielle ist technisch günstig. Ich habe diesen Gedanken von dem Logiker Henk Barendregt übernommen. Ich werde Ihnen den technischen Vorteil gleich erklären.

Die Vögel w und f werden zusammen als *Satzvögel* bezeichnet. Es gibt somit nur zwei Satzvögel – w und f. Ich will von jetzt an die Buchstaben p, q, r und s so benutzen, daß sie für beliebige *Satzvögel* stehen, nicht mehr für Sätze. Ich nenne p *wahr*, wenn p = w, und *falsch*, wenn p = f. Somit wird w als *wahr* bezeichnet und f als *falsch*. Der Vorteil von Barendregts Schema liegt nun hierin:

Für beliebige Vögel x und y, seien es nun Satzvögel oder andere, gilt wxy = x, da Fxy = x, und fxy = y, da fxy = FIxy = Iy = y. Und somit gilt für jeden *Satzvogel* p: pxy ist x, wenn p wahr ist, und pxy ist y, wenn p falsch ist. Insbesondere gilt, daß, wenn p, q und r alle Satzvögel sind, dann pqr = (p & q) v (~p & r) – oder, was das gleiche ist, pqr = (p → q) & (~p → r). Dies kann gelesen werden ›wenn p, dann q; sonst r‹.«

»Sie haben mir noch nicht erklärt, was Sie damit meinen, wenn Sie sagen, daß einige der Vögel hier Aussagenlogik *können*«, sagte Craig. »Was also meinen Sie damit?«

»Darauf wollte ich gerade zu sprechen kommen!« erwiderte Griffin. »Was ich meine, ist, daß es für jede einfache oder zusammengesetzte Wahrheitstafel hier einen Vogel gibt, der diese Tafel rechnen kann.«

1.

»Zum Beispiel gibt es einen Vogel N – *Negationsvogel* genannt –, der die Wahrheitstafel der Negation rechnen kann. Das heißt, wenn Sie w dem N nennen, wird N damit antworten, daß er f angibt, wenn Sie f dem N nennen, wird N damit antworten, daß er w angibt. Somit ist Nw = f und Nf = w. Mit anderen Worten, für beliebige Satzvögel p ist Np der Vogel ~p. Die erste Aufgabe, die ich Sie bitten möchte zu versuchen, ist, einen Negationsvogel N zu finden.«

2.

»Dann gibt es einen *Konjunktionsvogel* c, so daß für beliebige Satzvögel p und q gilt, daß cpq = p & q. Mit anderen Worten, cww = w; cwf = f; cfw = f und cff = f. Können Sie einen Konjunktionsvogel c finden?«

3.

»Suchen Sie jetzt einen *Disjunktionsvogel* d – einen Vogel, so daß für beliebige Satzvögel p und q gilt, daß dpq = p v q. Mit anderen Worten, dww = w; dwf = w; dfw = w; aber dff = f. Können Sie einen solchen Vogel d finden?«

4.

»Dann gibt es den *Wenn-dann-Vogel* – einen Vogel i, so daß iww = w; iwf = f; ifw = w und iff = w. Mit anderen Worten, ipq = p → q. Können Sie einen Wenn-dann-Vogel i entdecken?«

5.

»Suchen Sie nun noch einen *Dann-und-nur-dann-Vogel* a – auch als *Äquivalenzvogel* bezeichnet –, so daß für beliebige Satzvögel p, q gilt, daß apq = (p ↔ q). Mit anderen Worten, aww = w; awf = f; afw = f; und aff = w.«

Lösungen

1. Da der Meisterwald kombinatorisch vollständig ist, können wir einen Vogel N finden, so daß für alle x gilt, daß Nx = xfw. Insbesondere können wir Pfw für N nehmen, wobei P der Pirol ist. Dann Pfwx = xfw. Somit Nw = wfw = f; Nf = ffw = w. Folglich ist N ein Negationsvogel.

2. Betrachten wir c, so daß für beliebige x und y gilt, daß cxy = xyf.
Anmerkung: Wir können Rf für c nehmen, wobei R das Rotkehlchen ist.
Dann Rfxy = xyf.
1) cww = wwf = w
2) cwf = wff = f
3) cfw = fwf = f
4) cff = fff = f
Folglich ist c ein Konjunktionsvogel.

3. Nehmen Sie d, so daß für alle x und y gilt, daß dxy = xwy. Insbesondere können wir Dw für d nehmen, wobei D die Dohle ist. Dann Dwxy = xwy. Der Leser kann nachweisen, daß d ein Disjunktionsvogel ist, indem er die vier Fälle berechnet.

4. Nehmen Sie i, so daß ixy = xyw. Für i können wir Rw nehmen, wobei R das Rotkehlchen ist. Der Leser kann nachweisen, daß dieser Vogel i brauchbar ist.

5. Nehmen Sie a, so daß für alle x und y gilt, daß axy = xy(Ny). Wir können CEN für a nehmen, wobei C der Kardinal ist, E die Elster und N der Negationsvogel. Der Leser kann leicht nachweisen, daß apq = p ↔ q.

24
Vögel, die rechnen können

In dieser und der nächsten Episode entdeckte Craig die wirklichen Wunder, die Griffins Wald barg.

An einem Spätsommertag kurz vor seiner Abreise besuchte Craig Griffin in seinem Arbeitszimmer. Es war herrliches Wetter, und alle Fenster waren weit geöffnet. Craig war ganz überrascht, als er erlebte, daß sich mehrere Vögel, die sich auf dem Fenstersims niedergelassen hatten, angeregt mit Professor Griffin unterhielten – natürlich in Vogelsprache. Als die Vögel, die zuerst dagewesen waren, weiterflogen, kamen andere.

»Ich habe ein paar von meinen Rechnervögeln getestet«, sagte Griffin, nachdem der letzte Vogel auf und davon war. »Wußten Sie, daß einige der Vögel hier rechnen können?«

»Würden Sie das bitte erklären?« bat Craig.

»Also, am besten fange ich ganz von vorne an«, erwiderte Griffin. »Wir wollen mit der natürlichen Zahlenreihe 0, 1, 2, 3, 4 ... arbeiten. Wenn ich das Wort ›Zahl‹ verwende, meine ich immer entweder 0 oder die positiven ganzen Zahlen. Diese Zahlen werden die *natürlichen* Zahlen genannt. Unter dem *Nachfolger* n^+ einer Zahl n verstehe ich $n + 1$. Somit $0^+ = 1$; $1^+ = 2$; $2^+ = 3$, und so weiter.

Nun wird jede Zahl n von irgendeinem Vogel repräsentiert; wenn ich die Bezeichnung $\bar{n}$ verwende, so meine ich den Vogel, der n repräsentiert. Somit ist n eine *Zahl*; $\bar{n}$ ist ein Vogel – der Vogel, der die Zahl n repräsentiert. Ich will Ihnen gleich ein Schema zeigen, das die Repräsentation von Zahlen durch Vögel enthält. In diesem Schema spielt der Pirol P eine zentrale Rolle: σ soll der Vogel Pf sein – das ist P(FI) –, und wir wollen σ als *Nachfolgervogel* bezeichnen. Für $\bar{0}$ nehmen wir den Identitätsvogel I. Wir nehmen $\bar{1}$ als den Vogel σ$\bar{0}$; $\bar{2}$ als σ$\bar{1}$; $\bar{3}$ als σ$\bar{2}$, und so weiter. Folglich $\bar{0} = I$; $\bar{1} = σ\bar{0}$; $\bar{2} = σ(σ\bar{0})$; $\bar{3} = σ(σ(σ\bar{0}))$, und so weiter. Daher $\bar{0} = I$; $\bar{1} = PfI$; $\bar{2} = Pf(PfI)$; $\bar{3} = Pf(Pf(PfI))$, und so weiter.«

»Wieder kommt mir diese Wahl willkürlich vor«, sagte Craig. »Was ist so besonders an dem Vogel Pf?«

»Das werden Sie gleich verstehen«, gab Griffin zurück. »Tatsächlich gibt es viele andere Wahlmöglichkeiten. Das erste numerische Schema hat Alonzo Church vorgeschlagen. Das Schema, das ich verwende, ist dem von Church technisch in verschiedener Hinsicht überlegen; es geht auf den Kombinatoriklogiker Henk Barendregt zurück. Doch wie dem auch sei, ich möchte jetzt anfangen, Ihnen zu erklären, wie Vögel hier rechnen. Zuerst jedoch einige Vorbereitungen:

Ich nenne die Vögel $\bar{0}, \bar{1}, \bar{2}, \bar{3}$ und so weiter *numerische* Vögel – sie sind identisch mit den jeweiligen Zahlen 0, 1, 2, 3 ... Wenn ich nun einem Vogel V einen numerischen Vogel $\bar{n}$ nenne, so muß V nicht zwangsläufig mit einem *numerischen* Vogel antworten; er könnte es auch mit einem nichtnumerischen Vogel tun. Man sagt von einem Vogel V, er sei ein *Rechnervogel vom 1. Typ*, wenn für jeden numerischen Vogel $\bar{n}$ gilt, daß der Vogel V$\bar{n}$ ebenfalls ein numerischer Vogel ist. Frei formuliert, heißt das, wenn V auf eine Zahl einwirkt, erhalten wir eine Zahl. Ein Vogel V wird als *Rechnervogel vom 2. Typ* bezeichnet, wenn für beliebige Zahlen n und m gilt, daß der Vogel V$\bar{n}\bar{m}$ ein numerischer Vogel ist. Entsprechend ist V ein numerischer Vogel vom 2. Typ, wenn für jede Zahl n gilt, daß der Vogel V$\bar{n}$ ein Rechnervogel vom 1. Typ ist. In ähnlicher Weise definieren wir Rechnervögel vom 3., 4., 5. Typ und so weiter. Wenn beispielsweise V ein Rechnervogel vom 4. Typ ist, so gilt für beliebige Zahlen a, b, c und d, daß der Vogel V$\bar{a}\bar{b}\bar{c}\bar{d}$ ein numerischer Vogel ist.

Und jetzt kommen wir zu einigen interessanten Punkten. Es gibt hier einen Vogel, der *Additionsvogel* genannt und durch ⊕ symbolisiert wird, so daß für beliebige Zahlen m und n gilt, daß ⊕$\bar{m}\bar{n}$ die Summe von m und n ist – oder vielmehr repräsentiert der numerische Vogel diese Summe. Das heißt, ⊕$\bar{m}\bar{n} = \overline{m + n}$. Somit ist beispielsweise ⊕$\bar{2}\bar{3} = \bar{5}$; ⊕$\bar{3}\bar{9} = \overline{12}$.

Weiterhin haben wir einen Vogel ⊗, genannt *Multiplikationsvogel*, so daß für beliebige Zahlen n und m gilt, daß ⊗$\bar{n}\bar{m}$ der Vogel n · m ist. So ist beispielsweise ⊗$\bar{2}\bar{5} = \overline{10}$; ⊗$\bar{3}\bar{7} = \overline{21}$.

Außerdem haben wir einen *Exponentialvogel* Ⓔ, so daß für beliebige Zahlen n und m gilt, daß Ⓔ$\bar{n}\bar{m} = \bar{k}$, wobei k die Zahl n^m ist – das Ergebnis der Multiplikation von n mit sich selbst m mal. Beispielsweise Ⓔ$\bar{5}\bar{2} = \overline{25}$; Ⓔ$\bar{2}\bar{5} = \overline{32}$; Ⓔ$\bar{2}\bar{3} = \bar{8}$; Ⓔ$\bar{3}\bar{2} = \bar{9}$.

Nachdem wir nun diese Vögel haben«, fuhr Griffin fort, »können wir sie leicht so kombinieren, daß sie jede arithmetische Kombination bilden, die wir haben wollen. Zum Beispiel können wir einen Vogel V finden, so daß für beliebige Zahlen a, b und c gilt, daß $\overline{\sqrt{ab}c} = \bar{d}$, wobei d, sagen wir, $(3a^2b + 4ca)^5 + 7$ ist.

Es ist sogar so«, fuhr Griffin mit wachsender Erregtheit fort, »daß es zu *jeder* numerischen Operation, die von einem dieser modernen elektronischen Computer ausgeführt werden kann, hier einen Vogel gibt, der die gleiche Operation ausführen kann! Für jeden Computer gibt es hier einen Vogel, der es mit ihm aufnehmen kann!

Ist Ihnen klar, was das bedeutet?« fragte Griffin noch aufgeregter. »Es bedeutet, daß die Vögel hier die Arbeit der Computer vollständig übernehmen könnten. Vielleicht werden eines Tages die Computer auf der Welt Stück für Stück durch Vögel ersetzt, bis es keine Computer mehr gibt – nur noch Vögel! Wäre das nicht eine wunderbare Welt?«

Craig fand diesen Gedanken zwar etwas phantastisch, aber auch faszinierend.

»Das klingt zwar alles höchst interessant«, sagte Craig, »aber mir ist nicht einmal klar, wie Sie die grundlegenden Rechnervögel finden, die addieren, multiplizieren und mit Exponenten versehen können. Was für Vögel sind es?«

»Ich komme noch darauf«, gab Griffin zurück, »aber lassen Sie mich erst einiges vorausschicken.«

1.

»Zunächst einmal«, sagte Griffin, »sollten wir sicher sein, daß die Vögel $\bar{0}, \bar{1}, \bar{2}, \bar{3}, \ldots$ alle verschieden sind – das heißt, für beliebige Zahlen n und m gilt, wenn $n \neq m$, was bedeutet, n ist ungleich m, so unterscheidet sich der Vogel $\bar{n}$ von dem Vogel $\bar{m}$. Sehen Sie, wie man das beweisen kann?«

2. Der Vorgängervogel *P*

»Für beliebige *positive* Zahlen n«, sagte Griffin, »verstehen wir unter ihrem *Vorgänger* n^- die nächstniedrigere Zahl. Das heißt, für jedes positive n ist n^- die Zahl $n - 1$. Natürlich gilt für beliebige Zahlen n, daß die Zahl n^+ positiv ist und daß n der Vorgänger von n^+ ist. Was wir jetzt brauchen«, sagte Griffin, »ist ein Vogel, der Vorgänger berechnen kann. Das heißt, wir brauchen einen Vogel *P*, so daß für jede Zahl n gilt, daß $P\overline{n+} = \overline{n}$. Können Sie herausfinden, wie man zu einem solchen Vogel P kommt?«

3.

»Wir erinnern uns an die Satzvögel w und f. Wir brauchen jetzt einen Vogel N, genannt *Nulltester*, so daß Sie, wenn $\bar{0}$ dem N genannt wird, die Antwort w bekommen, was bedeutet ›Wahr, die von Ihnen genannte Zahl ist 0‹; wenn Sie jedoch irgendeine andere Zahl als Null angeben, werden Sie die Antwort f hören, was bedeutet ›Falsch, die Zahl ist nicht 0‹. Das heißt, wir suchen einen Vogel N, so daß $N\bar{0} = w$, aber für jede *positive* Zahl n gilt, daß $N\bar{n} = f$. Können Sie einen solchen Vogel N finden?«

4.

»Ich möchte Ihnen eine Frage stellen«, sagte Griffin. »Haben Sie irgendeinen Grund zu der Annahme, daß es einen Vogel V gibt, so daß für beliebige Zahlen n und beliebige Vögel x und y gilt, wenn n = 0, dann $V\bar{n}xy = x$, aber wenn n positiv ist, dann $V\bar{n}xy = y$? Das heißt, gibt es einen Vogel V, so daß $V\bar{0}xy = x$; $V\bar{1}xy = y$; $V\bar{2}xy = y$; $V\bar{3}xy = y$; und so weiter?«

»Oh, natürlich!« antwortete Craig, nachdem er einen Augenblick nachgedacht hatte. Wie hatte Craig das erkannt?

»Und jetzt«, sagte Griffin, »kommen wir zu einigen der interessanteren Vögel. Bevor wir uns der Aufgabe zuwenden, einen Additionsvogel zu finden, wollen wir uns an eine etwas einfachere Aufgabe machen. Nehmen wir irgendeine bestimmte Zahl – sagen wir 5. Wie können wir einen Vogel V finden, der zu jeder Zahl, die Sie ihm nennen, 5 hinzuaddiert? Das heißt, wir wollen einen Vogel V haben, so daß $V\bar{0} = \bar{5}$; $V\bar{1} = \bar{6}$; $V\bar{2} = \bar{7}$ – und für beliebige Zahlen n, daß $V\bar{n} = \overline{n+5}$.«

Craig dachte darüber nach, konnte aber keine Lösung finden.

»Der Gedanke beruht auf einem Prinzip, das als *Rekursionsprinzip* bekannt ist«, erklärte Griffin. »Angenommen, V ist ein solcher Vogel, daß die folgenden beiden Bedingungen gelten:

1. $V\bar{0} = \bar{5}$.
2. Für jede Zahl n gilt, daß $V\overline{n+} = \sigma(V\bar{n})$.

Sehen Sie, daß ein solcher Vogel V die ihm zugedachte Aufgabe erfüllen könnte?«

»Lassen Sie es uns ansehen«, sagte Craig. »Gegeben ist, daß $V\bar{0} = \bar{5}$. Wie steht es mit $V\bar{1}$? Nun, gemäß der zweiten Bedingung gilt, daß $V\bar{1} = \sigma(V\bar{0}) = \sigma\bar{5}$, da $V\bar{0} = \bar{5}$ und $\sigma\bar{5} = \bar{6}$. Somit $V\bar{1} = \bar{6}$. Nachdem wir jetzt wissen, daß $V\bar{1} = \bar{6}$, folgt, daß $V\bar{2} = \bar{7}$, weil $V\bar{2} = \sigma(V\bar{1}) = \sigma\bar{6} = \bar{7}$. Ja, natürlich *sehe* ich, warum es so ist, daß für jede Zahl n gilt, daß $V\bar{n} = \overline{n+5}$. Wir prüfen sukzessive $V\bar{0} = \bar{5}$, $V\bar{1} = \bar{6}$, $V\bar{2} = \bar{7}$, $V\bar{3} = \bar{8}$, und so weiter!«

»Gut!« lobte Griffin. »Sie haben das Rekursionsprinzip verstanden.«

»Mir ist jedoch noch unklar, wie man einen Vogel V finden kann, der diese Bedingungen erfüllt«, sagte Craig. »Wie findet man ihn?«

»Ja, das ist der komplizierte Teil«, sagte Griffin mit einem Schmunzeln. »Er basiert auf dem Fixpunktprinzip, das ich Ihnen bereits erklärt habe.«

»Wirklich?« sagte Craig verwundert. »Ich kann keine Verbindung zwischen beidem erkennen!«

»Ich will es Ihnen erklären«, versprach Griffin. »Zunächst eine Frage. Können Sie sehen, daß man Bedingung 2 alternativ folgendermaßen beschreiben kann?

2'. Für jede Zahl n größer als 0 gilt $V\bar{n} = \sigma(V(P\bar{n}))$.«

»Ja«, sagte Craig, »denn für jede Zahl n größer als Null gilt $n = m+$, wobei m der Vorläufer von n ist. Daher besagt Bedingung 2', daß $V\overline{m+} = \sigma(V(P\overline{m+}))$, doch da $P\overline{m+} = \bar{m}$, so besagt Bedingung 2' einfach nur, daß $V\overline{m+} = \sigma(V(P\overline{m+}))$, oder, was das gleiche ist, $V\bar{n} = \sigma(V(P\bar{n}))$. Allerdings gilt dies natürlich nur, wenn n positiv ist.«

»Gut!« sagte Griffin. »Und damit sehen Sie, daß das, was wir haben wollen, ein solcher Vogel V ist, daß $V\bar{n} = \bar{5}$, wenn $n = 0$, und $V\bar{n} = \sigma(V(P\bar{n}))$, wenn $n \neq 0$.«

»Das sehe ich«, sagte Craig.

»Nun brauchen wir den Nulltester N«, fuhr Griffin fort. »Der Vogel $N\bar{n}\bar{5}(\sigma(V(P\bar{n})))$ ist $\bar{5}$, wenn $n = 0$, und ist $\sigma(V(P\bar{n}))$, wenn $n \neq 0$, und so brauchen wir einen Vogel V, so daß für jede Zahl n gibt, daß $V\bar{n} = N\bar{n}\bar{5}(\sigma(V(P\bar{n})))$. Dem Fixpunktprinzip zufolge *gibt* es einen solchen Vogel V – tatsächlich gibt es einen Vogel V, so daß für *jeden* Vogel x, sei er ein numerischer Vogel oder nicht, gilt, daß $Vx = Nx\bar{5}(\sigma(V(Px)))$. Und damit ist die Aufgabe gelöst!

Falls Sie es vergessen haben«, setzte Griffin hinzu, »wir können den Vogel V bekommen, indem wir zunächst einen solchen Vogel V_1 nehmen, daß für beliebige Vögel x und y gilt, daß $V_1yx =$

Nx $\bar{5}(\sigma(y(Px)))$, und dann können Sie für V jeden Vogel nehmen, den V_1 liebt – zum Beispiel können wir $LV_1(LV_1)$ für V nehmen.«
»Das ist wirklich geschickt!« sagte Craig in aufrichtiger Bewunderung. »Wer hat sich das ausgedacht?«
»Der Gedanke, das Fixpunktprinzip für die Lösung von Aufgaben wie dieser zu verwenden, geht auf Alan Turing zurück – den gleichen Logiker, der den Turingvogel entdeckt hat. Turing hat sich einige äußerst kluge Dinge überlegt!«

5.

»Natürlich«, sagte Griffin, »hat die Zahl 5 keine spezielle Bedeutung; ich hätte auch die 7 nehmen können und nach einem Vogel V fragen, so daß für alle n gilt, daß $V\bar{n} = \overline{n + 7}$. Wir wollen jedoch noch etwas Besseres. Wir wollen einen Rechnervogel $\oplus$ vom 2. Typ, so daß für *beliebige* zwei Zahlen n und m gilt, daß $\oplus \bar{m}\bar{n} = \overline{m + n}$. Es bedarf nur einer kleinen Modifikation dessen, was ich Ihnen gezeigt habe. Sehen Sie, wie man einen solchen Vogel $\oplus$ finden kann?«

6.

»Und nun die Frage, ob Sie sehen können, wie man einen Vogel $\otimes$ findet, so daß für beliebige Zahlen n und m gilt, daß $\otimes \bar{n}\bar{m} = \overline{n \cdot m}$? Natürlich steht es Ihnen frei, den Vogel $\oplus$ zu verwenden, den Sie gerade gefunden haben.«

7.

»Nachdem wir nun die Vögel $\oplus$ und $\otimes$ haben, können Sie einen Exponentialvogel $\text{\textcircled{E}}$ finden, so daß für beliebige Zahlen n und m gilt, daß $\text{\textcircled{E}}\bar{n}\bar{m} = \bar{k}$, wobei $k = n^m$?«

Vorbereitung auf das Finale

»Ich habe Sie so verstanden, daß Sie diesen Wald in wenigen Tagen wieder verlassen müssen. Ist das richtig?« fragte Griffin.
»Leider ja!« erwiderte Craig. »Man hat mich wegen eines sonderbaren Falles zurückgerufen, bei dem es um eine Fledermaus und eine junge Norwegerin geht.«
»Das klingt allerdings sonderbar!« bemerkte Griffin. »Auf jeden Fall möchte ich mit Ihnen morgen über eines der interessantesten Fakten reden, die es überhaupt über diesen Wald gibt. Dieses Faktum steht im Zusammenhang mit Gödels berühmtem Unvollständigkeitstheorem sowie mit einigen Ergebnissen, die auf Church und Turing zurückgehen. Heute jedoch muß ich Ihnen den dazu notwendigen Hintergrund geben. Ich muß Ihnen mehr über Rechnervögel erzählen sowie einiges über Eigenschaftsvögel und Relationsvögel.«
»Was ist *das*?« fragte Craig.

8.

»Also, unter einem *Eigenschaftsvogel* ist ein Vogel V zu verstehen, so daß für jede Zahl n gilt, daß der Vogel Vn̄ ein Satzvogel ist – einer der beiden Vögel w oder f. Eine Zahlenmenge M wird als *zählbar* bezeichnet, wenn es einen Eigenschaftsvogel V gibt, so daß Vn̄ = w für jedes n in der Menge M, und Vn̄ = f für jedes n, das nicht in der Menge M ist. Von einem solchen Vogel V sagen wir, daß er die Menge M *zählt*. Und eine Menge M wird als *zählbar* bezeichnet, wenn es einen Vogel V gibt, der sie zählt.

Das Schöne an einer zählbaren Menge M ist, daß Sie, wenn Sie irgendeine Zahl n haben, herausfinden können, ob n zu der Menge gehört oder nicht; Sie gehen einfach zu dem Vogel V, der M zählt, und nennen ihm n̄. Wenn V mit w antwortet, so wissen Sie, daß n in der Menge M enthalten ist; antwortet V mit f, so wissen Sie, daß n nicht in der Menge M enthalten ist.

Beispielsweise ist die Menge G aller geraden Zahlen zählbar – es gibt einen Vogel V, so daß V0̄ = w; V1̄ = f; V2̄ = w; V3̄ = f; und für *jede* gerade Zahl n gilt, daß Vn̄ = w, während für *jede* ungerade Zahl n gilt, daß Vn̄ = f. Sehen Sie, wie man V finden kann? Sie könnten es unter Anwendung des Fixpunktprinzips versuchen.«

9. Der Vogel g

»Mit einem *Relationsvogel* – oder, genauer gesagt, einem Relationsvogel 2. Grades – ist ein Vogel V gemeint, so daß für beliebige Zahlen a und b gilt, daß V$\bar{a}\bar{b}$ = w oder V$\bar{a}\bar{b}$ = f.

Vermutlich kennen Sie das Symbol >, das ›größer als‹ bedeutet«, fuhr Griffin fort. »Für beliebige Zahlen a und b schreiben wir a > b, was bedeutet, daß a größer ist als b. Beispielsweise ist 8 > 5 wahr; 4 > 9 ist falsch und 4 > 4 ist ebenfalls falsch. Wir brauchen jetzt einen Relationsvogel, der die Relation ›ist größer als‹ rechnet – das heißt, wir brauchen einen Vogel g, so daß für beliebige Zahlen a und b gilt, wenn a > b, dann g$\bar{a}\bar{b}$ = w, doch wenn a $\leq$ b, was bedeutet, daß a kleiner oder gleich b ist, so ist g$\bar{a}\bar{b}$ = f. Sehen Sie, wie man einen solchen Vogel finden kann?

Diese Aufgabe ist etwas kompliziert«, fügte Griffin hinzu, »so daß ich Sie am besten auf folgende Fakten hinweise. Die Relation a > b ist die einzige Relation, die folgende Bedingungen erfüllt, für beliebige Zahlen a und b:

1. Wenn a = 0, dann ist a > b falsch.
2. Wenn a $\neq$ 0, dann:
   a) Wenn b = 0, dann ist a > b wahr.
   b) Wenn b $\neq$ 0, dann ist a > b wahr dann und nur dann, wenn (a − 1) > (b − 1).

Sehen Sie, wie man jetzt unter Anwendung des Fixpunktprinzips den Vogel g finden kann?«

10. Das Minimalisierungsprinzip

»Jetzt kommt ein wichtiges Prinzip, das unter der Bezeichnung *Minimalisierungsprinzip* bekannt ist«, sagte Griffin.

»Angenommen, V ist ein Relationsvogel, so daß für jede Zahl n gilt, daß es mindestens eine Zahl m gibt, so daß V$\bar{n}\bar{m}$ = w. Ein solcher Relationsvogel wird manchmal *regulär* genannt. Wenn V regulär ist, so ist für jede Zahl n offenbar die *kleinste* Zahl k, so daß V$\bar{n}\bar{k}$ = w. Das Minimalisierungsprinzip besagt nun, daß es, wenn ein beliebiger regulärer Relationsvogel V gegeben ist, einen Vogel V' gibt, der *Minimalisierer* von V genannt wird, so daß für jede Zahl n gilt, daß V'$\bar{n}$ = $\bar{k}$, wenn k die *kleinste* Zahl ist, so daß V$\bar{n}\bar{k}$ = w. So ist zum Beispiel, wenn V$\bar{n}\bar{0}$ = f und V$\bar{n}\bar{1}$ = f und V$\bar{n}\bar{2}$ = f, aber V$\bar{n}\bar{3}$ = w, dann $V'\bar{n} = 3$. Sehen Sie, wie man das Minimalisierungsprinzip bestätigen kann?«

Craig dachte eine Weile darüber nach.

»Ich gebe Ihnen besser einige Hinweise«, sagte Griffin.

»Wenn ein regulärer Vogel V gegeben ist, zeigen Sie dann zunächst, wie man einen Vogel V_1 finden kann, so daß für alle Zahlen n und m die folgenden beiden Bedingungen gelten:

1. Wenn $V\bar{n}\bar{m} = f$, dann $V_1\bar{n}\bar{m} = V_1\overline{\bar{n}m^+}$.
2. Wenn $V\bar{n}\bar{m} = w$, dann $V_1\bar{n}\bar{m} = \bar{m}$.

Dann nehmen wir V' als $CV_1\bar{0}$, wobei C der Kardinal ist, und zeigen, daß V' ein Minimalisierer von V ist.«

11. Der Längenmesser

»Unter der *Länge* einer Zahl n«, sagte Griffin weiter, »verstehen wir die Anzahl der Ziffern in n, wenn n in der üblichen Zehnerbasisnotation geschrieben wird. Somit haben die Zahlen von 0 bis 9 die Länge 1; die von 11 bis 99 haben die Länge 2; die von 100 bis 999 haben die Länge 3, und so weiter.

Jetzt brauchen wir einen Vogel l, der die Länge jeder beliebigen Zahl mißt – das heißt, l soll so sein, daß für jede Zahl n gilt, daß $l\bar{n} = \bar{k}$, wenn k die Länge von n ist. So ist beispielsweise $l\bar{7} = \bar{1}$; $l\overline{59} = \bar{2}$; $l\overline{648} = \bar{3}$. Sehen Sie, wie man den Vogel l finden kann?«

Craig überlegte eine Weile. »Ah, jetzt habe ich es!« sagte er schließlich. »Die Länge einer Zahl n ist einfach die kleinste Zahl k, so daß $10^k > n$.«

»Gut!« lobte Griffin.

Damit sollte der Leser jetzt keine Schwierigkeiten mehr haben, den Vogel l zu finden.

12. Verkettung mit der Zehnerbasis

»Und jetzt zur letzten Aufgabe für heute«, sagte Griffin. »Für beliebige Zahlen a und b gilt, daß wir mit $a*b$ die Zahl meinen, die, in Zehnerbasisnotation geschrieben, aus a in Zehnerbasisnotation besteht, gefolgt von b in Zehnerbasisnotation. Zum Beispiel: $53 * 796 = 53796$; $280 * 31 = 28031$.«

»Das ist eine merkwürdige Zahlenoperation!« sagte Craig.

»Es ist eine wichtige, wie Sie morgen sehen werden«, gab Griffin zurück. »Diese Operation wird *Verkettung mit der Zehnerbasis* genannt. Und jetzt brauchen wir einen Vogel ⊛, der diese Operation berechnet – das heißt, wir wollen ⊛ so haben, daß für beliebige Zahlen a und b gilt, daß ⊛ā$\bar{b}$ = $\overline{a*b}$. Sehen Sie, wie man einen solchen Vogel findet?«

Lösungen

1. Wir zeigen zunächst, daß sich $\bar{0}$ von allen Vögeln $\bar{1}, \bar{2}, \bar{3}, \ldots \overline{n+}, \ldots$ unterscheidet.

Nehmen wir nun an, es gäbe eine Zahl n, so daß $\bar{0} = \overline{n+}$. Dann I = Pfn̄. Dann IF = Pfn̄F = Ffn̄ = f. Somit hätten wir F = FI, da IF = F und f = FI, doch wir wissen bereits, daß F ≠ FI. Daher $\bar{0} \neq \overline{n+}$.

Als nächstes müssen wir zeigen, daß für beliebige Zahlen n und m gilt, wenn $\overline{m+} = \overline{n+}$, dann m = n. Nehmen wir nun an, daß $\overline{n+} = \overline{m+}$. Dann Pfn̄ = Pfm̄. Folglich Pfn̄f = Pfm̄f, also ffn̄ = ffm̄, folglich n̄ = m̄, da ffn̄ = n̄ und ffm̄ = m̄.

Nachdem wir nun wissen, daß $\bar{0} \neq \overline{m+}$ und daß für jedes n und m gilt, wenn $\overline{n+} = \overline{m+}$, dann n = m, geht der Beweis, daß all die Vögel $\bar{0}, \bar{1}, \bar{2}, \ldots, \bar{n}, \ldots$ verschieden sind, genauso weiter wie in der Lösung zu Aufgabe 19, Kapitel 22.

2. Nehmen Sie *P* als Df, wobei D die Dohle und f der Vogel FI ist, wie im letzten Kapitel. Dann gilt für jede Zahl n, daß $P\overline{n+} = Df\overline{n+} = \overline{n+f} = $ Pfn̄f = ffn̄ = n̄.

3. Nehmen Sie N als Dw; D ist die Dohle, und w ist der Wahrheitsvogel F. Dann:
1. N$\bar{0}$ = DwI = Iw = w. Also N$\bar{0}$ = w.
2. Nehmen Sie jetzt irgendeine Zahl n. Dann $N\overline{n+} = Dw\overline{n+} = \overline{n+w} = $ Pfn̄w = wfn̄ = f.

Anmerkung: Mit der von Griffin angewandten speziellen Methode für die Repräsentation von Zahlen durch Vögel sind die Vögel σ, *P* und N relativ leicht zu finden. Dies ist der technische Vorteil, von dem Griffin sprach. Jede andere Methode, die einen Nachfolgervogel, einen Vorgängervogel und einen Nulltester liefert, wäre ebenfalls brauchbar.

4. Der Nulltester N ist ein solcher Vogel V! *Begründung:* $N\bar{0}xy = wxy$, da $N\bar{0} = w$, und $wxy = x$, also $N\bar{0}xy = x$. Doch für beliebige $n \neq 0$ gilt, daß $N\bar{n} = f$, folglich $N\bar{n}xy = fxy = y$.

5. Die Additionsoperation + ist für beliebige Zahlen n und m durch die folgenden beiden Bedingungen eindeutig determiniert:
1. $n + 0 = n$.
2. $n + m^+ = (n + m)^+$. Das heißt, n plus Nachfolger von m ergibt den Nachfolger von $n + m$.

Wir suchen daher einen Vogel V, so daß für alle n und m gilt:
1. $V\bar{n}\bar{0} = \bar{n}$.
2. $V\bar{n}\overline{m+} = \sigma(V\bar{n}\bar{m})$, oder, was das gleiche ist, für beliebige positive m gilt, daß $V\bar{n}\bar{m} = \sigma(V\bar{n}(P\bar{m}))$.

Somit muß V die Bedingung erfüllen, daß für beliebige n und beliebige m, ob 0 oder positiv, gilt, daß $V\bar{n}\bar{m} = V\bar{m}\bar{n} = N\bar{m}\bar{n}(\sigma(V\bar{n}(P\bar{m})))$. Nach dem Fixpunktprinzip gibt es einen solchen Vogel V, also nehmen wir ⊕ für jeden derartigen Vogel V.

6. Wir stellen fest, daß Multiplikation die eine und einzige Operation ist, die die folgenden beiden Bedingungen erfüllt:
1. Für beliebige Zahlen n gilt, daß $n \cdot 0 = 0$.
2. Für beliebige Zahlen n und m gilt, daß $n \cdot m^+ = (n \cdot m) + n$.

Daher suchen wir einen Vogel V, so daß für alle n und m gilt, daß $V\bar{n}\bar{m} = (N\bar{m})\bar{0}((\oplus)(V(\bar{n}(P\bar{m}))\bar{n}))$. Wieder können wir einen solchen Vogel V mit dem Fixpunktprinzip finden, und wir nehmen ⊗ als diesen Vogel.

7. Die Exponentialoperation gehorcht den folgenden bekannten Gesetzen:
1. $n^0 = 1$.
2. $n^{m+} = n^m \times n$.

Daher suchen wir einen Vogel Ⓔ, so daß für alle n gilt, daß Ⓔ$\bar{n}\bar{0} = \bar{1}$, und für jede positive Zahl m gilt, daß Ⓔ$\bar{n}\bar{m}$ = ⊗(Ⓔ$\bar{n}\bar{m}$)$\bar{n}$. Entsprechend suchen wir einen Vogel Ⓔ, so daß für alle n und m gilt, daß Ⓔ$\bar{n}\bar{m}$ = $N\bar{m}\bar{1}$(⊗(Ⓔ$\bar{n}\bar{m}$)$\bar{n}$). Wieder läßt sich ein solcher Vogel Ⓔ nach dem Fixpunktprinzip finden.

8. Die Eigenschaft, eine gerade Zahl zu sein, ist die eine und einzige Eigenschaft, die die folgenden beiden Bedingungen erfüllt:
1. 0 ist gerade.

2. Für jede positive Zahl n gilt, daß n gerade ist dann und nur dann, wenn sein Vorgänger *nicht* gerade ist.
Daher suchen wir einen Vogel V, so daß:
1. V$\bar{0}$ = w.
2. Für jedes positive n gilt, daß V$\bar{n}$ = N(V($P\bar{n}$)), wobei N der Negationsvogel ist.
Daher wollen wir einen Vogel V, so daß für jedes n, ob positiv oder 0, gilt, daß V$\bar{n}$ = N$\bar{n}$w(N(V($P\bar{n}$))). Wieder existiert ein solcher Vogel V nach dem Fixpunktprinzip.

9. Mit Hilfe der gegebenen Bedingungen suchen wir einen Vogel g, so daß für beliebige Zahlen a und b gilt:
1. Wenn N$\bar{a}$ = w, dann g$\bar{a}\bar{b}$ = f.
2. Wenn N$\bar{a}$ = f, dann:
   a) Wenn N$\bar{b}$ = w, dann g$\bar{a}\bar{b}$ = w.
   b) Wenn N$\bar{b}$ = f, dann g$\bar{a}\bar{b}$ = g($P\bar{a}$)($P\bar{b}$).

Entsprechend suchen wir einen Vogel g, so daß für alle Zahlen a und b folgendes Gültigkeit hat:
$$g\bar{a}\bar{b} = N\bar{a}f(N\bar{b}w(g(P\bar{a})(P\bar{b})))$$
Und wieder existiert ein solcher Vogel g nach dem Fixpunktprinzip.

10. Angenommen, A ist ein regulärer Relationsvogel. Nach dem Fixpunktprinzip gibt es einen Vogel V_1, so daß für alle Vögel x und y gilt, daß V_1xy = (Vxy)y(V_1x(σy)). Dann gilt für beliebige Zahlen n und m, daß $V_1\bar{n}\bar{m}$ = V($\bar{n}\bar{m}$)$\bar{m}$($V_1\overline{\bar{n}m +}$). Somit gelten Bedingung 1 und Bedingung 2, weil der Wert von (V$\bar{n}\bar{m}$)$\bar{m}$($V_1\overline{\bar{n}m +}$) $\bar{m}$ ist, wenn V$\bar{n}\bar{m}$ = w, und $V_1\overline{\bar{n}m +}$ ist, wenn V$\bar{n}\bar{m}$ = f.

Griffins Vorschlag folgend, nehmen wir an, daß V' = C$V_1\bar{0}$. Dann gilt für jedes n, daß V'$\bar{n}$ = $V_1\bar{n}\bar{0}$ (weil V'$\bar{n}$ = C$V_1\bar{0}\bar{n}$ = $V_1\bar{n}\bar{0}$). Nachdem wir nun n haben, sei k die kleinste Zahl, so daß V$\bar{n}\bar{k}$ = w. Nehmen wir beispielsweise an, daß k = 3. Dann V$\bar{n}\bar{0}$ = f; V$\bar{n}\bar{1}$ = f; V$\bar{n}\bar{2}$ = f; aber V$\bar{n}\bar{3}$ = w. Wir müssen zeigen, daß V'$\bar{n}$ = $\bar{3}$ – mit anderen Worten, daß $V_1\bar{n}\bar{0}$ = $\bar{3}$. Also, da V$\bar{n}\bar{0}$ = f, dann $V_1\bar{n}\bar{0}$ = $V_1\bar{n}\bar{1}$, laut Bedingung 1. Da V$\bar{n}\bar{1}$ = f, so $V_1\bar{n}\bar{1}$ = $V_1\bar{n}\bar{2}$, wieder laut Bedingung 1. Da V$\bar{n}\bar{2}$ = f, so $V_1\bar{n}\bar{2}$ = $V_1\bar{n}\bar{3}$, wieder laut Bedingung 1. Aber V$\bar{n}\bar{3}$ = w, folglich $V_1\bar{n}\bar{3}$ = $\bar{3}$, laut Bedingung 2. Und somit $V_1\bar{n}\bar{0}$ = $V_1\bar{n}\bar{1}$ = $V_1\bar{n}\bar{2}$ = $V_1\bar{n}\bar{3}$ = $\bar{3}$; daher $V_1\bar{n}\bar{0}$ = $\bar{3}$, und somit V'$\bar{n}$ = $\bar{3}$.

Wir haben den Beweis für k = 3 dargestellt, aber es dürfte für den Leser leicht zu erkennen sein, daß sich die gleiche Art von Beweis anwenden läßt, wenn k irgendeine andere Zahl ist.

11. Ein einziges Beispiel dürfte den Leser von der Richtigkeit von Craigs Behauptungen überzeugen:
Angenommen, n = 647. Die Länge von 647 ist 3, und $10^3 = 1000$, was größer ist als 647. Aber $10^2 = 100$, was weniger ist als 647. Vielleicht sollten wir außerdem den Fall betrachten, daß n selbst eine Zehnerpotenz ist. Angenommen, wir sagen, daß n = 100. Dann $10^3 > 100$, aber 10^2, obwohl nicht weniger als 100, ist nicht größer als 100; es ist gleich 100. Also ist 3 die kleinste Zahl, so daß $10^3 > 100$.

Nun geht es darum, den Vogel l zu finden: V_1 sei der Vogel $Bg(\text{\textcircled{E}}\overline{10})$, wobei B der Buntspecht ist. Dann gilt für beliebige Zahlen n und m, daß $Bg(\text{\textcircled{E}}\overline{10})\bar{n}\bar{m} = g(\text{\textcircled{E}}\overline{10}\bar{n})\bar{m} = g\overline{10}\bar{n}\bar{m}$, was w ist, wenn $10^n > m$, und andernfalls f. Und somit ist V_1 ein Relationsvogel, so daß $V_1\bar{n}\bar{m} = w$ dann und nur dann, wenn $10^n > m$. Dann nehmen wir V als den Vogel CV_1, wobei C der Kardinal ist. Dann ist $V\bar{n}\bar{m} = V_1\bar{m}\bar{n}$, und somit ist $V\bar{n}\bar{m} = w$, wenn $10^m > n$; andernfalls $V\bar{n}\bar{m} = f$. Schließlich nehmen wir l als Minimalisierer von V, und somit ist $l\bar{n}$ das *kleinste* m, so daß $10^m > n$ – mit anderen Worten, $l\bar{n} = \bar{k}$, wobei k die Länge von n ist.

12. Wir veranschaulichen zunächst den allgemeinen Gedanken an einem Beispiel. Angenommen, a = 572 und b = 39. Dann $572 * 39 = 57239 = 57200 + 39 = 572 \cdot 10^2 + 39$, und 2 ist die Länge von 39.

Allgemein gilt, daß $a * b = a \cdot 10^k + b$, wobei k die Länge von b ist. Folglich nehmen wir $\circledast$ als solchen Vogel, daß für alle x und y gilt, daß $\circledast xy = \oplus(\otimes x(\text{\textcircled{E}}\overline{10}(ly)))y$. Wie der Leser leicht überprüfen kann, gilt für beliebige Zahlen a und b, daß $\circledast \bar{a}\bar{b} = \overline{a \cdot 10^k + b}$, wobei k die Länge von b ist.

25
Gibt es den idealen Vogel?

»Morgen muß ich Sie leider verlassen«, sagte Craig, »aber vorher möchte ich Ihnen von einem Problem erzählen, das ich bislang noch nicht lösen konnte. Vielleicht wissen Sie die Antwort.
Jeder Ausdruck X, der aus den Symbolen E und F gebildet und korrekt mit Klammern versehen wird, ist der Name irgendeines Vogels. Nun kann es passieren, daß zwei verschiedene Ausdrücke den gleichen Vogel bezeichnen – zum Beispiel sind die Ausdrücke ((EF)F)F und FF(FF) beide Bezeichnungen für den Falken F, obwohl die Ausdrücke selbst verschieden sind. Was ich nun wissen möchte, ist folgendes: Gibt es, wenn zwei Ausdrücke X_1 und X_2 gegeben sind, irgendeinen systematischen Weg, auf dem man bestimmen kann, ob sie den gleichen Vogel bezeichnen oder nicht?«
»Eine wunderbare Frage!« entgegnete Griffin. »Und ein erstaunlicher Zufall, daß Sie sie gerade heute stellen. Dies war genau das Thema, über das ich mit Ihnen sprechen wollte. Diese Frage hat einige der fähigsten Logiker der Welt beschäftigt und ist als die *Große Frage* bekannt geworden.
Zunächst einmal ist zu sagen, daß man jede Frage danach, ob zwei Ausdrücke den gleichen Vogel bezeichnen, in die Frage übersetzen kann, ob eine bestimmte Zahl zu einer bestimmten Zahlenmenge gehört.«
»Wie geht das?« fragte Craig.
»Man macht dies mit Hilfe eines Kunstgriffs, der auf Kurt Gödel zurückgeht – ein Verfahren, das als *Gödelsche Zählung* bezeichnet wird und das ich kurz erklären will.
Alle Vögel hier sind aus E und F ableitbar, und ihr Verhalten – die Art und Weise, wie ein Vogel x einem Vogel y antwortet – ist durch die Regeln der kombinatorischen Logik genau festgelegt. Die kombinatorische Logik ist eine Theroie, die man vollständig formalisieren kann. Die Theorie verwendet genau fünf Zeichen:

$$\begin{array}{ccccc} E & F & (&) & = \\ 1 & 2 & 3 & 4 & 5 \end{array}$$

Unter jedes Zeichen habe ich die Zahl geschrieben, die seine *Gödelsche Zahl* genannt wird, aber über Gödelsche Zählung will ich Ihnen etwas später mehr sagen.

Jeder Ausdruck, der aus den beiden Buchstaben E und F gebildet und korrekt mit Klammern versehen ist, wird *Terminus* genannt. Genauer gesagt, ein Terminus ist ein beliebiger Ausdruck aus den ersten vier Symbolen, der nach den folgenden beiden Regeln konstruiert wird:
1. Die Buchstaben E und F sind, wenn sie alleine stehen, Termini.
2. Aus beliebigen Termini X und Y, die bereits konstruiert sind, können wir den neuen Terminus (XY) bilden.

Auf diesen Vogelwald angewandt, sind die *Termini* solche Ausdrücke, die Namen von Vögeln sind. Der Buchstabe E ist der Name einer bestimmten Elster – welcher Elster, spielt hier keine Rolle –, und der Buchstabe F ist der Name eines bestimmten Falken.

Unter einem *Satz* ist ein Ausdruck der Form X = Y zu verstehen, wenn X und Y Termini sind. Der Satz X = Y wird *wahr* genannt, wenn X und Y Namen des gleichen Vogels sind, und im anderen Fall *falsch*. Damit ein Satz X = Y wahr ist, muß der Terminus X nicht der gleiche sein wie der Terminus Y; es reicht bereits, daß diese Termini die gleichen Vögel bezeichnen.

Natürlich gilt für beliebige Termini X, Y und Z, daß der Satz EXYZ = XZ(YZ) wahr ist, gemäß der Definition der Elster, und FXY = X ist wahr gemäß der Definition des Falken. Alle derartigen Sätze werden als *Axiome* der kombinatorischen Logik verstanden. Außerdem betrachten wir alle Sätze der Form X = X als Axiome; diese Sätze sind trivialerweise wahr. Dies sind die einzigen Axiome, die wir verwenden werden. Dann *beweisen* wir die Wahrheit verschiedener Sätze, indem wir mit den Axiomen beginnen und die üblichen logischen Regeln für Gleichheit verwenden, als da sind:
1. Wenn wir beweisen können, daß X = Y, so können wir schließen, daß Y = X.
2. Wenn wir beweisen können, daß X = Y und Y = Z, so können wir schließen, daß X = Z.
3. Wenn wir beweisen können, daß X = Y, so können wir für jeden Terminus Z schließen, daß XZ = YZ und daß ZX = ZY.

Wenn ich nun gesagt habe, daß das Verhalten der Vögel in diesem Wald durch die Gesetze der kombinatorischen Logik genau festgelegt ist, so habe ich damit gemeint, daß ein Satz X = Y wahr ist in dem Sinn, daß die Termini X und Y dann und nur dann den gleichen Vogel bezeichnen, wenn der Satz X = Y mit den obigen Axiomen nach den Regeln, die ich gerade genannt habe, *beweisbar* ist. Es gibt keine ›zufälligen‹ Relationen zwischen unseren Vögeln; X = Y nur dann, wenn das Faktum *beweisbar* ist.

Von diesem System der kombinatorischen Logik weiß man, daß es konsistent ist in dem Sinn, daß nicht jeder Satz beweisbar ist – speziell ist der Satz FI = F nicht beweisbar. Wäre dieser eine Satz beweisbar, so wäre jeder Satz beweisbar mit im wesentlichen dem gleichen Argument, das wir verwendet haben, um zu zeigen, daß es, wenn FI = F, nur einen Vogel in dem Wald geben kann. Wir wollen f benutzen, um FI abzukürzen, und außerdem wollen wir w synonym mit F verwenden, und somit ist der Satz f = w ein wichtiges Beispiel für einen Satz, der in dem System nicht beweisbar ist.

Kommen wir nun zur Gödelschen Zählung: Ich habe Ihnen bereits gesagt, daß die Gödelschen Zahlen für die fünf Zeichen E, F, (,) und = entsprechend 1, 2, 3, 4 und 5 lauten. Man erhält die Gödelsche Zahl für einen beliebigen zusammengesetzten Ausdruck, indem man einfach jedes Zeichen durch die Ziffer ersetzt, die seine Gödelsche Zahl darstellt, und dann die sich ergebende Ziffernfolge in der Reihenfolge der Zehnerbasis liest. So besteht beispielsweise der Ausdruck (EF) aus dem dritten Zeichen, gefolgt von dem ersten Zeichen, gefolgt von dem zweiten Zeichen, gefolgt von dem vierten Zeichen, und so lautet seine Gödelsche Zahl 3124 – dreitausendeinhundertvierundzwanzig.

Nun sei *W* die Menge der Gödelschen Zahlen für die wahren Sätze. Wenn beliebige Termini X und Y gegeben sind, bezeichnen sie den gleichen Vogel dann und nur dann, wenn der Satz X = Y wahr ist, und der Satz ist wahr dann und nur dann, wenn seine Gödelsche Zahl in der Menge *W* liegt. Das habe ich gemeint, als ich sagte, daß jede Frage danach, ob zwei Termini X und Y den gleichen Vogel bezeichnen oder nicht, in eine Frage danach umgewandelt werden kann, ob eine bestimmte Zahl – nämlich die Gödelsche Zahl für den Satz X = Y – in einer bestimmten Zahlenmenge liegt – nämlich der Menge *W*.

Jetzt reduziert sich die von Ihnen gestellte Frage auf folgendes: Ist die Menge *W* eine zählbare Menge? Gibt es ein rein deterministisches Verfahren, mit dem man ermitteln kann, welche Zahlen in *W* sind und welche nicht? Wie ich Ihnen gesagt habe, kann alles, was ein Computer kann, von einem unserer Vögel getan werden, und somit hat Ihre

Frage die gleiche Bedeutung wie folgende: Gibt es hier einen ›idealen‹ Vogel V, der die Wahrheit für alle Sätze der kombinatorischen Logik bestimmen kann? Gibt es einen Vogel V, der, wann immer Sie die Gödelsche Zahl für einen wahren Satz nennen, mit »w« antwortet, und wann immer Sie irgendeine andere Zahl nennen, mit »f« antwortet? Anders gesagt, gibt es einen Vogel V, so daß für jedes n in *W* gilt, daß Vn̄ = w, und für jedes n, daß nicht in *W* ist, Vn̄ = f gilt? Das ist die Frage, die Sie stellen. Ein solcher Vogel könnte *alle* formalen mathematischen Fragen klären, denn alle derartigen Fragen kann man auf Fragen danach reduzieren, welche Sätze in der kombinatorischen Logik beweisbar sind und welche nicht. Die kombinatorische Logik ist ein *universelles* System für alle formale Mathematik, und somit könnte man von jedem idealen Vogel sagen, er sei mathematisch allwissend. Deshalb sind so viele Menschen auf der Suche nach diesem Vogel in diesen Wald gekommen.«

»Das ist eine phantastische Vorstellung!« sagte Craig. »Weiß man schon, ob es diesen ›idealen‹ Vogel gibt oder nicht?«

»Diese Frage hat, in der einen oder anderen Form, viele Mathematiker und Philosophen seit Leibniz beschäftigt – und vielleicht schon früher. Man kann sie auch so formulieren: Kann es einen *universellen* Computer geben, der alle mathematischen Fragen klären kann? Dank der Arbeiten von Gödel, Church, Turing, Post und anderen wissen wir heute die endgültige Antwort auf diese Frage. Ich will Ihnen nicht die Spannung dadurch nehmen, daß ich Ihnen jetzt auch noch die Antwort sage, aber ich verspreche Ihnen, bevor dieser Tag zu Ende geht, werden Sie die Antwort kennen.

Wir haben gestern einen guten Teil der Vorarbeit geleistet, als wir den Verkettungsvogel ✱ abgeleitet haben, aber es bedarf noch einiger weiterer Vorbereitungen, bevor wir die Große Frage beantworten können.

Sie sind sich natürlich darüber im klaren, daß für beliebige Ausdrücke X und Y gilt, daß, wenn a die Gödelsche Zahl von X und b die Gödelsche Zahl von Y ist, dann a ∗ b die Gödelsche Zahl von XY ist. Nehmen wir beispielsweise an, daß X der Ausdruck E und Y der Ausdruck F ist. Die Gödelsche Zahl von X ist 31, und die Gödelsche Zahl von Y ist 24. Der Ausdruck XY ist (EF), und seine Gödelsche Zahl ist 3124, und das ist 31 ∗ 24. Jetzt sehen Sie die Bedeutung der numerischen Operation der Verkettung an die Zehnerbasis.«

1. Ziffern

»Unter einer *Ziffer* verstehen wir jeden beliebigen Terminus $\bar{0}$, $\bar{1}$, $\bar{2}$, ..., $\bar{n}$, ... Wir bezeichnen $\bar{n}$ als die *Ziffer* für die Zahl n. Der Terminus $\bar{n}$ hat, wie jeder andere Terminus, eine Gödelsche Zahl; $n^{\#}$ sei die Gödelsche Zahl der Ziffer $\bar{n}$.

$\bar{0}$ ist zum Beispiel I, was, ausgedrückt durch E und F, den Ausdruck ((EF)F) bedeutet; dieser Ausdruck hat die Gödelsche Zahl 3312424. Und somit ist $0^{\#} = 3312424$.

$1^{\#}$ ist schon eine recht große Zahl: $\bar{1}$ ist der Ausdruck $\sigma\bar{0}$, wobei σ der Ausdruck (Pf) ist, was man, ausgedrückt durch E und F, als den Ausdruck (E(F(E(E((EF)F)(F(F((EF)F))))))F) betrachten kann – ein schrecklicher Ausdruck, dessen Gödelsche Zahl 3132313133124243232331242444444424 ist. Um zu vermeiden, daß ich diese Zahl noch einmal schreiben muß, will ich sie künftig durch den Buchstaben s darstellen. Somit ist s die Gödelsche Zahl für σ. Weiterhin, da $\bar{1}$ der Ausdruck ($\sigma\bar{0}$) ist, ist die Zahl $1^{\#}$ dann $3 * s * 0^{\#} * 4$. $2^{\#} = 3 * s * 1^{\#} * 4$, und $3^{\#} = 3 * s * 2^{\#} * 4$, und so weiter. Für jede Zahl n gilt, daß $(n + 1)^{\#} = 3 * s * n^{\#} * 4$.

Was wir jetzt brauchen, ist ein Vogel, der, wenn ihm eine beliebige Zahl n genannt wird, mit der Zahl $n^{\#}$ antwortet. Das heißt, wir suchen einen Vogel δ, so daß für jede Zahl n gilt, daß $\delta\bar{n} = \overline{n^{\#}}$. Sehen Sie, wie man einen solchen Vogel δ finden kann?«

2. Normierung

»Für jeden Ausdruck X gilt«, sagte Griffin, »daß mit $\ulcorner X \urcorner$ die *Ziffer* gemeint ist, die die Gödelsche Zahl von X bezeichnet. $\ulcorner X \urcorner$ ist somit $\bar{n}$, wobei n die Gödelsche Zahl von X ist. Wir nennen $\ulcorner X \urcorner$ die Gödelsche *Ziffer* von X.

Unter der *Norm* von X ist der Ausdruck $X\ulcorner X \urcorner$ zu verstehen – das heißt, X gefolgt von seiner eigenen Gödelschen Ziffer. Wenn n die Gödelsche Zahl von X ist, so ist $n^{\#}$ die Gödelsche Zahl von $\ulcorner X \urcorner$, und somit ist $n * n^{\#}$ die Gödelsche Zahl von $X\ulcorner X \urcorner$ – die Norm von X. Wenn also X die Gödelsche Zahl n hat, so hat die Norm von X die Gödelsche Zahl $n * n^{\#}$.

Wir brauchen jetzt einen Vogel Δ, der als *Normierer* bezeichnet wird, so daß für jede Zahl n gilt, daß $\Delta n = \overline{n * n^{\#}}$. Dieser Vogel ist leicht zu finden, nachdem wir bereits die Vögel ⊛ und δ haben. Sehen Sie, wie?«

3. Das zweite Fixpunktprinzip

»Mit diesem Normierer kann man einige erstaunliche Dinge machen«, sagte Griffin. »Ich will Ihnen ein Beispiel geben.
Wir wollen sagen, daß ein Terminus X eine Zahl n *bezeichnet*, wenn der Satz X = n̄ wahr ist. Offensichtlich ist ein Terminus, der n bezeichnet, die Ziffer n̄, aber es gibt unendlich viele andere. Zum Beispiel sind In̄, I(In̄), I(I(In̄)), ... alle Termini, die n bezeichnen. Auch bezeichnet, wenn wir 8 für n nehmen, die Ziffer 8 dann 8; ebenso der Terminus $\oplus\bar{2}\bar{6}$; ebenso der Terminus $\oplus\bar{3}\bar{5}$; ebenso der Terminus $\otimes\bar{2}\bar{4}$. Ich denke, Sie haben den Kerngedanken verstanden.
Wir bezeichnen einen Terminus als *numerischen* Terminus, wenn er irgendeine Zahl n bezeichnet. Jede Ziffer ist ein numerischer Terminus, aber nicht jeder numerische Terminus ist eine Ziffer. Zum Beispiel ist der Ausdruck $\oplus\bar{2}\bar{6}$ ein numerischer Terminus, nicht jedoch eine Ziffer. Für beliebige Zahlen n gibt es nur eine Ziffer, die sie bezeichnet – die Ziffer n̄ –, aber es gibt unendlich viele numerische Termini, die sie bezeichnen.
Nun ist es unmöglich, daß irgendeine Ziffer ihre eigene Gödelsche Zahl bezeichnen kann, weil für beliebige Zahlen n gilt, daß die Gödelsche Zahl der Ziffer n̄ viel größer als n ist. Alles, was ich sage, ist, daß für jedes n gilt, daß $n^{\#} > n$. Es *existiert* jedoch ein *numerischer Terminus* X, der seine eigene Gödelsche Zahl bezeichnet.«
»Das ist erstaunlich!« sagte Craig. »Ich habe keine Vorstellung, warum das so sein sollte.«
»Man kann auch einen Terminus bilden, der seine Gödelsche Zahl zweifach bezeichnet«, sagte Griffin, »oder einen, der seine Gödelsche Zahl dreimal bezeichnet, oder einen, der seine Gödelsche Zahl fünfmal bezeichnet plus sieben. All diese einzelnen Fakten sind Spezialfälle eines sehr wichtigen Prinzips, das als *zweites Fixpunktprinzip* bezeichnet wird und folgendes beinhaltet: Für jeden Terminus V gibt es einen Terminus X, so daß der Satz V⌜X⌝ = X wahr ist. Anders gesagt, für jeden Terminus V gibt es einen Terminus X, so daß X den gleichen Vogel bezeichnet wie V, gefolgt von der Gödelschen Zahl von X.
Sehen Sie, wie man das beweisen kann? Und sehen Sie auch, inwiefern die Fälle, die ich gerade genannt habe, Spezialfälle des zweiten Fixpunktprinzips sind?«

4. Ein Gödelsches Prinzip

»Aus dem zweiten Fixpunktprinzip ergibt sich zusätzlich ein wichtiges Prinzip, das auf Gödel zurückgeht und das ich Ihnen gleich mitteilen will«, sagte Griffin.

»Für jede Zahlenmenge M wird ein Satz X als *Gödelscher Satz* für M bezeichnet, wenn entweder X wahr und seine Gödelsche Zahl in M ist, oder wenn X falsch und seine Gödelsche Zahl nicht in M ist. Einen solchen Satz kann man sich so denken, daß er die Aussage enthält, daß seine eigene Gödelsche Zahl in M ist, weil der Satz dann und nur dann wahr ist, wenn seine Gödelsche Zahl in M ist.

Gödels Prinzip sieht nun folgendermaßen aus: Für jede berechenbare Menge M gibt es einen Gödelschen Satz für M. Da beispielsweise die Menge der geraden Zahlen berechenbar ist, so muß es einen Satz geben, der entweder wahr und dessen Gödelsche Zahl gerade ist, oder er ist falsch und seine Gödelsche Zahl ist ungerade. Da außerdem die Menge der geraden Zahlen berechenbar ist, so muß es einen Satz geben, der entweder wahr und dessen Gödelsche Zahl ungerade ist, oder er ist falsch und seine Gödelsche Zahl ist gerade. Das Bemerkenswerte dabei ist, daß es für *jede* berechenbare Menge einen Gödelschen Satz für diese Menge gibt. Dies läßt sich ganz leicht aus dem zweiten Fixpunktprinzip ableiten. Sehen Sie, wie?

Ich will Ihnen einen Hinweis geben«, fügte Griffin hinzu. »Für jede beliebige Menge M soll M^* die Menge aller Zahlen n sein, so daß n * 52 in M ist. Beweisen Sie zunächst als Lemma – als vorausgehendes Faktum –, daß, wenn M berechenbar ist, auch M^* dies ist.«

»Welche Bedeutung hat die Zahl n * 52?« fragte Craig.

»Wenn n die Gödelsche Zahl für einen Ausdruck X ist«, erwiderte Griffin, »dann ist n * 52 die Gödelsche Zahl für den Ausdruck

$$X = w.«$$

Wie läßt sich Gödels Prinzip beweisen?

5. Der Negationsvogel taucht auf

»Noch ein letztes, bevor wir die Große Frage beantworten«, sagte Griffin. »Für jede Zahlenmenge M meinen wir mit M' die Menge aller Zahlen, die nicht in M sind. Wenn beispielsweise M die Menge aller

geraden Zahlen ist, so ist M' die Menge aller ungeraden Zahlen. Die Menge M' wird als *Komplement* von M bezeichnet.
Zeigen Sie, daß, wenn M berechenbar ist, auch M' dies ist.«

6.

»Jetzt haben wir alle Teile des Puzzles beisammen«, sagte Griffin. »Wir nehmen W als die Menge der Gödelschen Zahlen für alle wahren Sätze. Stellen Sie sich zunächst die Frage, ob es möglicherweise irgendeinen Gödelschen Satz für das Komplement W' von W geben kann. Dann zeigen Sie, unter Verwendung der letzten beiden Ergebnisse, daß die Menge W *nicht* berechenbar ist.«

»Das ist wirklich erstaunlich!« sagte Craig, nachdem er die Lösung erkannt hatte. »Es scheint alle Hoffnungen auf ein rein mechanisches Verfahren, mit dem man alle mathematischen Fragen beantworten kann, zunichte zu machen.«
»Das ist allerdings richtig!« sagte Griffin. »Jeder derartige Mechanismus könnte bestimmen, welche Zahlen in W sind und welche nicht, folglich wäre W eine berechenbare Menge, was nicht zutrifft, wie wir gerade gesehen haben. Da W nicht berechenbar ist, kann es keinen Mechanismus geben, der W berechnen kann. Kurz gesagt, kein Mechanismus kann mathematisch allwissend sein.
Da W nicht berechenbar ist, kann kein Vogel in diesem Wald es berechnen, und demnach gibt es hier keinen idealen Vogel. Auch wenn es hier sehr viele kluge Vögel gibt, ist keiner von ihnen mathematisch allwissend.
Aber, wissen Sie«, sagte Griffin, und seine Augen bekamen plötzlich einen verträumten Ausdruck, »es gibt ein Gerücht, daß in der Zeit, als ich noch nicht hier war, einmal ein Vogel aus einem anderen Wald ganz weit von hier diesen Wald besuchte und alle anderen Vögel dadurch in Erstaunen versetzte, daß er mathematisch allwissend zu sein schien. Natürlich ist dies nur ein Gerücht, aber wer kann es schon genau sagen? Wenn das Gerücht wahr ist, so muß dieser Vogel höchst bemerkenswert gewesen sein; keine rein mechanistische Erklärung könnte sein Verhalten hinreichend begründen. Philosophen, die mechanistisch orientiert sind und glauben, daß Vögel, Menschen und alle anderen biologischen Organismen nichts weiter sind als komplizierte Mechanismen, würden natürlich leugnen, daß es einen derartigen

Vogel geben kann. Ich jedoch, der ich kein unverbrüchliches Vertrauen in die mechanistische Philosophie habe, halte mich mit einem Urteil in dieser Frage zurück. Ich sage nicht, daß ich dem Gerücht glaube; ich sage nicht, daß es einen solchen Vogel gibt oder gegeben hat; ich sage nur, daß ich glaube, daß die Existenz eines solchen Vogels möglich sein könnte.

Ich wünschte, wir hätten mehr Zeit«, schloß Griffin. »Es gibt noch so viele Fakten über diesen Wald, die Sie wahrscheinlich interessieren würden.«

»Daran zweifle ich nicht!« sagte Craig und erhob sich. »Ich bin Ihnen unendlich dankbar für alles, was ich von Ihnen lernen durfte, und ich hoffe, daß ich eines Tages diesen Wald wieder besuchen kann.«

»Das wäre wunderbar!« sagte Griffin.

Am nächsten Tag verließ Craig den Wald mit dem Gefühl schmerzlichen Bedauerns. Obwohl ein Teil von ihm auf die Zukunft gerichtet war, wo er sein normales Leben mit der Lösung von Kriminalfällen wieder aufnehmen würde, sah Craig doch deutlich, daß sich sein Interesse mit zunehmendem Alter immer mehr auf das rein Abstrakte und Theoretische richtete.

»Dieser Urlaub war wie ein idyllischer Traum«, dachte Craig, als er am Ausgang – der auch der Eingang war – ankam. »Ich muß diesen Wald wirklich wieder besuchen!«

»Nur die Elite darf diesen Wald verlassen!« sagte ein riesiger Wächter, der seinen Weg versperrte. »Da Sie jedoch diesen Wald betreten haben und nur die Elite die Erlaubnis dazu hat, müssen Sie zur Elite gehören. Deshalb dürfen Sie gehen, und Gott beschütze Sie!«

»Dieses Ritual werde ich nie verstehen«, dachte Craig und schüttelte belustigt den Kopf.

Lösungen

1. Zunächst brauchen wir einen Vogel V, so daß für beliebige Zahlen n gilt, daß $V\bar{n} = \overline{3*s*n*4}$. Wir können $B(C\circledast \bar{4})$ $(\circledast\ \overline{3*s})$ für V nehmen, wobei B der Buntspecht und C der Kardinal ist.

Jetzt suchen wir einen Vogel δ, so daß für jedes n gilt, wenn n = 0, dann $\delta\bar{n} = \overline{0^\#}$, und wenn n > 0, dann $\delta\bar{n} = V(P\bar{n})$. Entsprechend suchen wir einen Vogel δ, so daß für alle n gilt, daß

$\delta\bar{n} = (N\bar{n})\overline{0^{\#}}(V(\delta(P\bar{n})))$. Ein solcher Vogel δ läßt sich mit dem Fixpunktprinzip finden.

2. Wir nehmen den Vogel $G(TC\circledast\delta)$ für Δ, wobei G der Gimpel ist, T die Taube und C der Kardinal. Dann gilt für beliebige Zahlen n, daß
$\Delta\ \bar{n} = G(TC\circledast\delta)\bar{n} = TC\circledast\delta\bar{n}\bar{n} = C\circledast(\delta\bar{n})\bar{n} = \circledast\bar{n}(\delta\bar{n}) = \circledast\bar{n}\bar{n}^{\#} = \overline{n*n^{\#}}$.

3. Δ sei der Normierungsvogel – oder, genauer gesagt, der Ausdruck $G(TC\circledast\delta)$, der den Normierungsvogel bezeichnet. Dann gilt für jeden Ausdruck X, daß der Satz $\Delta\ulcorner X\urcorner = \ulcorner X\ulcorner X\urcorner\urcorner$ wahr ist, weil X eine Gödelsche Zahl n hat; $X\ulcorner X\urcorner$ hat die Gödelsche Zahl $n*n^{\#}$. Also lautet der obenstehende Satz $\Delta\bar{n} = \overline{n*n^{\#}}$.

Nehmen wir nun einen beliebigen Terminus V. X sei der Terminus $BV\Delta\ulcorner BV\Delta\urcorner$, wobei B einen Buntspecht bezeichnet. Wir zeigen jetzt, daß der Satz $V\ulcorner X\urcorner = X$ wahr ist.

Der Satz $BV\Delta\ulcorner BV\Delta\urcorner = V(\Delta\ulcorner BV\Delta\urcorner)$ ist offensichtlich wahr. Ebenso ist der Satz $\Delta\ulcorner BV\Delta\urcorner = \ulcorner BV\Delta\ulcorner BV\Delta\urcorner\urcorner$ wahr, folglich ist der Satz $V(\Delta\ulcorner BV\Delta\urcorner) = V\ulcorner BV\Delta\ulcorner BV\Delta\urcorner\urcorner$ wahr, und auch der Satz $BV\Delta\ulcorner BV\Delta\urcorner = V\ulcorner BV\Delta\ulcorner BV\Delta\urcorner\urcorner$ ist wahr. Dies ist der Satz $X = V\ulcorner X\urcorner$, und somit ist der Satz $V\ulcorner X\urcorner = X$ wahr. Damit ist das zweite Fixpunktprinzip bewiesen.

Um uns in der Anwendung zu versuchen, wollen wir I für V nehmen. Dann gibt es einen Terminus X, so daß $I\ulcorner X\urcorner = X$ wahr ist, folglich ist $\ulcorner X\urcorner = X$ wahr, und folglich auch der Satz $X = \ulcorner X\urcorner$. Wenn wir n für die Gödelsche Zahl von X nehmen, so ist der Satz $X = \bar{n}$ wahr, und folglich bezeichnet X seine eigene Gödelsche Zahl n. Nach dem obenstehenden Beweis können wir für X den Terminus $BI\Delta\ulcorner BI\Delta\urcorner$ nehmen. Es gibt jedoch noch einen einfacheren Terminus, der seine Gödelsche Zahl bezeichnet, nämlich $\Delta\ulcorner\Delta\urcorner$.

Ein Terminus, der seine Gödelsche Zahl zweimal angibt, ist $B(\otimes\bar{2})\Delta\ulcorner B(\otimes\bar{2})\Delta\urcorner$. Warum?

4. Wir beweisen zunächst das Lemma. Für beliebige Vögel V gilt, daß $V^{\#}$ der Vogel $BV(C\circledast\overline{52})$ ist, wobei B der Buntspecht und C der Kardinal ist. Für beliebige Zahlen n gilt, daß $V^{\#}\bar{n} = \overline{Vn*52}$, weil $V^{\#}\bar{n} = BV(C\circledast\overline{52})\bar{n} = V(C\circledast\overline{52}\bar{n}) = V(\circledast\bar{n}\overline{52}) = \overline{Vn*52}$. Das beweist, daß $V^{\#}\bar{n} = \overline{Vn*52}$.

Nehmen wir nun an, V berechnet M. $V^{\#}$ muß dann $M*$ berechnen, denn für jedes n in $M*$ gilt, daß die Zahl $n*52$ in M ist, folglich

$V\overline{n*52} = w$, und somit $V^{\#}\bar{n} = w$. Außerdem gilt für jede Zahl n, die nicht in M^* ist, daß die Zahl $n*52$ nicht in M ist, folglich $V\overline{n*52} = f$, und somit $V^{\#}\bar{n} = f$. Das beweist, daß $V^{\#}$ M^* berechnet.

Nun zum Beweis für Gödels Prinzip. Angenommen, M ist berechenbar. Dann ist M^* berechenbar, wie wir gerade gesehen haben. V sei ein Vogel, der M^* berechnet. Nach dem zweiten Fixpunktprinzip gibt es einen Terminus X, so daß der Satz $V\ulcorner X\urcorner = X$ wahr ist. Y sei der Satz $X = w$. Wir wollen zeigen, daß Y ein Gödelscher Satz für die Menge M ist.

Es sei n die Gödelsche Zahl für X. Dann hat Y, das den Satz $X = w$ bedeutet, die Gödelsche Zahl $n*52$.

a) Angenommen, Y ist wahr. Dann ist der Satz $X = w$ wahr, und da der Satz $V\ulcorner X\urcorner = X$ ebenfalls wahr ist, so ist der Satz $V\ulcorner X\urcorner = w$ auch wahr, und auch der Satz $V\bar{n} = w$ ist wahr (da $\ulcorner X\urcorner$ die Ziffer $\bar{n}$ ist). Daher gehört n zu der Menge M^* (denn V berechnet S^*, folglich wäre, wenn n nicht zu S^* gehört, der Satz $V\bar{n} = f$ wahr, was nicht sein kann, da $V\bar{n} = w$ wahr ist). Da n zu M^* gehört, so gehört $n*52$ zu M, aber $n*52$ ist die Gödelsche Zahl für den Satz Y! Das beweist, daß, wenn Y wahr ist, seine Gödelsche Zahl $n*52$ zu M gehört.

b) Nehmen wir demgegenüber an, daß $n*52$ zu M gehört. Dann gehört n zu M^*, folglich ist $V\bar{n} = w$ wahr, was bedeutet, daß Y wahr ist. Und somit ist, wenn die Gödelsche Zahl von Y in M ist, Y wahr, oder, was das gleiche ist, wenn Y falsch ist, so gehört seine Gödelsche Zahl nicht zu M.

Aus Beweis a) und Beweis b) sehen wir, daß, wenn Y wahr ist, seine Gödelsche Zahl in M ist, und wenn Y falsch ist, so ist seine Gödelsche Zahl nicht in M. Und somit ist Y ein Gödelscher Satz für M.

5. V soll M berechnen. Dann berechnet BNV M', wobei B der Buntspecht und N der Negationsvogel ist. *Begründung:* Für beliebige Zahlen n gilt, daß $BNV\bar{n} = N(V\bar{n})$. Wenn n zu M' gehört, so gehört n nicht zu M, folglich $V\bar{n} = f$, folglich $N(V\bar{n}) = w$, also $BNV\bar{n} = w$. Wenn n nicht zu M' gehört, so gehört n zu M, folglich $V\bar{n} = w$, folglich $N(V\bar{n}) = f$, und somit $BNV\bar{n} = f$. Folglich berechnet BNV die Menge M'.

6. Sicherlich kann es keinen Gödelschen Satz Y für die Menge W' geben, denn wenn Y wahr ist, so liegt seine Gödelsche Zahl in W', nicht in W', und wenn Y falsch ist, so liegt seine Gödelsche Zahl in W, nicht in W. Folglich gibt es keinen Gödelschen Satz für W'.

Wäre nun W berechenbar, so wäre W', Aufgabe 5 zufolge, berechenbar, folglich gäbe es, gemäß Aufgabe 4, einen Gödelschen Satz für W'. Da es keinen Gödelschen Satz für W' gibt, so ist die Menge W nicht berechenbar.

26
Epilog

Nicht lange danach kam Craig zu Hause an, und das erste, was er tat (nachdem er den Fall mit der Fledermaus und der jungen Norwegerin gelöst hatte), war, ein langes Ferienwochenende mit seinen alten Freunden McCulloch und dem Logiker Fergusson zu verbringen.* Er erzählte ihnen die ganze Geschichte seiner Sommerabenteuer.

»Bis jetzt habe ich nichts über kombinatorische Logik gewußt«, sagte McCulloch, »und ich muß sagen, daß mich das Thema ziemlich fasziniert. Ich wüßte jedoch gerne, wie, wann und warum auf diesem Gebiet begonnen wurde. Was war die Motivation, und gibt es irgendwelche praktischen Anwendungen?«

»Viele«, entgegnete Fergusson (der über all dies gut informiert war). »Tatsächlich gehört die kombinatorische Logik heute zu den großen Themen in den Bereichen der Computerwissenschaft und künstlichen Intelligenz. Die wissenschaftliche Untersuchung von Kombinatoren begann in den frühen zwanziger Jahren, wobei Shönfinkel bahnbrechende Arbeit leistete. Eigentümlich ist dabei, daß *shön* an das deutsche Wort ›schön‹ erinnert, und in *finkel* steckt der ›Fink‹, so daß man *Shönfinkel* als ›Schöner Fink‹ lesen kann. Vielleicht gab es auf diese Weise immer schon eine Verbindung zwischen Vögeln und Kombinatoren! Jedenfalls wurde das Gebiet von Curry, Fitch, Church, Kleene, Rosser und Turing weiterentwickelt, und in späteren Jahren dann von Scott, Seldin, Hindley, Barendregt und anderen. Ihre Interessen waren rein theoretischer Natur; sie erforschten die innersten Bereiche von Logik und Mathematik. Keiner hätte sich damals träumen lassen, welche Bedeutung dieses Gebiet einmal für die Computerwissenschaft

---

* Einen vollständigen Bericht über McCullochs bemerkenswerte Zahlenmaschinen und Fergussons Logikmaschinen finden Sie in dem Buch *Dame oder Tiger?*, Frankfurt am Main 1983.

haben würde. In jüngster Zeit ist der Bereich auf eine solidere Grundlage gestellt worden – großenteils durch die Bemühungen des Logikers Dana Scott, der interessante Modelle für die Theorie geliefert hat.«

»Welchen Bezug hat die kombinatorische Logik zur Computerwissenschaft?« fragte Craig. »Professor Griffin hat darüber nicht sehr viel gesagt.«

»Die Verbindung liegt in der Konstruktion von *Programmen*«, erwiderte Fergusson. »Computer laufen mit Programmen, müssen Sie wissen, und heutzutage kann man alle Computerprogramme durch Kombinatoren ausgedrückt schreiben. Der Kerngedanke ist dabei, daß wir, wenn wir beliebige Programme X und Y haben, ein neues Programm erhalten können, indem wir Y als Input in den Computer eingeben, dessen Programm X ist; der resultierende Output ist das Programm XY. Die Situation ist analog dazu, den Namen eines Vogels von Griffin, z. B. y, einem Vogel x zu nennen und den Namen des Vogels xy als Antwort zu bekommen. Die Analogie stimmt genau: Ebenso, wie alle kombinatorischen Vögel aus den beiden Vögeln E und F ableitbar sind, so kann man *alle* Computerprogramme durch die Basiskombinatoren E und F ausdrücken. Wir haben hier ein Beispiel für das, was Mathematiker Isomorphismus nennen, was in diesem Fall bedeutet, daß man die Vögel in Griffins Wald mit allen Computerprogrammen in eine eindeutige Beziehung bringen kann, und zwar auf solche Weise, daß, wenn ein Vogel x einem Programm X entspricht und ein Vogel y einem Programm Y, so entspricht der Vogel xy dem Programm XY. Dies ist es, was Griffin gemeint haben muß, als er sagte, daß es zu jedem beliebigen Computer in seinem Wald einen Vogel gibt, der es mit diesem aufnehmen kann.

Allerdings sehe ich auch«, sagte Fergusson abschließend, »warum Griffin keine Computer braucht: Der Isomorphismus von seinem Vogelwald und der Klasse von Computerprogrammen hat zur Folge, daß Griffin jede Information, die ein Computerwissenschaftler erhalten kann, wenn er seine Programme laufen läßt, mit der gleichen Sicherheit bekommt, indem er seine Vögel befragt. Und doch scheint ein großer Gegensatz zu bestehen zwischen Griffins Zielvorstellungen und denen der Leute, die in dem Bereich der Erforschung künstlicher Intelligenz arbeiten. Letztere versuchen, das Denken biologischer Organismen zu simulieren. Griffin dreht den Spieß um, indem er biologische Organismen – in diesem Fall Vögel – dazu benutzt, die Arbeit intelligenter Mechanismen zu tun. Ich glaube, daß die beiden

Ansätze einander lediglich ergänzen können, und es dürfte höchst interessant sein, die Resultate von all dem zu sehen!«

Viele Jahre später sah Craig tatsächlich den Meisterwald wieder. Aber das ist eine andere Geschichte.

27
Who's Who der Vögel

Adler	$Axyzwv = xy(zwv)$
Buntspecht	$Bxyz = x(yz)$
Kardinal	$Cxyz = xzy$
Dohle	$Dxy = yx$
Elster	$Exyz = xz(yz)$
Falke	$Fxy = x$
Gimpel	$Gxy = xyy$
Umgekehrter Gimpel	$G'xy = yxx$
Häher	$Hxyzw = xy(xwz)$
Identitätsvogel	$Ix = x$
Waldkauz	$Kxyz = y(xz)$
Steinkauz	$K_1xyz = x(zy)$
Bartkauz	$K_3xyz = z(xy)$
Lerche	$Lxy = x(yy)$
Meise	$Mxyz = zyx$
Nachtigall	$Nxyz = xyzy$
Pirol	$Pxyz = zxy$
Rotkehlchen	$Rxyz = yzx$
Spottdrossel	$Sx = xx$
Taube	$Txyzw = xy(zw)$
Turingvogel	$\mathcal{T}xy = y(xxy)$
Uhu	$Uxy = y(xy)$
Weiser Vogel	$\Theta x = x(\Theta x)$
Zeisig	$Zxyzw = xw(yz)$

Vögel mit Sternchen

Kardinal ersten Grades	$C^*xyzw = xywz$
Kardinal zweiten Grades	$C^{**}xyzwv = xyzvw$
Gimpel ersten Grades	$G^*xyz = xyzz$
Gimpel zweiten Grades	$G^{**}xyzw = xyzww$

Ableitungen von bestimmten Vögeln aus anderen

Aus B

Taube	BB
Adler	B(BBB)

Aus B und D

Rotkehlchen	BBD
Kardinal	RRR – auch B(D(BBD))(BBD)
Meise	ADDAD – auch B(DD)(B(BBB)D)
Pirol	BCD – auch CM
Waldkauz	CB
Steinkauz	BCB
Bartkauz	BD
Zeisig	BBC

Aus B, D und S

Doppelte Spottdrossel	BS
Lerche	KS
Gimpel	C(BSR)
Umgekehrter Gimpel	BSR – auch CG
Nachtigall	BG(BC)
Elster	B(BG)(BBC) – auch BG*Z
Uhu	KKG – auch BGK und EI
Turingvogel	LU – auch L(EI)

Vögel mit Sternchen

C*	BC
C**	BC*
G*	BG
G**	BG*

Einige weise Vögel

BSL	LU(LU)	BS(BGS)
K(KS)S	G(KL(KL))	BS(RSB)
ELL	G(S(KL))	BS(CBS)
TT	GE(BGB)	

Nachwort

Die Denk-Welten des Raymond Smullyan

1. Dame oder Tiger?

Ob er seine Studenten an der City University in New York Logik und Mathematik lehrt oder seinen Lesern Kopfnüsse serviert – hinter diesem magierhaften Mann verbirgt sich mehr.
Erinnern Sie sich an »Die Dame oder der Tiger?«, Frank Stocktons klassische Geschichte von dem Gefangenen, der entscheiden mußte, welche von zwei Türen er öffnen sollte? Hinter der einen Tür wartete eine wunderschöne Dame. Hinter der anderen kauerte ein hungriger Tiger. Wählt er die richtige Tür, wird er mit der Dame verheiratet. Wählt er die falsche, wird er gefressen.
Nun hat Stocktons Gefangener keinerlei Hinweis darauf, was er hinter den Türen finden würde. Nehmen wir einmal an, er hätte einen solchen Hinweis. Was würde geschehen, wenn auf den Türen Schilder wären und – um die Sache noch komplizierter zu machen – der Gefangene wüßte, daß nur eins der Schilder eine wahre Aufschrift enthält, die andere jedoch falsch ist? Auf dem Schild vor dem ersten Raum steht: IN DIESEM RAUM IST EINE DAME, UND IN DEM ANDEREN RAUM IST EIN TIGER. Auf dem Schild vor dem zweiten Raum steht: IN EINEM DIESER RÄUME IST EINE DAME, UND IN EINEM DIESER RÄUME IST EIN TIGER. Mit diesen Hinweisen konnte er die richtige Tür finden. Sie auch?
Also stellen Sie sich vor, *Sie* hätten zwischen den Türen zu wählen, eingedenk der Tatsache, daß das Wissen um ein mögliches plötzliches Ende den Geist ungemein konzentriert (in unserem Fall das Wissen, daß man gefressen werden kann). Und nun überlegen Sie bitte, pfiffig wie Sie sind, wie die Dinge lägen, wenn das erste Schild wahr wäre. In diesem Fall würde das zweite Schild lügen, was bedeutet, daß es nicht wahr wäre, daß eine Dame in dem einen und ein Tiger in dem anderen Raum ist, und damit wären im Grunde beide Schilder widerlegt. Dann

müßte auch alles, was das erste Schild behauptet, unwahr sein; das heißt aber, wir haben uns geirrt und müssen noch einmal neu ansetzen.

Also schauen wir doch, was ist, wenn das zweite Schild die Wahrheit sagt. »In einem dieser Räume ist eine Dame, und in einem dieser Räume ist ein Tiger«. Ja, diese Aussage wendet sich nicht gegen sich selbst, sondern nur gegen das erste Schild. In diesem Fall lügt das erste Schild und der Tiger ist nicht dort, wo dieses es behauptet, sondern hinter Tür Eins. Also öffnen Sie Tür Zwei, et voilà. Madame! So Sie nun die Lösung (mit etwas Nachhilfe) herausgefunden haben, sind Sie auf dem besten Weg, Raymond Smullyan an die Angel zu gehen, dessen Buch *Dame oder Tiger?*, das seinen Titel und das Dilemma der beiden Türen aus Stocktons Geschichte entlehnt, 1983 im Wolfgang Krüger Verlag erschienen ist. – Selbst Herr Spock (der mit den spitzen Ohren und dem absolut logischen Verstand) aus dem Raumschiff »Enterprise« würde an diesem Buch Geschmack finden. Ebenso sollte es jedem Leser gehen, dem Rätsel, Verwirrspiele, Paradoxien, philosophische Scherze und andere labyrinthische Verstandesprüfungen gefallen. Es enthält sogar ein bemerkenswertes Kapitel über »Metarätsel« – Rätsel über Rätsel. Denn Raymond Smullyan ist ein Meister in der verfeinerten Welt der Logik und mathematischen Probleme. *Dame oder Tiger?* ist für das gedruckte Wort, was Rubiks Zauberwürfel für das mechanische Geschicklichkeitsspiel ist. Es mag keine Schwielen am Daumen hinterlassen, aber es hinterläßt mit Sicherheit heißgedachte Gehirnzellen.

2. Wer ist Smullyan?

Raymond Smullyan, Professor für Mathematik und Philosophie an der City University in New York (CUNY), ist der Autor von zwei international sehr angesehenen Werken über mathematische Logik, und sein erstes populärwissenschaftliches Buch wurde vor fünf Jahren veröffentlicht. Seitdem sind fünf weitere erschienen.

Er ist ein hagerer, kantiger Mann, wirkt größer als seine 1 Meter 80 und erinnert mit seinem wallenden Bart und langen weißen Haaren an einen alttestamentarischen Propheten. Aber das Bild eines Jeremias wird durch ein jungenhaftes Grinsen wieder zerstört, und sein Leben ist voll der Paradoxien, die er so sehr schätzt. Professor Smullyan hat die High-School ohne Abschluß verlassen. Er hat als Pianist Konzertreife, spielt aber fast nie in der Öffentlichkeit und ist ein im Grunde schüchterner Mann, der es liebt, Vorträge zu halten oder aus seinen eigenen Werken vorzulesen (wobei er sich bei fast jeder lustigen Zeile unterbricht). Er ist ein Logiker, der sich das Tao zu eigen gemacht hat, ein begabter Astronom, der sein Teleskop beiseite gelegt hat, und ein Magier mit profihaftem Können, der sich früher in den Nachtclubs von Chicago seinen Lebensunterhalt verdiente.

Als Autor von *Dame oder Tiger?* rückt Smullyan sehr in die Nähe von Alices weißem Kaninchen (das mit der Weste und der Taschenuhr, das Lewis Carrolls Heldin dazu bringt, in den Kaninchenbau und ins Wunderland zu gehen). Mit Tricks und Spielen, einem umfassenden Humor und einer bizarren Sammlung übernommener oder originaler Gestalten lockt Smullyan seine Leser immer tiefer in die mathematische Logik. Zu den Gestalten, die in *Dame oder Tiger?* auftauchen und wieder abtreten, gehören Carrolls Alice und Humpty Dumpty, Edgar Allan Poes Doktor Teer und Professor Feder sowie eine Sammlung von Werwölfen, Vampiren, Rittern und Schurken und Smullyans Problemlöser für alle Fälle, Inspektor Craig von Scotland Yard.

Fast alle Rätsel von Raymond Smullyan sind lustig: Viele scheinen einfach zu sein, aber nur wenige sind so einfach wie die erste der Dame-und-Tiger-Aufgaben.

Wenn Sie Schwierigkeiten mit den Lösungen haben, geben Sie nicht zu schnell auf. An Logikrätsel muß man sich erst gewöhnen. Schauen Sie sie sich noch einmal an! Entspannen Sie sich! Denken Sie nach!

3. Einfach, aber kompliziert

Smullyans Rätsel, Denkspiele und Paradoxien ragen deutlich aus dem heraus, was derzeit an Unterhaltungslogik angeboten wird. Martin Gardner, der 24 Jahre lang die Kolumne »Mathematische Spielereien« für den *Scientific American* geschrieben hat, staunt über Smullyans Erfindungsreichtum. »Es ist absolut phantastisch, welche Fülle völlig neuer Aufgaben er anbietet. Neben den alten Denksportaufgaben, die er am Anfang seiner Bücher bringt, sind alle seine Aufgaben Neuschöpfungen.«

Was aus seinen Büchern mehr macht als eine bloße Sammlung zunehmend schwieriger Rätsel, ist der Bereich, den die Aufgaben abdecken, und Smullyans großes Kunststück besteht darin, daß er so viele Leser in die Lage versetzt, mit ihm Schritt zu halten. Weil selbst die anspruchsvollsten Rätsel in einfacher Form gestellt werden und somit wenig Kenntnisse aus der Mathematik und formalen Logik erfordern, lockt Smullyan selbst hartnäckige Wissenschaftsfeinde immer tiefer in seine Bücher und diese andere Kultur hinein, bis an die Grundlagen der modernen Mathematik. Die Rätsel reichen von der Aussagenlogik bis zu Konzepten wie der Mengenlehre und formalen Systemen und enden mit Kurt Gödels Unvollständigkeitstheorem.

Gödels Theorem, das einen Wendepunkt der mathematischen Logik markiert, zerstörte den alten Traum von einem einzigen, umfassenden mathematischen System, einer Art mathematischer Wahrheitsmaschine, die imstande sein sollte, jede Aussage als wahr oder falsch zu erkennen. Es brachte die Mathematiker statt dessen dazu, nach den Grenzen mathematischer Denksysteme und der Computer, die darauf beruhen, zu suchen. Gödel konnte zeigen, daß jedes logische Denksystem, die ganz einfachen ausgenommen, nur dadurch schlüssig – frei von Widersprüchen – gemacht werden konnte, daß es das Aufstellen bestimmter Aussagen zuließ, von denen nicht gezeigt werden konnte, ob sie wahr oder falsch waren. Weniger exotisch ausgedrückt, zeigte Gödel, daß wir niemals ein Denksystem konstruieren können, das vollständig ist – das von Ungewißheit und Paradoxien frei ist –, was die Logiker seiner Zeit zu erreichen suchten.

Indem er seine Rätsel auf Gödels Beweis und die Entdeckungen danach aufbaut und auf andere moderne mathematische Grundlagen stellt, bringt Smullyan den Leser mit Vorstellungen in Berührung, mit denen sich inzwischen selbst technologisch Unkundige auseinandersetzen wollen. Dies rührt sicher daher, daß der äußerst unternehmungslustige Abkömmling der Mathematik, die Computerwissenschaft, in nahezu alle Bereiche unserer Kultur eindringt.

In der zweiten Hälfte von *Dame oder Tiger?* muß Inspektor Craig von Scotland Yard eine Zahlenkombination entdecken, die versehentlich in einen Safe eingeschlossen wurde. Dabei wird er unterstützt von einem nervtötenden Burschen, der die Kombination selbst nie niedergeschrieben hatte, aber einige Bemerkungen zu ihren Grundzügen. Gibt es eine Kombination, die mit dem, was die Notizen beschreiben, übereinstimmt? Wenn sie bis zum 1. Juni nicht herausgefunden werden kann, werden die Folgen schrecklich sein. So beginnt eine »mathematische Novelle«, in der die Lösung selbst (»RVL VQRL VQ«, nach sechzig Seiten entdeckt) verbunden ist mit sechzig weiteren Seiten, auf denen uns Craig, flankiert von exzentrischen Philosophen und Maschinenbauern, zeigt, daß wir wieder irgendwie auf Gödelschem Terri-

torium sind. Das ist manchmal so, als sei man im Schlafanzug mit einem Signalfeuer in der Hand auf den Gipfel des Everest geraten, und man fragt sich, wie man dorthin gekommen ist.
Diese Annäherung im Do-it-yourself-Verfahren an die unwegsamsten Himalajas im Zaubergarten der Mathematik paßt zu der unsteten Karriere Raymond Smullyans, dessen Verstand ebenfalls weitgehend seine eigene Erfindung gewesen zu sein scheint.

4. Wer war der Tortendieb?

In *Alice im Rätselland*, Smullyans zweitem Buch im Wolfgang Krüger Verlag, erzählt der Autor folgende Geschichte:

»Wie wär's, wenn du uns ein paar schöne Törtchen backst?« fragte der Herzkönig die Herzkönigin an einem kühlen Sommertag.
»Was hat es für einen Sinn, Törtchen ohne Marmelade zu backen?« gab die Königin wütend zurück. »Das Beste daran ist die Marmelade!«
»Dann mach sie doch mit Marmelade«, sagte der König.
»Das kann ich nicht«, rief die Königin. »Die Marmelade ist gestohlen worden!«
»Wahrhaftig!« sagte der König. »Das ist in der Tat sehr ärgerlich! Wer hat sie gestohlen?«
»Woher soll *ich* das wissen? Wenn ich es wüßte, hätte ich sie längst zurück und den Kopf des Schurken dazu!«
Nun, der König befahl seinen Soldaten, die verschwundene Marmelade zu suchen, und sie fanden sie im Haus des Schnapphasen, des Verrückten Hutmachers und der Haselmaus. Alle drei wurden sofort verhaftet und angeklagt.
»Und jetzt«, rief der König während der Gerichtsverhandlung, »will ich der Sache auf den Grund gehen. Ich mag es nicht, wenn Leute in meine Küche kommen und meine Marmelade stehlen!«
»Warum nicht?« fragte eines der Meerschweinchen.
»Unterbindet das Meerschweinchen!« schrie die Königin auf. Was auch sofort geschah. (Diejenigen, die *Alice im Wunderland* gelesen haben, werden sich an die Bedeutung des Wortes *Unterbinden* erinnern: Die Gerichtsdiener steckten das Meerschweinchen verkehrt herum in einen Leinensack, banden ihn mit Stricken zu und setzten sich drauf.)
»Nun, dann will ich jetzt der Sache auf den Grund gehen!« rief der

König, nachdem sich die Verwirrung über das Unterbinden des Meerschweinchens gelegt hatte.

»Das hast du schon gesagt«, bemerkte ein zweites Meerschweinchen, das daraufhin auch sofort unterbunden wurde.

»Hast *du* zufällig die Marmelade gestohlen?« fragte der König den Schnapphasen.

»Ich habe auf keinen Fall die Marmelade gestohlen!« verteidigte sich der Schnapphase. (An dieser Stelle applaudierten alle übriggebliebenen Meerschweinchen und wurden alle umgehend unterbunden.)

»Was ist mit *dir?*« brüllte der König den Hutmacher an, der wie Espenlaub zitterte. »Bist du zufällig der Schuldige?«

Der Hutmacher war nicht in der Lage, auch nur ein Wort herauszubringen; er stand da, schnappte nach Luft und nippte an seinem Tee.

»Wenn er nichts zu sagen hat, so beweist das nur seine Schuld«, sagte die Königin, »also Kopf ab, und zwar sofort!«

»Nein, nein!« flehte da der Hutmacher. »Einer von uns hat die Marmelade gestohlen, aber ich war es nicht!«

»Notiert das!« sagte der König zu den Schöffen. »Diese Aussage könnte sich als sehr wichtig herausstellen!«

»Und wie ist es mit *dir?*« fuhr der König die Haselmaus an. »Was hast du zu alldem zu sagen? Haben der Schnapphase und der Hutmacher beide die Wahrheit gesagt?«

»Wenigstens einer von ihnen hat die Wahrheit gesagt«, antwortete die Haselmaus und schlief für den Rest der Verhandlung.

Anschließende Nachforschungen ergaben, daß der Schnapphase und die Haselmaus nicht beide die Wahrheit gesagt hatten.

Wer hat die Marmelade gestohlen?

Um den Leser jedoch nicht allzulange auf die Folter zu spannen, sei die Lösung lieber gleich gegeben. Also: Der Hutmacher sagte in der Tat, daß entweder der Schnapphase oder die Haselmaus die Marmelade gestohlen hätten. Wenn der Hutmacher gelogen hat, dann hat weder der Schnapphase noch die Haselmaus sie gestohlen, was bedeutet, daß der Schnapphase sie nicht gestohlen hat und daher die Wahrheit gesagt hat. Daher hat, falls der Hutmacher gelogen hat, der Schnapphase nicht gelogen; also ist es unmöglich, daß sowohl der Schnapphase als auch der Hutmacher gelogen haben. Daher hat die Haselmaus mit ihrer Aussage, daß der Hutmacher und der Schnapphase nicht beide gelogen haben, die Wahrheit gesagt. Also wissen wir, daß die Haselmaus die Wahrheit gesagt hat. Aber wir wissen, daß die

Haselmaus und der Schnapphase nicht beide die Wahrheit gesagt haben. Daher hat, weil die Haselmaus die Wahrheit gesagt hat, der Schnapphase nicht die Wahrheit gesagt. Das bedeutet, daß der Schnapphase gelogen hat, seine Behauptung war falsch, was bedeutet, daß der Schnapphase die Marmelade gestohlen hat.

5. Grenzgänger

In Bloomington, Indiana, an dessen Universität Smullyan zwischenzeitlich lehrt, ist Douglas R. Hofstadter einer seiner Kollegen gewesen, mit dem er auch heute noch freundschaftlich verkehrt. Und hier wird der Kreis enger, denn Hofstadter, der nunmehr die monatliche mathematische Kolumne im *Scientific American* schreibt, übernahm diesen Posten von dem legendären Martin Gardner, einem anderen autodidaktischen Polymathematiker und Amateurmagier, auf dessen Drängen hin Smullyan eines seiner Schachbücher fertigstellte.
Douglas R. Hofstadters aufsehenerregendes Buch *Gödel, Escher, Bach. Ein Endlos Geflochtenes Band* nimmt den Leser mit »auf eine Reise durch die Wunderwelt des menschlichen Geistes« ... und vermag »höchst disparate und bislang unverknüpfte Perspektiven und Wissensgebiete miteinander zu verbinden und verständlich zu machen«. Sie werden die vertauschten Initialen bemerkt haben und auch die Tatsache, daß G, E, B Musiknoten sind. Bach hat eine Fuge auf die Noten B, A, C, H geschrieben (wobei H die Bezeichnung für das mit dem Auflösungszeichen versehene B ist). Escher, das am wenigsten plausible Mitglied dieses Trios, ist jener niederländische Künstler, der eine Hand zeichnete, die die Hand zeichnete, die sie zeichnete, sowie Landschaften, in denen das Wasser glaubwürdig bergauf fließt und ähnliche Merkwürdigkeiten. Gödel haben wir bereits erwähnt.
Mit diesen Verwicklungen konfrontiert, könnte man meinen, daß die mathematische Logik die ganze wirkliche Welt fest im Griff hat; was sie nicht klären kann, ist nur »politikerdumm«, und wen kümmert das? Darauf scheint zum Teil die Anziehungskraft zu beruhen, die Hofstadters und Smullyans wachsende Leserschaft bestätigt. Smullyan hat herausgefunden, daß »eine neue literarische Form in der Luft liegt ... philosophische Fiktion«, ein treffender Name für ihr Genre! Es ist eine Fiktion mit einer leichten Erzähllinie und viel Konversation, aber mit Ideen anstelle von Personen. Ihre Konflikte, obwohl oft unlösbar, sind Stoff zum Nachdenken, so unkörperlich wie die Klimax der Musik.

Raymond Smullyan und Douglas R. Hofstadter sind keine auf Popularität bedachten Schreiberlinge; wenn man sich trotz der Ungezwungenheit ihre Exaktheit zu eigen macht, wird man ganz schön weit geführt. Es ist eine berauschende Erfahrung, einen Einstieg in etwas geboten zu bekommen, von dem man glaubt, es nie verstehen zu können; beide Autoren bieten dies. Jedoch können sie den Anschein erwecken, gerade etwas mehr zu bieten, als ihr Fachwissen umfaßt.

Hofstadters Verbindung zum Grenzenlosen ist sein Eintreten für ein Projekt, das an mehreren Universitäten gefördert wird, um AI, Artifizielle Intelligenz, zu entwickeln – eine gründliche Computerisierung der menschlichen Denk- und Urteilsweisen. Ein Guru solcher Projekte, Marvin Minsky vom MIT (Massachusetts Institute of Technology), ist Gegenstand einer von Smullyans Geschichten. Minsky behauptete einmal zwei Dinge von Smullyan: daß er mit einem absoluten Gehör begnadet und daß er auch taub sei. (Lösen Sie diese Aufgabe.) Wenn AI möglich ist, kann alles, was wir je in unseren Köpfen tun, als Entscheidungsschwierigkeit bezeichnet werden, die durch Logik zu fassen ist ... Klickediklick!

6. Zwei Denk-Spiele

Die philosophische Fiktion, keine nahe Verwandte der Science Fiction, geht – grob gesprochen – auf Plato zurück, der seine Gestalten mit Sokrates reden ließ. Unter Hofstadters Sprechenden sind Achilles, die Schildkröte, der Krebs, die Ameise; unter denen von Smullyan sind Inspektor Craig, »meine Freundin Alice«, die andere Alice aus Lewis Carrolls Geschichte, ein Meister des Zen, der Nichtschläge mit einem Nichtstock verabreicht, und die reichlich vorhandenen As und Bs auf seinen Inseln, wo Ritter immer die Wahrheit sagen und Schurken immer lügen. (Übrigens: Wenn Sie A und B treffen, von denen jeder ein Ritter oder ein Schurke sein könnte, und A sagt: »Mindestens einer von uns ist ein Schurke«, könnten Sie sie einordnen? Diesmal müssen Sie schon allein nachdenken und dürfen nur [am Schluß dieses Aufsatzes] nach der Lösung schauen, wenn Ihre aufgestütze Hand am Kinn festzukleben droht.)

Erraten? Sehr schön, und philosophisch obendrein! Denn zu dem, was die Anziehungskraft solcher Dinge ausmachen könnte, zitiert Smullyan überzeugend Aristoteles: Alle Menschen wollen von Natur aus wissen. Richtig. Und indem er alle Zahlen außer Sicht bringt, beseitigt

er das, was er »Angst vor der Mathematik« nennt, und führt seine Leser in solche Tiefen, daß sie schreien würden, wenn sie wüßten, in welche logischen Abgründe sie gedanklich einschweben.
Dieser Schock muß nun aber doch durch ein letztes Rätsel gemildert werden: John und Jack lügen immer; William lügt nie. Sie treffen einen von ihnen auf der Straße. Bilden Sie mit drei Worten eine Ja-oder-Nein-Frage, um herauszufinden, ob der, den Sie treffen, John ist. Es gibt eine solche Frage. Und die wäre? Ach, wohlgeordnete Welt!

7. Buntes und Neues

Für diejenigen Leser, die des Rätsels Lösung schon gefunden haben, sei einiges über Raymond Smullyans Leben und Arbeiten erzählt (die anderen sollten nicht zu ungeduldig werden.) Neben seinen Rätselbüchern hat Smullyan weitere Bücher mit Unterhaltungslogik verfaßt: *Schach mit Sherlock Holmes* und *Die Schachgeheimnisse des Kalifen. Neue Probleme der Retroanalyse*, die beide eine Fülle neuer Schachprobleme enthalten und den Leser dazu animieren herauszufinden, welche Schritte zuletzt geschehen sind, und nicht, welche Züge als nächstes gemacht werden sollten.
Mit dem *Buch ohne Titel* erschien im deutschsprachigen Raum eine bunte Sammlung von Paradoxien, eigenen Essays und philosophischen Spekulationen. Eine weitere Sammlung von »phantastischen Rätselgeschichten, abenteuerlichen Fangfragen und logischen Traumreisen« mit dem Titel *Alice im Rätselland* brachte der Wolfgang Krüger Verlag 1984 heraus. Darin reden und verhalten sich Smullyans Figuren nicht nur wie die Originale, das Buch ist auch voll von typisch Carrollschen Wortspielen, Logik- und Metalogikaufgaben und dunklen philosophischen Paradoxien.
Wie *Alice im Wunderland* und *Alice hinter den Spiegeln* wurde auch dieses Buch für Leser jeden Alters geschrieben. An einem Ende der Schwierigkeitsskala stehen die sehr einfachen arithmetischen Rätsel für die jungen Leser, die noch nicht mit Mathematik vertraut sind. Das andere Ende der Skala bilden die verwirrenden Rätsel, die nicht mehr und nicht weniger verlangen als die Fähigkeit zu logischem Schlußfolgern.
1985 erschien Raymond Smullyans Buch: *Simplicius und der Baum. Philosophische Phantasien, paradoxe Scherzrätsel und eine historische Überraschung.* Wie Alice dem Weißen Kaninchen nachfolgte, so folgen wir

nichtsahnend Professor Smullyan zu den Kernfragen der traditionellen Philosophie. Seine Essays und Logikrätsel reichen von Einzeilern bis zu Betrachtungen von der Länge eines Essays. Sie beinhalten so abgehobene Themen wie den Unterschied zwischen Traum und Realität, eine Leib-Seele-Phantasie-Reise in eine Welt, in der Objekte genau dann die gleiche Farbe haben, wenn sie die gleiche Form haben, und eine heitere – wenn auch alptraumhafte – Geschichte von einer psychotisierenden Gehirnmeßmaschine, die den Wahrheitsgehalt von Behauptungen mißt, die jemand macht.

Bei der Erforschung dieser schwer faßbaren Bereiche kombiniert Raymond Smullyan ein untrügbares Gespür für Logik mit seinem Warenzeichen, scharfsinnigem Humor, um den Hintergrund der Ideen zu beleuchten, um seine Leser zu unterhalten und um zu zeigen, daß die Probleme der Philosophie und des Lebens nicht nur dazu da sind, sich damit mühevoll auseinanderzusetzen, sondern auch, sie zu genießen.

Wie er dies alles schafft? »Eins nach dem anderen«, erklärt sein Freund und ehemaliger Schüler Melvin Fitting, der ebenfalls Mathematik am Lehmann College lehrt. »Manche Leute machen die Dinge gleichzeitig. Er nicht. Ray hat immer episodisch gearbeitet. Wenn er sich für eine Sache interessiert, gibt er alles andere mehr oder weniger auf. Einmal schrieb er an einem Essay«, erinnert sich Fitting, »und dann folgte zwei Jahre lang eine ungeheure Flut von Essays. So ziemlich alles andere wurde eingestellt, und das Haus füllte sich mit Stapeln von Papier.«

»Nach der Essay-Phase«, erzählt Fitting weiter, »begann er mit Rätseln. In den nächsten zwei oder drei Jahren gab es für ihn überall Rätsel. In all seine Arbeiten flossen sie ein. Jetzt ist er zur Mathematik zurückgekehrt, aber das Rätselelement ist geblieben. Wenn er mir ein neues Theorem erklärt, macht er das oft in Form eines Rätsels und erst danach in der üblichen mathematischen Form.«

8. Die Höhle des Löwen

Den größten Teil seiner Arbeit erledigt Smullyan im Wohnzimmer seines Hauses in der Nähe von Hunter Mountain in den Catskill-Bergen, über 100 Meilen und fast drei Stunden von Manhattan entfernt. Zweimal in der Woche, montags und mittwochs, fährt er zum Unterrichten in die Stadt.

Heute ist das von ihm gebaute Teleskop (dessen 15-Zentimeter-Spiegel er selbst geschliffen hat) weggepackt, und nur selten spielt er auf einem der Pianos oder auf dem Klavichord. Für Musik ist Smullyans aus Belgien stammende Frau Blanche zuständig, eine exzellente Pianistin, die eine Musikschule in Manhattan besucht hat, bevor das Paar sein Haus in dem winzigen Elka Park bezog, einem Ort, der so klein ist, daß ein Exemplar des *Journal of Magic History*, das an »Raymond Dingsda« adressiert war, tatsächlich bei Smullyan ankam. In dem zweistöckigen Haus ist fast jede horizontale Fläche mit Manuskripten, Druckfahnen und Zeitschriften vollgestapelt, und die Regale sind voll mit Büchern über Philosophie und Religion und prachtvollen Ausgaben von Thackeray, Lamb, Defoe, Trollope, Eliot und anderen, alle zu günstigen Preisen von Smullyan erworben, der heute kaum mehr erzählende Literatur liest. Allerdings schätzt er seine Erstausgaben von Edgar Rice Burroughs.

Weit davon entfernt, ein Asket zu sein, ist er ein unbefangener Raucher mit starkem Hang zu Süßigkeiten und einer Leidenschaft für Kuchen in Pfunddosen. (Blanche hat Massen seiner leeren Kuchenbehälter auf der Veranda gelagert, um ihre Sämlinge darin zu ziehen.) Zu Hause verbringt Smullyan fast seine ganze Zeit damit, ruhig zu arbeiten, einen Schreibblock mit liniertem Papier nach dem anderen mit seinem zackigem Gekritzel zu füllen, während Blanche den größten Teil der gesunden Arbeit im Freien macht, Gartenarbeit im Sommer und im Winter das Besorgen von Feuerholz. Ihr Mann, bemerkt sie mit liebevoller Resignation, tut keins von beidem. »Er bewegt sich überhaupt nicht«, behauptet sie, womit er sicher dem folgt, was er sein »ideales Selbstbild als Philosoph des Müßiggangs und der Gleichmut« nennt, und gleichzeitig nach der taoistischen Doktrin des *Wu-Wei*, des Handelns durch Untätigkeit, lebt.

9. Wie viele Smullyans?

Raymond Smullyan, der gerne Geschichten von zerstreuten Professoren schreibt und erzählt, von echten und unechten, könnte leicht selbst Held einer solchen Geschichte sein, wie er durch die Korridore des Graduate Center in Manhattan schlendert und weder Überraschung noch Ärger zeigt, wenn er wieder einmal den Fahrstuhl im falschen Stockwerk verläßt. Man kann sich schwer vorstellen, wie er sich als zuvorkommender Magier in Nachtklubs, als Fünf-Asse-Merril, bewegt hat. Aber es scheint eine unübersehbare Zahl verschiedener Smullyans zu geben, und der Zauberer wird sich wohl kaum im Hörsaal zeigen. Smullyans derzeitiger Stil als Lehrer leitet sich von seinen Rätseln her, sagt Malgorzata Askanas, die 1975 ihren Dr. Phil. am Graduate Center erworben hat. »Irgendwie führt er dich am Bändchen, und schließlich findest du dich mitten in Gödels Theorem wieder. Du merkst gar nicht, daß du etwas tust, was mancher harte Arbeit nennen würde. Es scheint ganz einfach zu sein. Dir fällt gar nicht auf, daß du etwas Tiefreichendes lernst.«

Als Erzieher folgt er der Vorstellung, daß Kinder begierig darauf warten, mit der richtigen Art von Wissen gefüllt zu werden. »Wenn sie Interesse haben«, erklärt er, »lernen sie auch.« »Und wenn sie kein Interesse haben?« wird gefragt. »Dann lassen Sie sie in Ruhe«, sagt er mit Nachdruck. Smullyan gibt fröhlich zu, daß er nicht an Schulbildung glaubt und es für einen regelrechten Verrat hält, wenn erzählt wird, daß jemand durchgefallen ist. Er glaubt auch nicht an akademische Grade. »Laßt die Kinder lernen, was sie lernen wollen«, sagt er.

Smullyans unorthodoxe Ansichten über Erziehung haben ihren Ursprung natürlich in seinen eigenen Erfahrungen mit der Schule und außerhalb von ihr, denn er war selbst, wie er zugibt, ein »ewiger Abbrecher« und ist »im wesentlichen Autodidakt«. 1918 in Far Rockaway auf Long Island geboren und in einem hübschen Küstenort am Rande des Kreises Queens aufgewachsen, zog Smullyan 1931 mit seiner Familie nach Manhattan, besuchte die Theodore Roosevelt High-School in der Bronx und nahm an besonderen Musikkursen teil, die die Schule anbot.

Sein Hauptinteresse galt der Musik und den Naturwissenschaften, und er sah keinen Grund, warum er nicht in beiden Bereichen Karriere machen sollte. »Ich galt ein bißchen als Wunderkind«, erzählt er. Mit 13 Jahren gewann er eine Goldmedaille bei einem Klavierwettbewerb der Stadt. Der Entschluß, von der High-School abzugehen, wurde getroffen, so erklärt er, »weil mich dort keiner in dem unterrichten konnte, was ich lernen wollte« – hauptsächlich moderne Algebra und Logik.

So lernte er allein, machte nach mehreren Jahren selbständiger Studien die Aufnahmeprüfung für das College und wurde von der Pacific University in Oregon aufgenommen, dem ersten von fünf Colleges, die er besuchte. Als nächstes war er auf dem Reed College, anschließend für ein Jahr in San Francisco, wo er Klavierspiel studierte, und kehrte dann nach New York zurück, um sich mit Mathematik und Logik zu beschäftigen. Er fing an, sich Schachrätsel auszudenken und das Zaubern zu lernen.

Mit 24 Jahren machte Smullyan einen weiteren Versuch mit der akademischen Ausbildung und schrieb sich an der University of Wisconsin ein, wo er ein Jahr blieb, bevor er auf die University of Chicago überwechselte. Nach einem Semester hörte er wieder auf, setzte aber seine Studien fort und unterrichtete Musik am Roosevelt College in Chicago. Dann kehrte er für zwei Jahre nach New York zurück und trat in Nachtklubs in Greenwich Village als Magier auf. Mit 30 Jahren ging er schließlich an die University of Chicago zurück. Smullyan hatte offenbar keine Eile, seine Studien abzuschließen. In den nächsten Jahren belegte er Veranstaltungen an der Universität und verlegte seine Zweitrolle als Zauberer nach Chicago. 1955 empfahl ihn der Wissenschaftsphilosoph Rudolf Carnap, dessen Schüler Smullyan gewesen war, für eine Stelle im Fachbereich Mathematik nach Dartmouth. Er bekam die Stelle auf Grund seiner Arbeiten, die er geschrieben hatte, obwohl er nicht einmal ein Abschlußzeugnis der High-School vorweisen konnte. Nachdem er ein Jahr in Dartmouth gelehrt hatte, verlieh die University of Chicago dem damals 35jährigen seinen B. A., eine Anerkennung für die Durchführung eines Mathematikkurses, den er gehalten hatte. Er selbst hatte früher nie an einem solchen Kurs teilgenommen.

1957 ging Smullyan an die Princeton University, wo er den Dr. Phil. erwarb und bis 1961 lehrte, um dann an den Fachbereich Mathematik an der Yeshiva University überzuwechseln. Sieben Jahre später kam er zur City University in New York.

Während seiner Zeit in Princeton hatte Smullyan einem Studenten eines seiner Schachprobleme vorgeführt. Kurze Zeit darauf erschien die Aufgabe im englischen *Manchester Guardian*. Anscheinend wollte der Vater dieses Studenten den Herausgebern des *Guardian* zeigen, welches Material er sich von ihnen erhoffte. Die Zeitung verstand den Hinweis, und Smullyan fing an, dort regelmäßig Schachprobleme zu veröffentlichen.

Irgendwann Mitte der 70er Jahre erschienen einige seiner Schachprobleme im *Scientific American* mit dem Zusatz »Autor unbekannt«. Smullyan nahm Kontakt zu Martin Gardner auf, der bereits einige seiner Logikrätsel gebracht hatte und ihn als Zauberkollegen kannte. »Ich erzählte Gardner, daß ich einen ganzen Stapel davon hätte und an ein Buch dächte. Gardner schrieb zurück und wollte wissen, warum ich meinem Zögern nicht ein Ende machte und mit dem Buch anfinge.«

10. Raymond Smullyan – der Lewis Carroll von heute

Was Martin Gardner an Smullyan am meisten schätzt, sind »die höchst raffinierten und lustigen Wege, die er findet, um einen in wirklich tiefes Wasser zu führen. Niemand hat das vor ihm gemacht. Lewis Carroll hat alle Formen von Logikrätseln erfunden, und sie waren sehr amüsant, aber wenn man genauer hinsieht, geht es bei allen um Syllogismen. Ray hat da angefangen, wo Lewis Carroll aufgehört hat. Er hat das getan, was Carroll vielleicht getan hätte, wenn er heute leben würde.«

Aber nun ist es endlich an der Zeit, Ihnen die Lösungen der beiden Denk-Spiele aus dem 6. Kapitel zu sagen. Zunächst zu den Rittern und Schurken: Wenn A ein Schurke wäre, wäre die Behauptung falsch, und sie wären beide Ritter, einschließlich A (Widerspruch!): Also muß A ein Ritter sein, und was er sagt, ist wahr, und das macht aus B einen Schurken. Dann zu John, Jack oder William: Fragen Sie ihn: »Bist du Jack?« Wenn er »Ja« sagt, dann, weil John lügt, daß er Jack ist. Der wahrheitsliebende William und der lügnerische Jack würden beide mit »Nein« antworten.

Waren doch eigentlich ganz logisch, diese Lösungen, wenn Sie ein wenig nachdenken, nicht wahr? Und genauso logisch handeln Sie, wenn Sie sich jetzt noch etwas mehr Zeit gönnen, sich auf Ihrer Sitzgelegenheit bequem zurechtrucklen und die aus *Dame oder Tiger?* und *Alice im Rätselland* ausgewählten Rätsel zu lösen beginnen – oder sich in die verblüffenden Denk-Welten von *Simplicius und der Baum* begeben – beste Unterhaltung für graue Zellen, Zeiten und Tage, für Kopffüßler, Schnell- und Um-die-Ecke-Denker, für Grübler, Rätselknacker und alle anderen Leute mit gesundem Menschenverstand.

11. Was man über Raymond Smullyans Denken denkt

1.
Mit didaktischem Witz macht ein New Yorker Professor auch tiefgründige Probleme der Logik und Mathematik zu populären Denkspielen.

Der Spiegel

2.
Die Fans wissen, von wem die Rede ist. Denn obwohl der nun 66jährige Raymond Smullyan erst seit einigen Jahren Populärwissenschaftliches schreibt, gilt er unter Kennern dieses Genres als Kapazität. Sein nach wie vor virtuos beherrschter Kunstgriff: den weitverbreiteten Aberglauben, Logik und Mathematik seien bloß eine Anhäufung von Denksportaufgaben, ausgerechnet mit solchen Aufgaben zu widerlegen.

Prof. D. F. Fricker in: Spektrum der Wissenschaft

3.
Ein Feuerwerk an Paradoxien, Schachproblemen, Metarätseln (oder Rätseln über Rätsel) und Rechenmaschinen fügen Vielfalt und Herausforderung hinzu. Smullyan schreibt mit leichter Hand, die Rätsellöser Schritt für Schritt führend, bevor er sie in das Dickicht der modernen Logik stürzt.

Publishers Weekly

4.
Ein Genie der Phantasie! Wer Bücher von Raymond Smullyan als Geschenk mitbringt, geht gewisse Gefahren ein – die Gefahr nämlich, daß sich die ganze Familie schon am ersten Abend über den Band beugt und vor lauter Tüfteln, Hirnen, Phantasieren den Gast vergißt.

Bücherpick

5.
Seine phantastischen Rätselgeschichten, abenteuerlichen Fangfragen und logischen Traumreisen sind Lesespaß und Herausforderung für alle Rätselfreunde.

Der Nordschleswiger

6.
Ich halte Ray Smullyan für den Lewis Carroll unserer Zeit. An sein kleines Buch mit Logikrätseln wird man sich noch dann erinnern, wenn die meisten von uns vergessen sind. Hier hat er sich an einen schwierigen Stoff gewagt, richtig für das moderne Computerzeitalter, und ihn mit einer guten Portion Humor und einem prickelnden Entdeckergefühl vorgelegt.

P. Denning

7.

Vielleicht werden Sie Augenblicke größten Entzückens erleben, wenn Sie Smullyan in die schwindelnden Höhen von Gödels Beweis folgen und sich die eigentliche Natur von Beweis, Wahrheit und Logik in der Mathematik erklären lassen.

Kirkus Reviews

8.

Raymond Smullyan kommt mit seinen vergnüglichen kleinen Geschichten, die Lewis Carrolls Diktion vortrefflich nachahmen, ganz ohne formalistische Mathematik aus; viele Rätsel sind deshalb auch für jüngere Leser begreifbar.

Isaac Asimov

9.

Jede Seite veranlaßt zum Nachdenken, und jede Seite ist ein Denkspaß. Verlockt durch Rätsel, die von Lewis Carroll stammen könnten, läßt sich der Leser verleiten, seine logischen Fähigkeiten zu trainieren und zu verbessern. Vergnüglich, unterhaltsam, lehrreich.

Isaac Asimov

10.

Seine Dialoge lesen sich so spannend und aufregend wie die von Plato, Hume oder Bischof Berkeley. Es geht das Gerücht, daß Smullyan ein großer Philosoph ist, der nun endlich zu Ruhm gekommen ist. Aber vielleicht existiert das Gerücht gar nicht. Es kann sein, daß ich nur *gehört* habe, daß ein solches Gerücht existiert.
Dame oder Tiger? ist eine schillernde Sammlung brillanter Rätsel und Denkspiele des unterhaltsamsten Logikers und Rechentheoretikers, der je gelebt hat.

Martin Gardner

11.

Gute Zauberer, Komiker und Philosophen gehen auf die gleiche Art und Weise vor: Sie führen uns in eine Falle, in der wir mit Freude oder Empörung erkennen, daß unsere scheinbar arglosen Denkgewohnheiten uns irregeführt haben. Die Vereinigung dieser drei Charaktere in einer begabten Persönlichkeit ergibt den phantastischen Ray Smullyan, dessen Vorstellung – wie wir es von ihm kennen – sowohl unterhaltend als auch lehrreich ist.

Daniel Dennett

12.

Man kann sich keine erfreulichere Darlegung schwieriger philosophischer und logischer Fragen vorstellen. Die Ideen funkeln wie Wassertropfen in der Sonne.

O. B. Hardison

13.

Mit bemerkenswertem Charme und Humor – und einem diabolischen Hintergedanken – führt Smullyan den arglosen Leser immer tiefer in den Wald, bis ihn die ornithologische Logik dahin gebracht hat, daß er vor lauter Vögeln keine Bäume mehr sieht. Und was für Vögel! Wenn Smullyan nur alle Beweisführungen zu einem solchen Spaß machen könnte!

Dana Scott

14.

Spottdrosseln und Metavögel ist ein großartiges Buch: Es gelingt ihm, einen großen Teil der kombinatorischen Logik nicht nur unterhaltsam, sondern auch auf poetische Weise zu erklären – und das, ohne beim Leser irgendwelche Vorkenntnisse vorauszusetzen. Ich bin überzeugt, daß sich viele beglückt fühlen werden, wenn sie sich daranmachen, diese Rätsel zu lösen.

Henk Barendregt

15.

Schon der Titel *Spottdrosseln und Metavögel* verrät Ihnen, daß Professor Smullyan zu seinem bewährten Trick greift – er bietet uns eine Fülle phantastischer neuer Logikrätsel an, die gleichzeitig unterhalten und belehren. Doch wer außer Smullyan wäre darauf gekommen, die kombinatorische Logik – derzeit ein heißes Thema in der Computerwissenschaft und künstlichen Intelligenz – dadurch schmackhaft zu machen, daß er Sätze durch Vögel ersetzt. Und das beste daran ist, daß Sie sich nicht in der modernen Logik auskennen müssen, um verstehen zu können, wovon die klugen Vögel singen!

Martin Gardner

16.

Raymond Smullyan hat die Gabe, die abstraktesten und hintergründigsten Themen der Mathematik und Logik in konkrete und fesselnde Bilder zu verwandeln. In *Spottdrosseln und Metavögel* führt er den Leser von einfachen Rätseln bis in die Tiefen der kombinatorischen Logik, wobei so schnurrige Begriffe auftauchen, wie Gödels Wald, Umgekehrter Gimpel, Doppelte Spottdrosseln, Rauhfußkäuze, Vogelsoziologen und sogar Metavogelsoziologen. Möge Smullyan noch viele dieser unnachahmlichen wunderbaren, lebendigen mathematischen Abenteuergeschichten schreiben.

Douglas R. Hofstadter

FISCHER ❖ LOGO

FISCHER-LOGO-Leser sind: ■ ohne Berührungsängste vor dem Neuen ■ fasziniert, daß der Quantensprung so große Sprünge macht ■ Spieler und Denkspieler ■ Computerfans, naturwissenschaftlich orientiert, technologisch aufgeschlossen ■ interessiert an spannender wissenschaftlicher Belletristik und Phantastik.

Kompetente Wissenschaftler und Newcomer, die Fantasie und Wissen spielerisch verknüpfen, haben die Bücher geschrieben, die Sie lesen wollen:

Unterhaltungslogik: Mit Denkpirouetten, Paradoxien, Rätseleien und logischen Traumreisen werden Kopffüßlern die schönsten Fallgruben gebaut.

Computer-Denkspiele: Ein aktives und lehrreiches Vergnügen für alle, die sich mit ihrem Computer auf Entdeckungsreise ins Reich des Denkens und der Ästhetik begeben wollen.

Das spannende Sachbuch: In verblüffender, immer spannender ›Verkleidung‹ sind hier die facts ohne fiction der Naturwissenschaften präsentiert – für den Einsteiger offen, für den Profi fesselnder Lesestoff oder informativer Überblick.

Naturwissenschaftliche Belletristik: Romane und Erzählungen aus dem Reich der Naturwissenschaften – der Krimi, dessen Lösung in einer Mathematikaufgabe verschlüsselt ist, der Thriller über Kapitalverbrechen bei einem Physikerkongreß, der Roman vom Spion, der aus der Hypersphäre kam…

FISCHER TASCHENBUCH VERLAG

FISCHER ✼ LOGO

FÜR DEN SPIELRAUM IM KOPF
Unterhaltungslogik

**RAYMOND SMULLYAN
SIMPLICIUS UND
DER BAUM**
Philosophische Phantasien, paradoxe Scherzrätsel und eine historische Überraschung
Band 8711

Eine amüsante Sammlung hintersinniger Rätseldialoge des berühmten Logikprofessors. Collagen von Max Ernst machen aus diesem Buch ein einzigartiges Kunststück der Unterhaltungslogik, voller Überraschung und philosophischem Witz.

**RAYMOND SMULLYAN
SPOTTDROSSELN
UND METAVÖGEL**
Computerrätsel, mathematische Abenteuer und ein Ausflug in die vogelfreie Logik. Band 8712

Der bekannte Zauberer der Mathematik entwickelt in dieser Sammlung mit Hilfe von Göttern, Dämonen und Inspektor Craig die kombinatorische Logik – mit all ihren Fußangeln und Fallgruben. Ein Smullyan für Anspruchsvolle!

FISCHER TASCHENBUCH VERLAG

FISCHER ✥ LOGO

FÜR DEN SPIELRAUM IM KOPF
Unterhaltungslogik

**NICHOLAS FALLETTA
PARADOXON**
Widersprüchliche Streitfragen, zweifelhafte Rätsel, unmögliche Erläuterungen
Band 8702

Paradoxien – Last und Lust für den Menschen von alters her, Herausforderung für den Homo ludens. Über 100 Kopfnüsse und optische Täuschungen, von der ›Kaulquappe Amphibius‹ aus der Antike bis zu den paradoxen Lithografien eines M.C. Escher.

**RAYMOND SMULLYAN
ALICE IM RÄTSELLAND**
Phantastische Rätselgeschichten, abenteuerliche Fangfragen und logische Traumreisen
Band 8701

›Alice im Rätselland‹ ist eine poetische, humorvolle und fantastische ›Mathematisierung‹ der traumhaften Alice im Wunderland (selbst Tochter des Mathematikers Lewis Carroll): Reisen durch die logischen Tiefen unserer Welt im Kopf.

FISCHER TASCHENBUCH VERLAG

Fl 1080/1

FISCHER ✥ LOGO

FÜR DEN SPIELRAUM IM KOPF
Unterhaltungslogik

**J.C. BAILLIF
DENKPIROUETTEN**
Listige Spiele aus
Logik und Mathematik
Band 8706

Die ›Denkpirouetten‹ von J.C.-Baillif erscheinen zunächst leicht, verlangen aber zu ihrer Auflösung eine kreative List: Amüsanter Zeitvertreib für Denksportler der Mathematik und anderer Disziplinen, Unterhaltung für den neugierigen Geist.

**MARIE BERRONDO
FALLGRUBEN FÜR
KOPF-FÜSSLER**
Eurekas
mathematische Spiele
Band 8703

Wo man sich beim Wahrscheinlichkeitsrechnen wahrscheinlich irren wird... über lügende Großmütter, kosmopolitische Großväter und die brennende Frage: Kannibale, ja oder nein? 253 verzinkte Rätsel und mathematische Probleme für den Eigengebrauch wie für die Verwirrung von Freund und Feind.

FISCHER TASCHENBUCH VERLAG

UNTERHALTUNGSLOGIK

**PHILIP J. DAVIS
& REUBEN HERSH
DESCARTES' TRAUM**
Über die Mathematisierung
von Zeit und Raum. Von
denkenden Computern,
Politik und Liebe.
422 Seiten. Geb.

Descartes' Traum spricht viele Aspekte unserer Abhängigkeit vom Computer an und stellt wichtige Fragen: Wie beeinflußt die Computerisierung der Welt die materiellen und intellektuellen Bausteine unserer Zivilisation? Wie verändert der Computer unsere Vorstellungen von der Realität, vom Wissen und von der Zeit? »*Descartes' Traum* ist eine elegante Sammlung von Essays über die Welt der angewandten Mathematik. Man braucht kein Diplom um Spaß an diesem Buch zu finden.« *Newsday*

WOLFGANG KRÜGER VERLAG

Raymond Smullyan

»Eine schillernde Sammlung brillanter Rätsel
und Denkspiele des unterhaltsamsten Logikers
und Mengentheoretikers, der je gelebt hat.«
Martin Gardner

Alice im Rätselland

Phantastische Rätselgeschichten, abenteuerliche
Fangfragen und logische Traumreisen
206 Seiten. Pappband.
20 Illustrationen von John Tenniel
und als Fischer Taschenbuch Band 8701 lieferbar

Dame oder Tiger?

Logische Denkspiele und eine mathematische
Novelle über Gödels große Entdeckung
239 Seiten. Pappband.
19 Illustrationen von M. C. Escher
und als Fischer Taschenbuch Band 8176 lieferbar

Simplicius und der Baum

Philosophische Phantasien, paradoxe Scherzrätsel
und eine historische Überraschung
224 Seiten. Pappband. 15 Collagen von Max Ernst

Spottdrosseln und Metavögel

Computer-Rätsel, mathematische Abenteuer
und ein Ausflug in die vogelfreie Logik
250 Seiten. Pappband.

Wolfgang Krüger · Fischer Taschenbuch Verlag